oekom

Dieses Buch wurde klimaneutral hergestellt.
CO_2-Emissionen vermeiden, reduzieren, kompensieren – nach diesem Grundsatz handelt der oekom verlag. Unvermeidbare Emissionen kompensiert der Verlag durch Investitionen in ein Gold-Standard-Projekt. Mehr Informationen finden Sie unter: www.oekom.de

climate neutral by firstclimate.com

Bibliografische Information der Deutschen Nationalbibliothek

Die Deutsche Nationalbibliothek verzeichnet diese Publikation in der Deutschen Nationalbibliografie; detaillierte bibliografische Daten sind im Internet über http://dnb.d-nb.de abrufbar.

Lektorat der Reihe ›Stoffgeschichten‹
Dr. Manuel Schneider (oekom e.V.)

CO_2 – Lebenselixier und Klimakiller
in der Reihe ›Stoffgeschichten‹

Gesellschaft für ökologische Kommunikation mbH
Waltherstraße 29, 80337 München

Visuelle Gestaltung + Satz: Ines Swoboda
Titelbild: Sarah Kasper, photocase

Druck: Kessler Druck + Medien, Bobingen
Dieses Buch wurde auf FSC-zertifiziertem Papier gedruckt. FSC (Forest Stewardship Council) ist eine nichtstaatliche, gemeinnützige Organisation, die sich für eine ökologische und sozialverantwortliche Nutzung der Wälder unserer Erde einsetzt.

Printed in Germany
ISBN 978-3-86581-118-9

FSC
Mix
Produktgruppe aus vorbildlich bewirtschafteten Wäldern und Recyclingholz oder - fasern
www.fsc.org Zert.-Nr. IMO-COC-26340
© 1996 Forest Stewardship Council
30%

Stoffgeschichten – Band 5

Eine Buchreihe des Wissenschaftszentrums Umwelt der Universität Augsburg in Kooperation mit dem oekom e.V.

Herausgegeben von Prof. Dr. Armin Reller und Dr. Jens Soentgen

Die Dinge und Materialien, mit denen wir täglich hantieren, haben oft weite Wege hinter sich, ehe sie zu uns gelangen. Ihre wechselvolle Vorgeschichte wird aber im fertigen Produkt ausgeblendet. Was wir an der Kasse kaufen, präsentiert sich uns als neu und geschichtslos. Wenn man seiner Vorgeschichte nachgeht, stößt man auf Überraschendes und Erstaunliches. Auch Verdrängtes und Unbewusstes taucht auf. Gerade am Leitfaden der Stoffe zeigen sich die Konflikte unserer globalisierten Welt.

Deshalb stellen die Bände der Reihe ***Stoffgeschichten*** einzelne Stoffe in den Mittelpunkt. Sie sind die oftmals widerspenstigen Helden, die eigensinnigen Protagonisten unserer Geschichten. Ausgewählt und dargestellt werden Stoffe, die gesellschaftlich oder politisch relevant sind, Stoffe, die Geschichte schreiben oder geschrieben haben. ***Stoffgeschichten*** erzählen von den Landschaften, von den gesellschaftlichen Szenen, die jene Stoffe, mit denen wir täglich umgehen, durchquert haben. Sie berichten von den globalen Wegen, welche viele Stoffe hinter sich haben.

CO_2 – Lebenselixier und Klimakiller ist der fünfte Band der Reihe. Er lädt ein, sich auf die Spur eines unsichtbaren, aber bedeutenden Begleiters der Menschen zu begeben. Über Kohlendioxid wird im Kontext der Klimadiskussion weltweit gestritten. Aber so bekannt und allgegenwärtig die Formel CO_2 in der Öffentlichkeit ist, so unbekannt ist der konkrete Stoff, der damit bezeichnet wird. Dieses Buch eröffnet deshalb eine völlig neue Perspektive auf die CO_2-Diskussion. Erstmals rückt es den Stoff selbst in den Mittelpunkt. Seine faszinierende und lehrreiche Geschichte wird hier von Autorinnen und Autoren unterschiedlicher Disziplinen erzählt. Experimente und CO_2-Spaziergänge ermöglichen es jedem, eigene Erfahrungen mit dem Stoff und seinen vielfältigen Wirkungen zu machen. Erst wenn wir mit dem konkreten Stoff CO_2 vertraut werden, haben wir auch die Chance, tragfähige Strategien für einen nachhaltigen Umgang mit ihm zu entwickeln.

Jens Soentgen & Armin Reller (Hrsg.)

CO_2 – Lebenselixier und Klimakiller

ANHANG

Vorwort

CO_2 dürfte inzwischen weltweit die bekannteste chemische Formel überhaupt sein, bekannter noch als H_2O, die Formel für Wasser. Während Wasser aber allseits beliebt und geschätzt ist, scheinen sich fast alle einig zu sein, dass CO_2, das Kohlendioxid, etwas ist, das »weg« muss. Dieser Wunsch, das CO_2 wegzubekommen, ist so übermächtig, dass es bereits einen entsprechenden Beruf gibt: den CO_2-frei-Macher beziehungsweise die CO_2-frei-Macherin. Diese verdienen ihr Geld damit, dass sie die Dienstleistungen und Produkte anderer Leute, zum Beispiel Flugreisen oder Bücher (vielleicht demnächst auch Kondome oder Zigaretten …), CO_2-frei machen beziehungsweise »klimaneutral« stellen.

Hinter dem Eifer, mit dem in vielen Bereichen des privaten wie öffentlichen Lebens ein Stoff markiert und verfolgt wird, steckt ein ernst zu nehmendes Problem, von dem auch dieses Buch umgetrieben wird: Der von Menschen verursachte Eintrag von CO_2 in die Atmosphäre führt dazu, dass sich das Klima erwärmt. Und diese Erwärmung wird zahlreiche, überwiegend negative Folgen haben. Entsprechend müssen wir unseren CO_2-Eintrag reduzieren.

So weit, so richtig. Aber gerade weil es richtig ist, dass wir weniger CO_2 in die Luft blasen müssen als bislang, erscheint es unerlässlich, sich mit diesem CO_2 als solchem zu beschäftigen. Was für ein »Stoff« ist das überhaupt, welche Eigenschaften hat das Gas, welche Rolle spielt es in der Natur und in unserer technisierten Gesellschaft? Die meisten, die es dringend wegbekommen wollen, wissen weder, wie es riecht oder schmeckt, noch wie es wirkt. Wenn man aber nicht weiß, was es eigentlich ist, das wegzuschaffen ist, wird man wohl kaum nachhaltigen Erfolg haben, selbst wenn der Eifer noch so groß ist. CO_2 ist ja nicht irgendein neutraler Füllstoff, der in der Atmosphäre vor sich hin dämmert und aus lauter Eigensinn verhindert, dass genügend Hitze von der Erde in den Weltraum abstrahlen kann. Vielmehr ist dieser Stoff neben Wasser und Sonnenlicht das Lebenselixier der Biosphäre, denn der wichtigste Teil der Biosphäre, die Pflanzen, lebt geradezu von CO_2.

Aber diese positive, das Leben fördernde und überhaupt erst ermöglichende Seite des CO_2 wird in der Öffentlichkeit kaum gesehen. Stattdessen überschlagen sich die Fachleute mit gut gemeinten Vorschlägen, wie CO_2 wegzubekommen beziehungsweise zu »neutralisieren« sei, und entsprechenden Mahnungen, »CO_2-ärmer« zu leben. Man dramatisiert und will »aufrütteln«, etwa wenn CO_2 als »Klimagift« oder als »Schadstoff« bezeichnet wird – tatsächlich aber wird die Rolle des CO_2 eher verharmlost. Denn CO_2 ist nicht irgendeine nebensächliche Spezialität der chemischen Industrie, deren Produktion man gegebenenfalls stoppen könnte, sondern ein Stoff von fundamentaler Bedeutung für alles, was auf Erden geschieht. *Genau deshalb* ist es problematisch, dass die CO_2-Konzentrationen dank des menschlichen Eintrages steigen und steigen. Von der scheinbar verschwindend geringen Konzentration dieses Stoffes in der Luft (derzeit 0,038 Prozent) darf man sich nicht täuschen lassen. Dieser Stoff hat es in sich: Alle Wälder dieser Erde sind verwandeltes CO_2. Äpfel, Kirschen, Brot und Wein – alles das ist umgewandeltes CO_2, nichts anderes.

Man könnte mühelos eine lange Liste der populären Irrtümer über das CO_2 zusammenstellen. Stattdessen war es unser Anliegen, vor dem Hintergrund des Klimawandels positiv herauszuarbeiten, was CO_2 eigentlich ist und welches seine wichtigsten Eigenschaften und Funktionen in verschiedenen Kontexten sind. Die Beiträge in den ersten drei Kapiteln dieses Buches erzählen daher die gemeinsame Geschichte des CO_2 und der Menschen – aus verschiedenen Perspektiven und in verschiedenen Zeiträumen. Die Beiträge im abschließenden vierten Kapitel laden ein, mit CO_2, diesem wundersamen Stoff, konkret umzugehen und ihm auf den von uns beschriebenen Wanderungen über Berg und Tal nachzugehen.

Das vorliegende Buch ist kein Sammelband im üblichen Sinne. Nur Primo Levis Erzählung »Kohlenstoff« lag fertig vor, als Inspiration und Kristallisationskeim. Alle anderen Texte sind eigens für dieses Buch geschrieben. Die Autorinnen und Autoren wurden von Jens Soentgen eingeladen, gemeinsam die Biographie des CO_2 zu erzählen. Jede Autorin, jeder Autor übernahm aufgrund der jeweiligen fachlichen Kompetenz einen bestimmten Part dieser Erzählung. Auch die CO_2-Spaziergänge – eine konzeptionelle Besonderheit dieses Buches – wurden so geplant, dass sie zusammen ein rundes Bild vom Wirken des CO_2 in Natur- und Menschenwelt ergeben.

Der Plan zu diesem Buch entstand, während wir die Ausstellung *CO_2 – Ein Stoff und seine Geschichte* konzipierten und realisierten, die derzeit in Museen und Bildungseinrichtungen in Deutschland unterwegs ist (www.co2-story.de). Sie wird daher im Anhang kurz vorgestellt; dort danken wir auch denen, die uns geholfen haben. Hier und jetzt möchten wir Manuel Schneider danken; sein kompetenter Rat hat das Buch entscheidend gefördert.

Bleibt zum Schluss die Frage, wie »CO_2-frei« und »klimaneutral« dieses Buch selbst ist. Bei der Herstellung dieses Buches, also bei der Produktion des Papiers, beim Druck, bei den Transportwegen zur Druckerei usw., wird CO_2 freigesetzt. Wie hoch sind diese Emissionen? Fachleute nehmen als »Erfahrungswert« 5,5 Tonnen CO_2-Emissionen pro Tonne bedrucktem Papier an. Das vorliegende Buch wiegt rund 750 Gramm, sodass pro Exemplar mit einer CO_2-Emission von gut vier Kilogramm gerechnet werden kann. Ist das jetzt viel oder wenig? Es ist wenig, wenn man bedenkt, dass bereits knapp zwei Liter Benzinkraftstoff zu etwa derselben Menge CO_2 verbrennen. Es ist wenig, wenn man bedenkt, dass jeder und jede Deutsche im Durchschnitt 28 Kilogramm CO_2 produziert – am Tag.

Und selbst diese relativ geringe CO_2-Menge hat der oekom verlag für Sie, liebe Leserinnen und Leser dieses Buches, »neutralisiert«: Um Ihnen einen Genuss ohne Reue zu ermöglichen, fließen Gelder in eine Windkraftanlage in Maharashtra, Indien, damit dort die gleiche Menge CO_2 eingespart wird, die für die Produktion dieses und anderer Bücher des Verlages zusätzlich emittiert werden.

Mit anderen Worten: Dieses Buch ist so CO_2-frei, wie man es nur wünschen kann. Aber das ist noch nicht alles. Denn dieses Buch ist andererseits und paradoxerweise so durch und durch CO_2-gesättigt, dass es auch die begeistern wird, die bislang dachten, CO_2 sei eine langweilige, wenn auch bedrohliche Chemikalie. Es wird Sie, so hoffen wir, unterhalten und erfrischen: prickelnd wie Mineralwasser oder wie ein Glas Prosecco, die es beide ohne CO_2 nicht geben würde.

Augsburg, im Frühjahr 2009
Jens Soentgen und Armin Reller

Zum Aufbau des Buches

Wir eröffnen dieses Buch im *ersten Kapitel* mit »Annäherungen«, die von verschiedenen, einander ergänzenden Ausgangspunkten auf den unsichtbaren Stoff zugehen. Den Auftakt dieses ersten Kapitels bildet Primo Levis berühmte Erzählung *Kohlenstoff* aus seinem Buch *Das periodische System*. Levi begleitet ein Kohlenstoffatom auf seinem Weg durch die Zeiten und Räume. Die mobile Phase zwischen zwei dauerhaften Inkarnationen ist dabei immer das Kohlendioxid. Es vermittelt zwischen zwei Inkarnationen, zwischen zwei neuen Abenteuern. Der Text des italienischen Chemikers und Schriftstellers erzählt nur eine mögliche CO_2-Geschichte – und schlägt dennoch viele Themen an, die in anderen Texten dieses Buches vertiefend dargestellt werden.

Anschließend stellt Jens Soentgen sein »Musée Sentimental de CO_2« vor, ein Sammelsurium von CO_2-Souvenirs aus dem Alltag: von A wie Apfel bis Z wie Zigarre. Es sind verschiedene Alltagsgegenstände, die CO_2 entweder aufnehmen oder abgeben oder ihr Dasein dem CO_2 verdanken. Die kleine Sammlung zeigt, wie allgegenwärtig CO_2 ist und wie vielfältig seine Funktionen sind.

Quantitativ nähert sich Joachim Herrmann dem Stoff. Er berechnet an einigen Beispielen unser tägliches CO_2 – ebenfalls von A bis Z, vom Atmen bis zum Zeitungslesen. Damit greift er ein scheinbar trockenes, in Wahrheit hochpolitisches Thema auf. Denn über wenig wird in der Klimadiskussion so heftig gestritten wie über CO_2-Bilanzen. Deshalb stellt Herrmann auch unterschiedliche Methoden dar, CO_2-Bilanzen zu erstellen, und weist auf einige ihrer Schwierigkeiten hin.

Eine ganz andere Annäherung an das CO_2 unternimmt Frank Grünberg. Er beschreibt die vielfältigen Anwendungen des Gases in der Industrie – denn nicht nur als Zusatz zu Mineralwässern ist es in Gebrauch. Grünberg fragt, was man mit CO_2 so alles *machen* kann. Es ist als Reinigungsmittel, als Kühlmittel, als Konservierungsstoff und in vielen weiteren Funktionen nützlich.

Armin Reller porträtiert in seinem pointierten Beitrag das CO_2 als Vermittler zwischen der Biosphäre und der Geosphäre und leitet damit zum folgenden Kapitel über. Er vergleicht die Zeitskalen, auf denen sich natürliche

CO_2-Prozesse abspielen, mit dem Tempo, mit dem wir heute biologische Kohlenstoffspeicher verbrauchen oder zerstören. Der Widerspruch zwischen der langsamen natürlichen Bindung von CO_2 und seiner extrem beschleunigten Freisetzung durch die Menschen bestimmt die gegenwärtige, riskante Phase der CO_2-Geschichte.

Die Texte des *zweiten Kapitels* widmen sich der »Geschichte des CO_2«. Diese Geschichte ist nicht nur spannend und unterhaltend, sie ermöglicht, unsere derzeitigen Probleme mit CO_2 in ihrer Tragweite zu erkennen. Denn erst der historische Vergleich liefert Maßstäbe.

Zunächst beschreibt Hartmut Seyfried in einem temperamentvollen Gespräch die Geschichte des CO_2 auf der Erde in geologischen Zeiträumen. Er verbindet geologische Entwicklungen mit der Geschichte des Lebens und weist nach, dass CO_2 sogar auf die Evolution steuernd einwirkt. Sein geistreicher und witziger Überblick deckt überraschende Zusammenhänge auf und erlaubt zu erkennen, wo wir heute stehen.

Rolf Peter Sieferle betrachtet in seinem Beitrag anschließend die Art und Weise, wie die menschliche Geschichte seit Jahrhunderten mit der Naturgeschichte des CO_2 verwoben ist. Denn die ursprünglich rein natürlichen Kohlenstoffkreisläufe werden heute, wie andere Stoffkreisläufe (Wasser, Stickstoff, Phosphor …) auch, immer stärker vom Menschen geprägt. Die Art und Intensität dieser Prägung hängt aber, wie Sieferle herausarbeitet, zentral von unterschiedlichen Methoden des Umgangs mit Energie ab und damit letzten Endes von verschiedenen Methoden, Feuer zu machen.

Eine ergänzende Perspektive auf die menschliche Geschichte des CO_2 wählt Jens Soentgen. Er beleuchtet etwas, das Seyfried und Sieferle in ihrer Historie voraussetzen. Wie hat sich das gesellschaftliche Bild von CO_2 geformt? Es ist ja ein unsichtbares, fast geruchloses Gas. Damit bietet es Raum für die Imagination. Wann und wo haben Menschen erstmals gespürt, dass da »etwas ist«, und wie haben sie auf dieses »Etwas« reagiert? Wann und wie wurde dieses unfühlbare, aber offenbar wirkungsmächtige »Etwas« zu einem »Stoff« objektiviert und mit einer Formel belegt? Jens Soentgen weist nach, dass lange vor der wissenschaftlichen Entdeckung des CO_2 bereits in der Antike bekannt war, dass sich in bestimmten Höhlen »Etwas« befindet, das die Sinne verwirrt und sogar tödlich sein kann. Dieses »Etwas« wurde als Geist oder Gottheit ausgelegt. Die ersten Zeugnisse einer Begegnung des Menschen mit dem CO_2 ähneln in gewisser Weise unserer modernen Sichtweise, denn auch heute wird CO_2 weniger als konkreter Stoff, sondern eher als übernatürliche, böse Wesenheit aufgefasst: als ominöser Klimakiller.

An Soentgens Darstellung schließt unmittelbar Petra Pansegrau an, die die neueste Karriere des CO_2 in den Medien nachzeichnet und damit jenen Bereich untersucht, der für die Klimadiskussion und die neueste Geschichte der Wahrnehmung des CO_2 zentral ist. Ihre Darstellung geht von der Prämisse aus, dass Medien keineswegs über alles berichten, was wahr und wissenswert ist, sondern nur über das, was »medientauglich« ist, also von den Lesern als so interessant empfunden wird, dass sie das entsprechende Medium kaufen beziehungsweise nutzen. Es liegt aber auf der Hand, dass negative Geschichten spannender sind als positive und einfache, eindeutige Geschichten besser als komplexe. Gerade ein unsichtbarer Stoff, den die wenigsten Leser, Hörer oder Zuschauer kennen, bietet eine Fülle von Möglichkeiten, ihm ein medientaugliches, meistens ziemlich gruseliges Antlitz zu verleihen und eine entsprechende Geschichte über ihn zu erzählen.

Mit Pansegraus Beitrag ist unser Buch, was die eigentliche Geschichte des CO_2 angeht, in der Gegenwart angekommen – und erneut beim Klimawandel angelangt. Zwar geht die Bedeutung des CO_2 keineswegs darin auf, »Treibhausgas« zu sein. Dennoch ist natürlich die Klimadiskussion der Anlass für das weltweite, wenn auch einseitige Interesse an diesem Stoff. Daher gehen die vier Beiträge des *dritten Kapitels* im Sinne einer notwendigen Ergänzung und Erweiterung auf das Thema »CO_2 und Klimawandel« ein. Dieses Kapitel kann angesichts der Diskussion nicht vollständig sein, wir haben aber versucht, die zentralen Punkte anzusprechen.

Zunächst geht es um das Faktum der Klimaerwärmung. Auch von ihr erfahren wir vor allem aus zweiter Hand: durch Meldungen »aus der Wissenschaft«. Das nährt bei manchen die Skepsis, ob eine solche Klimaerwärmung wirklich ein Faktum sei oder nicht doch eher eine Erfindung, mit der die Klimaforscher neue Forschungsmittel eintreiben wollen. *Sie ist ein Faktum*, und man kann sie nicht nur messen, man kann sie sehen. In einem Gespräch mit der Glaziologin Heidi Escher-Vetter begeben wir uns in die Regionen der Hochgebirge, zu den Gletschern, jenen Eisgebilden, die einst mächtig und bedrohlich waren, heute aber eher kümmerlich und hilfsbedürftig erscheinen. Einige sind so notleidend, dass sie sogar bandagiert werden! An ihrem Zustand kann man unmittelbar ablesen, dass es eine Klimaerwärmung gibt und dass sie einschneidende Konsequenzen hat. Diese sind nicht nur ästhetischer Art, denn mit den Gletschern gehen auch wichtige »Ventile« im Wasserkreislauf verloren. Gletscher spenden Wasser, wenn es im Sommer knapp ist, und speichern es, wenn es im Winter im Übermaß geliefert wird.

Von diesem Ausgangspunkt wenden sich Jucundus Jacobeit und Jens Soentgen der aktuellen Klimaforschung und ihren Aussagen über das Klima von morgen zu. Ihr Beitrag beantwortet die wichtigsten Fragen zu *Ursachen* und zu den *Auswirkungen* der Klimaerwärmung. Werden extreme Stürme zunehmen? Wird es im Sommer in Zukunft mehr und heftiger regnen (»Starkregen«)? Wird es mehr Hitzesommer geben als bisher? Könnte das Klimasystem insgesamt »kippen«?

Gabriele Gramelsberger zeigt in ihrem anschließenden Beitrag, wie solche Aussagen und generell die Aussagen von Klimaforschern zustande kommen, welche Geltung sie beanspruchen können und welche Rolle Computermodellen dabei zukommt. Sie hat die digitalen Parallelwelten, mit denen die Klimaforscher, aber auch viele andere Naturwissenschaftler hantieren, jahrelang studiert und lädt uns ein zu einem Rundgang durch diese Welten, in denen es teilweise höchst merkwürdig zugeht.

Nach diesem Gang durch virtuelle Welten schließt das Kapitel mit einem Beitrag, der wieder mitten in die Arena der öffentlichen Auseinandersetzung führt. Die verschiedenen politischen, ökonomischen oder technischen Optionen, die Emissionen von CO_2 zu reduzieren, sind zwar nicht Gegenstand dieses Buches – hierzu gibt es bereits ausführliche Literatur. Nur mit *einer* Vermeidungsoption möchten wir uns auseinandersetzen, da sie unmittelbar am Stoff selbst ansetzt: Es ist die naheliegende Idee, CO_2 abzuscheiden und zu lagern. Ähnlich ist man ja auch schon mit anderen Problemstoffen umgegangen, zum Beispiel mit dem Schwefeldioxid. Gerade am Beispiel Abscheidung und Lagerung kann man daher herausarbeiten, dass CO_2 ein Gas ist, das grundsätzlich anders funktioniert als alle anderen »Schadstoffe« – weil es nicht ein Nebenprodukt der Verbrennung ist, sondern ihr Hauptprodukt, ja ihre *raison d'être*. Holz, Erdgas, Kohle oder Öl verbrennen, *um* CO_2 zu werden. Denn CO_2 ist für die beteiligten Atome der stabilste, energieärmste Zustand. Deshalb ist die Abscheidung und Lagerung von CO_2 etwas grundlegend anderes als die Abscheidung und Lagerung anderer Nebenprodukte. Peter Zerle beschreibt den Stand der Dinge in dieser Diskussion und gibt eine fundierte Einschätzung.

Das abschließende *vierte Kapitel* ist der Praxis gewidmet. Denn einen Stoff kann man am besten kennenlernen, indem man aktiv mit ihm hantiert. Daher bieten wir zunächst eine Sammlung von Experimenten, die weiter nichts benötigen als Alltagsgeräte – kein Chemielabor! Es geht uns ja nicht um eine Chemie der Chemikalien, sondern um das Kennenlernen eines alltäglichen Stoffes. Ausgangspunkt ist deshalb auch nicht der aus dem Chemieunterricht bekannte Erlenmeyerkolben, sondern ein Wassersprudler, der in vielen Haushalten zu finden ist. Die meisten der Experimente, die Jens Soentgen vorstellt, sind neu und bisher noch nicht publiziert. Sie sind einfach, anschaulich und unterhaltsam.

CO_2 ist trotz der Formel, mit der es bezeichnet wird, keine künstlich hergestellte Chemikalie, sondern essenzieller Teil des Lebens der Natur. Man kann es nicht mit anderen »Schadstoffen« wie FCKW oder DDT vergleichen. Es ist für die Natur so essenziell wie das Blut für unseren Körper, und die erhöhte CO_2-Konzentration in der Luft kann man mit einem erhöhten Blutdruck vergleichen, der das ganze System bedroht. Weil CO_2 Teil der Natur ist, kann und sollte man es auch unter freiem Himmel aufsuchen. Daher haben wir – im Anschluss an die Experimente mit CO_2 – einige CO_2-Spaziergänge zusammengestellt. Es sind Tagesausflüge zu verschiedenen

Orten, an denen man entweder CO_2 unmittelbar sehen oder aber wichtige CO_2-Prozesse beziehungsweise deren Resultate beobachten kann.

Der letzte Spaziergang führt schließlich über die vertraute Umgebung hinaus – hin zum Mars, dessen Atmosphäre zu über neunzig Prozent aus CO_2 besteht. Anders als auf der Erde, auf der das CO_2 nie lange bleibt, was es ist, da es nur ein Moment im Werden und Vergehen der Naturdinge ist, tritt es auf dem Mars bloß auf der Stelle und hat nur die Wahl, sich in ein Wölkchen zu verwandeln oder als Schnee auf den rötlichen Staub niederzurieseln. CO_2 ist auf dem Mars, anders als auf Erden, ein unfruchtbarer, toter Stoff.

Jens Soentgen

CO_2 ist ein normalerweise unsichtbares, fast geruchsloses, nicht unproblematisches Gas – kein Wunder, dass dieser Stoff leicht Unbehagen weckt. Er wird uns durch Medienberichte zugleich nahegebracht und ferngerückt. CO_2 erscheint als ein Klimagift, das irgendwo da draußen, in der Atmosphäre, seine unselige Wirkung entfaltet. Tatsächlich aber umgibt uns das CO_2 allenthalben in unserem privaten oder beruflichen Alltag. Die folgenden fünf Beiträge begeben sich von unterschiedlichen Ausgangspunkten auf die Spur eines Stoffes, der uns näher ist, als wir meinen.

KAPITEL 1

CO_2 – Annäherung an einen unsichtbaren Stoff

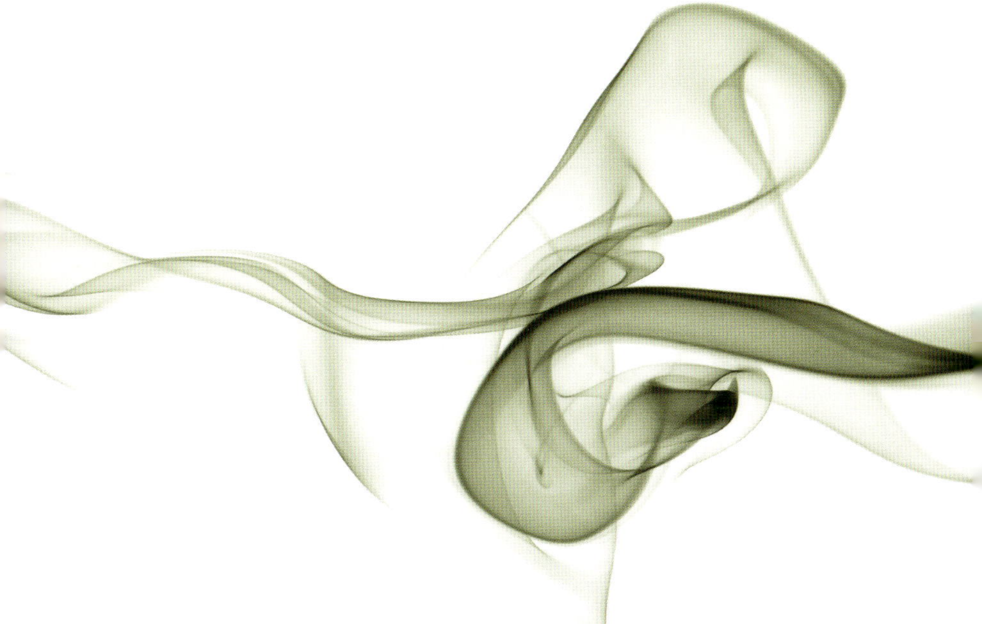

Primo Levi

Kohlenstoff

Der italienische Chemiker und Schriftsteller Primo Levi (1919–1987) begibt sich in dem folgenden Text auf die Spur eines Kohlenstoffatoms, das in immer neuen Gestalten auftritt. Kohlendioxid – das CO_2 *– ist dabei die immer mobile, wandelbare Phase zwischen zwei stabilen Inkarnationen des Kohlenstoffatoms. Diese nahezu unbegrenzte Wandlungsfähigkeit ermöglicht erst den phantastischen Verlauf der Erzählung. Diese von Levi erzählte abenteuerliche »Biografie« eines Kohlenstoffatoms, die ungezählten ähnlichen Geschichten in der Sachbuchliteratur zum Vorbild diente, endet mit einer außergewöhnlichen, genialen Pointe.*

Der Leser wird längst gemerkt haben, dass dies keine Abhandlung über Chemie ist; so vermessen bin ich nicht, *ma voix est faible, et même un peu profane.* Es ist auch keine Autobiografie oder allenfalls insofern, als jede Schrift, ja jedes Menschenwerk, teilweise und sinnbildlich Autobiografie ist: Aber irgendwie Geschichte ist es doch. Es ist eine Mikrogeschichte oder sollte es zumindest sein, die Geschichte von einem Beruf und seinen Misserfolgen, seinen Siegen und seiner Not, eine Geschichte, die jeder erzählen möchte, wenn er fühlt, dass seine Laufbahn sich dem Ende zuneigt und die Kunst aufhört, endlos lang zu sein. Erkennt ein Chemiker, der an diesem Punkt seines Lebens angelangt ist, in der Tabelle des Periodischen Systems und in den umfangreichen Registern des Beilstein oder Landolt nicht die traurigen Fetzen oder die Trophäen seiner eigenen beruflichen Vergangenheit? Er braucht nur eine Abhandlung durchzublättern, und die Erinnerungen stürmen auf ihn ein: Mancher von uns hat sein Schicksal unauslöschlich an Brom, Propylen, an die NCO-Gruppe oder an Glutaminsäure gebunden; jeder Chemiestudent sollte sich angesichts eines Chemiehandbuches bewusst sein, dass auf einer der Seiten, vielleicht auf einer einzigen Zeile, in einer einzigen Formel oder in einem einzigen Wort seine Zukunft geschrieben steht, zwar in unentzifferbaren Lettern, die aber »später« – nach Erfolg oder Irrtum oder Schuld, nach Sieg oder Niederlage – klar und deutlich zu lesen sein werden. Jeden nicht mehr jungen Chemiker durchrieselt entweder Liebe oder Ekel, Freude oder Verzweiflung, wenn er dasselbe Handbuch auf der »verhängnisvollen« Seite aufschlägt.

So hat also jedes Element jedem etwas (und jedem etwas anderes) zu sagen, wie die Täler und Strände, wo man in der Jugend geweilt hat: Eine Ausnahme bildet vielleicht der Kohlenstoff, weil er jedem alles zu sagen hat, er ist nicht spezifisch, so wie Adam kein spezifischer Vorfahre ist; es sei denn, man fände heute (und warum nicht?) den Chemiker und Säulenheiligen, der sein Leben einzig dem Graphit oder Diamant geweiht hat. Und doch habe ich gegenüber dem Kohlenstoff eine alte Schuld abzutragen, sie stammt aus einer für mich entscheidenden Zeit. Dem Kohlenstoff, dem Element des Lebens, galt mein erster literarischer Traum, den ich immer wieder zu einer Stunde und an einem Ort träumte, da mein Leben nicht viel galt: Ich wollte die Geschichte eines Kohlenstoffatoms erzählen.

Kann man überhaupt von »einem bestimmten« Kohlenstoffatom sprechen? Für den Chemiker bestehen da gewisse Zweifel, denn bis heute (1970) ist kein Verfahren bekannt, mit dessen Hilfe man ein einzelnes Atom sichtbar machen oder zumindest isolieren könnte; keine Zweifel indes bestehen für den Erzähler, der sich darum zu erzählen anschickt.

Unser Held ist also seit Hunderten von Millionen Jahren an drei Sauerstoffatome und ein Kalziumatom gebunden – in einem Kalkfelsen: Er hat bereits eine lange kosmische Geschichte hinter sich, die wir aber unberücksichtigt lassen wollen. Die Zeit existiert für ihn nicht oder nur in Gestalt langsamer, täglicher oder jahreszeitlicher Temperaturschwankungen, wenn er, was ein Glück für diese Erzählung wäre, nicht zu tief unter der Erdoberfläche zu liegen kam. Sein Dasein, an dessen Monotonie man nicht ohne Grauen denken kann, besteht in einem erbarmungslosen Wechsel von Warm und Kalt, das heißt aus kürzeren oder weiteren Schwingungen (immer gleicher Frequenz): Für ihn, der doch potenziell lebendig ist, eine Gefangenschaft, würdig der katholischen Hölle. Zu ihm passt bis zu diesem Augenblick nur die Gegenwart, die Zeit der Beschreibung, und nicht eine der Vergangenheitsformen, welche Zeiten der Erzählung sind: er ist erstarrt zu einer ewigen Gegenwart, die kaum von dem mäßigen Vibrieren der Temperaturschwankungen erschüttert wird.

Aber zum Glück für den Erzähler, der andernfalls aufgehört hätte zu erzählen, liegt die Kalkbank, zu der das Atom gehört, an der Erdoberfläche. Das Atom liegt da, erreichbar für den Menschen und seine Spitzhacke (Ehre der Spitzhacke und ihren moderneren Entsprechungen – sie sind immer noch die wichtigsten Mittler im jahrtausendealten Zwiegespräch zwischen den Elementen und dem Menschen): Irgendwann, zu einem Zeitpunkt, den ich als Erzähler ganz willkürlich in das Jahr 1840 verlege, wurde es von einem Schlag mit der Spitzhacke herausgebrochen, es wanderte in den Kalkofen und wurde in die Welt der veränderlichen Dinge gestürzt. Es wurde erhitzt, damit es sich vom Kalzium trennte, das sozusagen mit den Füßen auf der Erde blieb und einem weniger glänzenden Schicksal entgegenging, von dem hier nicht die Rede sein soll; das Kohlenstoffatom aber, noch immer an zwei der einstigen drei Gefährten, die Sauerstoffatome, geklammert, flog zum Schornstein hinaus und erhob sich in die Lüfte. Hatte es in seiner Geschichte bis dahin keinerlei Bewegung gegeben, so kam nun Leben in sie.

Der Wind erfasste das Atom, warf es zu Boden und hob es zehn Kilometer in die Höhe. Ein Falke atmete es ein, es gelangte in seine tief atmenden Lungen, drang aber nicht in sein Blut ein und wurde ausgeschieden. Dreimal löste es sich im Meereswasser auf, einmal im Wasser eines tosenden Wildbachs, und wurde wieder ausgestoßen. Acht Jahre lang reiste es mit dem Wind: mal tief, mal hoch, über Meere und zwischen Wolken, über Wälder, Wüsten und endlose Eisflächen; dann geriet es in Gefangenschaft und in ein organisches Abenteuer.

Kohlenstoff ist in der Tat ein sonderbares Element: Als einziges kann es mit sich selbst ohne großen Energieverbrauch lange, stabile Ketten bilden, und zum irdischen Leben (dem einzigen, das wir bis jetzt kennen) gehören gerade lange Ketten. Daher ist Kohlenstoff das Schlüsselelement allen Lebens: Sein Aufstieg, sein Eintritt in die lebende Welt ist jedoch nicht leicht und muss einem vorgeschriebenen, verworrenen Weg folgen, der erst in den letzten Jahren (und noch nicht einmal vollkommen) geklärt worden ist. Wenn um uns herum nicht Tag für Tag die organische Umwandlung des Kohlenstoffs vor sich ginge, jede Woche Milliarden von Tonnen, wo immer ein grünes Blatt sprießt, könnte man sie zu Recht ein Wunder nennen.

Das Atom, von dem die Rede ist, wurde also in Begleitung seiner beiden Satelliten, die es in gasförmigem Zustand hielten, im Jahre 1848 vom Wind an Weinstöcken vorübergetragen. Es hatte das Glück, ein Blatt zu streifen, in dieses einzudringen und von einem Sonnenstrahl darin festgenagelt zu werden. Wenn ich mich hier ungenau und in Andeutungen ausdrücke, dann liegt das nicht nur an meiner Unwissenheit: Dieses entscheidende Ereignis, diese blitzschnelle Arbeit zu dritt, von Kohlendioxid, Licht und Pflanzengrün, ist bisher noch nicht genau beschrieben worden und wird es wohl so bald nicht werden, so sehr unterscheidet es sich von der übrigen »organischen Chemie«, die das kolosshafte, langsame, mühselige Werk des Menschen ist: Und doch wurde jene feinsinnige, flinke Chemie bereits vor zwei, drei Milliarden Jahren von unseren schweigsamen Schwestern, den Pflanzen, »erfunden«, die nicht experimentieren und diskutieren und deren Temperatur genau mit der Temperatur ihrer Umwelt übereinstimmt. Wenn verstehen sich ein Bild machen heißt, dann werden wir uns wohl nie ein Bild machen können von einem Geschehnis, das auf einem millionstel Millimeter im Tempo einer millionstel Sekunde vor sich geht und bei dem die Akteure unsichtbar sind. Jede Beschreibung in Worten muss unvollkommen sein, und eine taugt soviel wie die andere: Möge also die folgende gelten.

Das Atom dringt in das Blatt ein und stößt da mit anderen unzähligen (hier aber unnützen) Stickstoff- und Sauerstoffmolekülen zusammen. Es schließt sich einem großen, komplizierten Molekül an, wird von ihm aktiviert und empfängt gleichzeitig in Form eines blitzschnell vom Himmel herabfahrenden Sonnenlichtbündels die entscheidende Botschaft: Im Nu, wie ein im Spinnennetz gefangenes Insekt, wird es von seinem Sauerstoff getrennt, verbindet sich mit Wasserstoff und (so nimmt man an) mit Phosphor und wird schließlich in eine Kette aufgenommen, deren Länge keine Rolle spielt, auf jeden Fall ist sie die Kette des Lebens. All dies geschieht schnell, in aller Stille, bei Temperatur und Druck der Atmosphäre und ohne alle Kosten: Liebe Kollegen, wenn wir lernen werden, es ihm gleichzutun, werden wir *sicut* Deus sein und auch das Problem des Hungers in der Welt gelöst haben.

Aber es kommt noch mehr und noch schlimmer, zu unserer Schande und unserer Kunst zum Hohn. Das Kohlendioxid, das heißt der gasförmige Zustand des Kohlenstoffs, von dem wir bisher gesprochen haben: Dieses Gas, das der Grundstoff des Lebens ist, dessen ständiger Begleiter, aus dem alles schöpft, was wächst, der letzte Weg allen Fleisches – dieses Kohlendioxid ist kein Hauptbestandteil der Luft, sondern ein lächerlicher Rest, eine »Unreinheit«, die noch dreißigmal seltener auftritt als das von niemandem wahrgenommene Argon. In der Luft sind 0,03 Prozent enthalten: Wäre Italien die Luft, dann wären die einzigen zum Aufbau des Lebens befähigten Italiener etwa die 15.000 Einwohner von Milazzo in der Provinz Messina. Auf den Menschen übertragen, erscheint das wie eine ironische Verrenkung, wie ein Taschenspielertrick, wie unbegreifliches Prunken mit überheblicher Allmacht, denn aus dieser sich stets erneuernden Unreinheit der Luft kommen wir: Tiere und Pflanzen und wir Menschen mit unseren vier Milliarden verschiedenen Meinungen, mit unserer Jahrtausende zählenden Geschichte, unseren Kriegen, unserer Schmach, unserem Edelmut und unserem Stolz. Geometrisch ausgedrückt, ist übrigens selbst unser Dasein auf dem Planeten bloß lächerlich: Verteilte man die gesamte Menschheit, etwa 250 Millionen Tonnen, als gleichmäßig dicke Schicht auf der gesamten festen Erdoberfläche, so wäre »die Gestalt des Menschen« mit bloßem Auge gar nicht zu erkennen; die Schicht wäre nur etwa sechzehn tausendstel Millimeter dick.

Unser Atom ist also aufgenommen: Es ist Teil einer Struktur, wie die Architekten sie verstehen; es hat sich mit fünf Gefährten verschwägert und verbunden, die ihm so ähnlich sind, dass nur die erzählerische Fiktion mir eine Unterscheidung gestattet. Es ist eine schöne ringförmige Struktur, ein fast gleichschenkliges Sechseck, das jedoch einem vielfältigen Austausch- und Ausgleichungsprozess mit dem Wasser, in dem es gelöst ist, unterliegt; denn jetzt ist es in Wasser, ja in der Lymphe des Lebens aufgelöst, und dieses Aufgelöstsein ist eine Pflicht und ein Privileg all jener Stoffe, denen es bestimmt ist (beinahe hätte ich gesagt, »deren Wunsch es ist«), sich zu wandeln. Und wenn jemand wissen will, warum ausgerechnet ein Ring, warum sechseckig, warum in Wasser löslich, so möge er beruhigt sein: Das sind einige der nicht eben zahlreichen Fragen, auf die unsere Theorie eine überzeugende, einleuchtende Antwort zu geben vermag, die aber nicht hierher gehört.

Das Atom ist, um es klar zu sagen, Bestandteil eines Glukosemoleküls geworden; ein Schicksal, das weder Fisch noch Fleisch ist, ein Übergang, durch den es auf die erste Berührung mit der Tierwelt vorbereitet, aber noch nicht zur höchsten Verantwortung befähigt wird, die darin besteht, einem Proteingebäude anzugehören. Es wanderte also im gemächlichen Tempo der Pflanzensäfte vom Blatt über den Stengel und die Rebenranke zum Stamm und von dort zu einer reifenden Weintraube. Was dann folgt, fällt ins Fach der Weinhändler: Wir wollen lediglich festhalten, dass es (zu unserem Vorteil, denn wir hätten es nicht zu schildern gewusst) der Gärung entkam und in den Wein gelangte, ohne sein Wesen zu ändern.

Schicksal des Weines ist es, getrunken zu werden, und Schicksal der Glukose, zu verbrennen. Sie verbrannte aber nicht sofort: Der Weintrinker behielt sie über eine Woche in der Leber, zu einem Knäuel zusammengepresst und unbeweglich, als Nahrungsreserve für eine unverhoffte Anstrengung; diese musste er am darauffolgenden Sonntag vollbringen, als er einem scheuenden Pferd hinterherlief. Adieu, sechseckige Struktur: In wenigen Augenblicken war das Knäuel abgehaspelt und wurde wieder zu Glukose, die der Blutstrom zur Muskelfaser eines Schenkels trieb, hier wurde sie brutal in zwei Moleküle Milchsäure, den traurigen Herold körperlicher Anstrengung, aufgespalten: Erst später, nach einigen Minuten, konnte vermittels keuchender Lungen der zum gemächlichen Verbrennen der Milchsäure benötigte Sauerstoff beschafft werden. So kehrte ein neues Kohlendioxidmolekül in die Atmosphäre zurück, und ein Energieteilchen, das die Sonne an die Rebenranke abgegeben hatte, ging von chemischer in mechanische Energie über und schickte sich in den trägen Wärmezustand, indem es die vom Lauf bewegte Luft und das Blut des Läufers unmerklich erwärmte. »So ist das Leben«, obwohl es selten so beschrieben wird: Eines fügt sich ins andere, eines erwächst aus dem anderen und schmarotzt von der Energie auf ihrem Wege von der edlen Sonnenenergie hinab zur minderwertigeren Wärme niedrigerer Temperatur. Auf diesem Abwärtsgang, der das Gleichgewicht herstellt und damit zum Tode führt, beschreibt das Leben einen Bogen und nistet sich in ihm ein.

Wir sind wiederum Kohlendioxid und möchten uns dafür entschuldigen: Auch das ist ein vorgeschriebener Weg; man könnte sich andere vorstellen, erfinden, aber auf der Erde ist es nun einmal so. Wiederum Wind, der das Atom diesmal sehr weit trägt: über die Apenninen und die Adria, über Griechenland, die Ägäis und Zypern – wir sind im Libanon, und der Tanz fängt wieder von vorne an. Das Atom, mit dem wir uns beschäftigen, ist diesmal in einer Struktur gefangen, die lange zu halten verspricht: Es ist der ehrwürdige Stamm einer Zeder, einer von den letzten ihrer Art; das Atom hat die Stadien, die wir bereits beschrieben haben, erneut durchlaufen, und die Glukose, deren Teil es ist, gehört, wie eine Perle im Rosenkranz, zu einer langen Zellulosekette. Es ist nicht mehr die trügerische geologische Festigkeit des Felsens, es geht nicht mehr um Millionen Jahre, doch wir können gut und gerne von Jahrhunderten sprechen, denn die Zeder ist ein langlebiger Baum. Es liegt in unserer Hand, ob wir es für ein Jahr oder für fünfhundert Jahre seinem Schicksal überlassen wollen: Sagen wir, nach zwanzig Jahren (wir sind im Jahre 1868) wendet sich ihm ein Holzwurm zu. Er hat mit der seiner Spezies eigentümlichen blindwütigen Gefräßigkeit zwischen Stamm und Rinde seinen Gang gegraben; beim Bohren ist er gewachsen, und sein Gang hat sich erweitert. Dabei hat er den Gegenstand dieser Geschichte verschlungen und umschlossen; dann hat er sich verpuppt, ist im Frühling in Gestalt eines hässlichen grauen Falters ausgeschlüpft und trocknet sich jetzt an der Sonne, abgelenkt und wie geblendet von der Schönheit des Tages: Das Atom ist dort, in einem der tausend Augen eines Insekts, und trägt dazu bei, dass es auf seine ungefähre, grobe Art sehen und sich so im Raum orientieren kann. Das Insekt wird befruchtet, es legt Eier und stirbt: Der kleine Leichnam liegt im Unterholz, sein Saft schwindet, aber der Chitinpanzer hält sich lange, ist beinahe unzerstörbar. Schnee und Sonne gehen über ihn hinweg, ohne ihn anzugreifen: Er liegt begraben unter Laub und Erdreich, ist zur bloßen Hülle, zum »Ding« geworden, doch im Gegensatz zu unserem Tod ist der Tod der Atome niemals unwiderruflich. Jetzt sind die allgegenwärtigen, unermüdlichen und unsichtbaren Totengräber des Unterholzes, die Mikroorganismen des Humus, am Werk. Der Panzer mit seinen nunmehr blinden Augen zersetzt sich allmählich, und das Atom – einst Trinker, einst Zeder, einst Holzwurm – fliegt erneut davon.

Wir lassen es dreimal um die Erde kreisen, bis zum Jahre 1960, und zur Rechtfertigung dieses nach menschlichem Maß recht langen Zeitabstandes möchten wir bemerken, dass er im Vergleich zum Durchschnitt noch ziemlich kurz ist: Der beträgt, so wird uns versichert, zweihundert Jahre, jedes Kohlenstoffatom, das nicht in stabile Stoffe eingeschlossen ist (wie Kalkstein, Steinkohle, Diamant oder bestimmte Plaste), tritt alle zweihundert Jahre durch die enge Pforte der Photosynthese wieder in den Kreislauf des Lebens ein. Gibt es noch andere Pforten? Ja, einige vom Menschen geschaffene Synthesen; sie gereichen dem *Homo faber* zur Ehre, haben aber quantitativ bislang kaum Bedeutung. Diese Pforten sind noch viel enger als die des Pflanzengrüns: Der Mensch hat, bewusst oder unbewusst, bisher noch nicht versucht, auf diesem Gebiet mit der Natur zu wetteifern, das heißt, er hat sich nicht bemüht, dem Kohlendioxid der Luft den Kohlenstoff zu entziehen, den er benötigt, um sich zu nähren, zu kleiden, zu wärmen und zur Befriedigung der hundert anderen raffinierteren Bedürfnisse des modernen Lebens. Er hat es nicht getan, weil er es nicht brauchte: Er hat bisher riesige Reserven organisch aufgeschlossenen oder zumindest reduzierten Kohlenstoffs gefunden und findet sie noch (aber wie viel Jahrzehnte wohl noch?). Abgesehen von der Pflanzen- und Tierwelt liegen diese Reserven noch in den Steinkohle- und Erdölvorkommen: Aber auch diese stammen aus photosynthetischen Vorgängen ferner Zeiten, sodass man wohl behaupten kann, die Photosynthese ist nicht nur der einzige Weg, um dem Kohlenstoff Leben zu verleihen, sondern auch der einzige, um Sonnenenergie chemisch nutzbar zu machen.

Es lässt sich beweisen, dass diese frei erfundene Geschichte dennoch wahr ist. Ich könnte zahllose andere Geschichten erzählen, und sie wären alle wahr: alle Wort für Wort wahr, was die Natur der Verwandlungen, ihre Reihenfolge und die Zeit angeht. Die Zahl der Atome ist derart groß, dass sich immer eines fände, dessen Geschichte mit einer beliebigen erfundenen Geschichte übereinstimmt. Ich könnte endlos Geschichten von Kohlenstoffatomen erzählen, die zu Blütenfarbe oder Blütenduft werden; von anderen, die aus winzigen Algen in kleine Krebse, von da an in immer größere Fische wandern und sich dann wieder in das Kohlendioxid des Meerwassers verwandeln, einem ewigen, unheimlichen Kreislauf von Leben und Tod folgend, in dem jeder, der jemanden verschlingt, unverzüglich verschlungen wird; oder von wieder anderen, die einen würdevollen, halbewigen Zustand auf den vergilbten Seiten eines Archivdokuments oder auf der Leinwand eines berühmten Malers erlangen; oder von solchen, die den Vorzug hatten, Teil eines Körnchens Blütenstaub zu werden, und ihren fossilen Abdruck auf einem Fels hinterlassen haben, der unsere Neugier weckt; oder aber von jenen, die zu den geheimnisvollen Formträgern des menschlichen Samens gehören und damit an dem subtilen Prozess von Spaltung, Verdoppelung und Verschmelzung teilnehmen, aus dem wir alle hervorgegangen sind. Ich werde aber nur noch eine Geschichte, die geheimste, erzählen, und das mit der Demut und Scheu des Erzählers, der von allem Anfang an weiß, dass sein Unterfangen aussichtslos, seine Mittel dürftig und das Gewerbe, Taten in Worte zu kleiden, seinem Wesen nach zum Bankrott verurteilt ist.

Es weilt erneut unter uns, in einem Glas Milch. Es ist in eine lange, komplizierte Kette eingeschlossen, die jedoch so gebaut ist, dass fast alle ihre Ringe vom menschlichen Körper aufgenommen werden. Es wird verschluckt: Und da jede lebende Struktur sich wild gegen die Zufuhr weiteren lebenden Stoffes sträubt, zerbricht die Kette in kleine Stücke, die nacheinander aufgenommen oder ausgeschieden werden. Ein Atom, eben jenes, das uns am Herzen liegt, überschreitet die Schwelle des Darms und dringt in den Blutstrom ein: Es wandert, klopft an die Pforte einer Nervenzelle, tritt ein und ersetzt ein anderes Kohlenstoffatom. Diese Zelle gehört zu einem Gehirn, dem meinigen, dessen, der hier sitzt und schreibt, die fragliche Zelle und das in ihr enthaltene Atom sind für mein Schreiben zuständig – ein gigantisches und zugleich mikroskopisch feines Spiel, das noch niemand beschrieben hat. Es ist die Zelle, die in diesem Augenblick, aus einem labyrinthartigen Wirrsal von Ja und Nein heraus, bewirkt, dass meine Hand einen bestimmten Weg auf dem Papier zurücklegt, es mit diesen Kringeln versieht, die Zeichen sind; ein doppeltes Losschnellen, nach oben und nach unten, in zwei Takten, führt meine Hand, und sie drückt diesen Punkt aufs Papier: diesen.

Anmerkung

Der vorliegende Text ist mit freundlicher Genehmigung des Carl Hanser Verlags dem Buch von Primo Levi entnommen: Das periodische System. Mit einem Nachwort von Natalia Ginzburg. Aus dem Italienischen von Edith Plackmeyer, © 1987 Carl Hanser Verlag, München. Titel der Originalausgabe: Il sistema periodico. Giulio Einaudi editore s. p. a., Turin 1975. Die Schreibweise wurde der neuen deutschen Rechtschreibung angepasst.

Jens Soentgen

Von A wie Apfel bis Z wie Zigarre – CO_2 im Alltag

CO_2 wird als Schadstoff oder als Klimagift, jedenfalls als etwas irgendwie »Böses« angesehen. Zudem ist es nahezu unsichtbar und fast geruchlos, was zusätzliche diffuse Ängste schürt. Tatsächlich aber ist das CO_2 nicht irgendeine exotische Chemikalie sondern allgegenwärtig – auch in unserem Alltag. Es nimmt im Haushalt der Natur viele Funktionen wahr. Gerade deshalb ist ja seine dramatische Überproduktion durch die hochindustrialisierten Gesellschaften so problematisch. Um ein Gefühl für die vielfältigen Gestalten und Masken zu bekommen, in denen uns das CO_2 im Alltag umgibt, hat der Philosoph und Chemiker Jens Soentgen eine kleine Kollektion von Gegenständen, die mit CO_2 zu tun haben, zusammengestellt.

Mit seinem »*Musée sentimental de Cologne*« setzte der Künstler Daniel Spoerri der Stadt Köln 1979 ein Denkmal. Er sammelte Alltagsgegenstände, die irgendwie mit Köln zu tun hatten. Ein »*Musée sentimental de CO_2*«, ein Sammelsurium von CO_2-Gegenständen, die Geschichten erzählen, ist ebenfalls eine reizvolle Sache. Denn fast alle Alltagsdinge, die uns umgeben, sind Teil des gewaltigen, stillen CO_2-Strömens, das ungesehen und ungehört um uns herum stattfindet.

Apfel

Der Apfel ist letztlich entstanden aus Wasser, Sonnenlicht und CO_2. Nach einem Produktionsverfahren, das nur der Apfelbaum beherrscht und das Menschen trotz aller Versuche bisher nicht nachmachen konnten. Solange der Apfel am Baum wächst und gedeiht, wird CO_2 gebunden. Wenn er aber einmal gepflückt ist, dann ändert sich die Sache. Äpfel, obwohl sie teilweise grün sind, betreiben trotzdem keine Photosynthese mehr. Vielmehr atmen auch sie Sauerstoff ein und Kohlendioxid aus. Dabei verbrauchen sie nach und nach ihre eingelagerten Nährstoffe, also ihren Zucker. Dabei werden sie immer dünner und dünner, was man ihnen auch ansieht, sie werden mit der Zeit ganz schrumpelig und schmecken nach ein paar Monaten auch nicht mehr so lecker wie frisch geerntet. Dieses Atmen der Früchte kann man vermindern, indem man die Früchte kühl lagert, dann werden sie sozusagen in den Tiefschlaf versetzt. Aber auch dann muss man dafür sorgen, dass das ausgeatmete CO_2 ständig abgeführt wird. Denn auch die Frucht kann ersticken, wenn zu viel CO_2 in der Umgebungsluft ist! Und dann wird ihr Gewebe ganz braun, es ist tot und schmeckt nicht mehr.

Baum

Die Bäume des Waldes atmen – und zwar CO_2. Jedenfalls tagsüber, solange die Sonne scheint. Und mit Wasser, Sonnenschein und einer Prise Nährstoffe machen sie aus dem CO_2 Blätter, Holz, Harz, Blüten und Früchte, alles, was einen Baum so ausmacht. Solange ein Wald wächst, bindet er CO_2. Wie viel CO_2 dabei gebunden wird, hängt natürlich von der Baumart, vom Alter des Baumes, vom Standort, von der Jahreszeit ab. Ein kleiner Baum kann nur ein paar Gramm (wenn überhaupt), eine ausgewachsene Buche hingegen einige Hundert Gramm CO_2 am Tag dauerhaft speichern. Man kann die CO_2-Aufnahme nur ungefähr auf einen Baum und einen Tag herunterrechnen.

Etwas CO_2 allerdings atmet jeder Baum auch aus – nämlich nachts. Dann hat er ja keine Möglichkeit, sich das, was er für sein Leben braucht (zum Beispiel verschiedene Zuckermoleküle), selbst herzustellen. Er muss an seine Vorräte gehen, wie wir an den Kühlschrank, wenn uns nachts der Hunger überkommt. Und indem der Baum seine Vorräte verbraucht, atmet er zugleich CO_2 aus. Das tun übrigens nachts alle Pflanzen, wenn auch in viel kleinerem Maße als ein Mensch.

Brezel

Der Brezelteig enthält viele kleine Bläschen. Auch das ist CO_2. Das CO_2 bildet sich, während der Brezelteig gärt. Wie geht das zu? Man mischt, um Brezeln zu backen, Mehl, Wasser, eine Prise Salz und Hefe. Die Hefe ist eigentlich ein Minipilz, also ein Lebewesen. Dieses Lebewesen ernährt sich mit großer Leidenschaft von der Stärke, die in dem Mehl enthalten ist. Dabei produziert es CO_2. Das lässt den Teig aufgehen, sodass er besser schmeckt.

Bier

Zur Brezel passt das Bier. Bier ist eigentlich ein Pflanzenprodukt. Es wird letzten Endes aus Getreide gewonnen, meistens aus Gerste, aber auch aus Weizen. Dieses wird noch in Malz umgewandelt, zerkleinert und in Wasser aufgeschwemmt. Anschließend kommt das eigentliche Brauen. Dazu wird Hefe zugesetzt. Diese ernährt sich von den Zuckern der Getreidekörner. Dabei entsteht Alkohol – und auch CO_2. Sogar ziemlich viel.

Dieses CO_2 ist für den Konsumenten Teil des Genusses. Für die Bierbrauer aber kann es auch eine Gefahr bedeuten. Deshalb finden sich in Bier- und Weinkellern überall Warnhinweise. Trotzdem kommt es immer wieder zu Unfällen, manchmal auch mit tödlichem Ausgang. Bereits im Altertum hat man solche Unfälle beobachtet. Man schrieb sie allerdings nicht dem Gas zu, sondern vielmehr der »Macht der Hefen«. So jedenfalls Plinius der Ältere in seiner *Naturgeschichte*.

Du und ich

Schon mit dem ersten Schrei greift der Mensch in den Kohlenstoffkreislauf ein. Denn mit jedem Atemzug, erst recht mit einem Schrei, gibt er CO_2 an die Atmosphäre ab. In der Atemluft sind vier Prozent CO_2 enthalten. Das ist nicht viel. In zwölf Stunden atmen wir vielleicht alles in allem 350 Gramm CO_2 zusammen, es sei denn, wir strengen uns sehr an. Dann kann es auch schon einmal mehr werden.

Wenn wir uns auf ein Pferd setzen, um etwas schneller von A nach B zu gelangen, dann entsteht etwas mehr CO_2, denn ein Pferd hat größere Lungen. Wenn wir zehn Stunden reiten, kommt das Pferd auf drei Kilogramm CO_2.

Aber richtig abenteuerlich wird es, wenn wir uns nicht auf ein Pferd, sondern in ein Auto setzen. Das ist gewissermaßen ein riesengroßes, metallenes Pferd, das entsprechend auch ordentlich CO_2 ausatmet. Schon nach einer Stunde Autofahren kommen wir auf 15 Kilogramm CO_2, nach zehn Stunden sind wir bei 150 Kilogramm! Es gibt auch viele Autos, bei denen es locker 300 Kilogramm sind. Also das Hundertfache dessen, was ein Pferd atmet. Aber diese Autos haben ja auch 100 PS, also 100 Pferdestärken.

Getreidekörner fürs Müsli

Getreidekörner sind Samen. Also eigentlich kleine Lebewesen. Dass sie keineswegs tot sind, merkt man, wenn man Getreidekörner einige Tage feucht hält. Dann keimen sie. Sie schlagen Wurzeln und bilden wenig später auch Blätter. Alles dies geschieht sozusagen aus eigener Kraft, denn da noch gar keine Blätter da sind, kann auch die Photosynthese noch nicht angeworfen werden. Aber die Getreidekörner sind ja vollgestopft mit Kohlenhydraten und Ölen sowie Nährstoffen. (Deshalb taugen sie ja überhaupt als Nahrungsmittel.) Und diese verbrauchen sie beim Keimen. Dazu atmen sie Sauerstoff ein – und CO_2 aus. Ein etwas paradoxer Prozess, da die Pflanze normalerweise genau das Umgekehrte tut: Sie atmet CO_2 ein – und Sauerstoff aus. Aber wenn sie keimen will, dann fehlen ihr ja einstweilen die grünen Blätter – und deshalb nimmt sie in dieser Situation ihre Energie nicht von der Sonne, sondern aus ihren gespeicherten Nährstoffen.

Dass Getreidekörner CO_2 ausatmen, ist relativ unbekannt. Es ist aber ein Prozess, der gefährliche Folgen haben kann. Wenn zum Beispiel in Getreidesilos das Korn etwas feucht eingefüllt wird, kann es sein, dass die Körner heftig zu atmen beginnen, weil sie keimen möchten. Umso mehr, wenn es relativ warm ist. So füllt sich das ganze Silo schnell mit CO_2. Da man das Gas nicht sieht und auch nicht riechen kann, und weil viele auch nicht erwarten, dass Pflanzensamen ein für den Menschen gefährliches Gas erzeugen können, kommt es immer wieder zu tödlichen Unfällen. Schon nach wenigen Atemzügen in einem Raum, in dem etwa sieben Prozent CO_2 in der Luft sind, werden die meisten bewusstlos – und wenn man dann einmal am Boden liegt, wo die CO_2-Konzentration noch wesentlich höher ist, kommt oft jede Rettung zu spät. Oft werden sogar diejenigen, die zur Hilfe eilen, selbst Opfer des Gases.

Leitungswasser

Wenn man Wasser in einem Wasserkocher erhitzt, bilden sich, lange bevor das Wasser kocht, kleine Bläschen. Das ist Luft, aber auch CO_2! Denn im Leitungswasser ist immer ein wenig CO_2 enthalten. Wenn man das Wasser kocht und es hinterher abkühlen lässt, dann schmeckt es nicht mehr so erfrischend. Mit dem CO_2 ist auch der leicht säuerliche Geschmack verschwunden. Und wenn man in den Kessel blickt, dann sieht man, dass noch etwas geschehen ist: Es schwimmen weiße Teilchen im Wasser. Das ist Kalk! Der fällt immer dann aus, wenn das Kohlendioxid sich in die Atmosphäre verabschiedet. Im Wasserkessel sieht der Kalk nicht besonders ansprechend aus. Aber auch der bezaubernde Tropfstein in einer Höhle bildet sich im Prinzip durch denselben Prozess. Hier wird zwar nicht erhitzt, dafür verdunstet aber das Wasser, und damit verflüchtigt sich auch das CO_2 – und der Kalk bleibt zurück.

Mief

Der sogenannte Mief, etwas sachlicher auch verbrauchte Luft genannt, findet sich in Zimmern, die lange nicht gelüftet wurden – oder auch in Räumen, in denen viele Menschen sind, wie zum Beispiel in Klassenzimmern. Mief macht müde. Die Ursache hiervon ist aber normalerweise nicht, dass in der Luft kein Sauerstoff mehr wäre. Auch nicht die üblen Lüfte, die manchem entweichen, oder gar der Schweißgeruch. Vielmehr schlägt das CO_2 uns aufs Gemüt. Der normale CO_2-Gehalt der Luft beträgt 0,038 Prozent. Der normale Sauerstoffgehalt liegt bei 21 Prozent. In unserer Atemluft, also in dem, was wir wieder ausatmen, befinden sich noch 15 Prozent Sauerstoff, aber rund vier Prozent Kohlendioxid. Das bedeutet, anders gesagt, dass der Sauerstoffanteil nur um rund ein Drittel abnimmt – dagegen nimmt der Kohlendioxidgehalt um das Hundertfache zu! Deshalb reichert sich, wenn Menschen atmen, das Kohlendioxid viel schneller an, als der Sauerstoff abnimmt.

Stellen wir uns einen Raum vor, der fünf Meter lang, vier Meter breit und drei Meter hoch ist, ein normales Wohnzimmer. Darin sind etwa 60 Kubikmeter Luft. Wenn in diesem Raum zehn Menschen eine Stunde vor sich hin quasseln und dabei atmen (denn Quasseln ist ja nichts anderes als tönendes Ausatmen), dann reduziert sich der Sauerstoffgehalt von 21 Prozent auf circa 20,6 Prozent. Der Kohlendioxidgehalt aber verzehnfacht sich: von 0,038 Prozent auf rund 0,4 Prozent. Und das macht müde. Deshalb reicht es nicht, wenn man in Flugzeugen für genügend Sauerstoff sorgt. Vielmehr muss man auch das Kohlendioxid entfernen, das die Reisenden ausatmen. Das geschieht auch, jedoch nur ziemlich unvollkommen. Der Kohlendioxidgehalt in den Passagierabteilen von Flugzeugen ist ziemlich hoch. Auch deshalb ist einem auf Flugreisen manchmal recht schummrig zumute.

Rose

Rosen sind Pflanzen, die auch im Garten wachsen. Dort ernähren sie sich wie alle Pflanzen von Wasser, einigen Nährstoffen, die sie aus dem Boden nehmen, und hauptsächlich von den 0,038 Prozent CO_2, die in der Luft vorhanden sind. Wer aber im Sommer eine Rose kauft, der hält ein Industrieprodukt in der Hand. Rosen werden, wenn sie nicht aus Lateinamerika oder Afrika eingeflogen werden, vor allem in Holland angebaut. Dort zieht man sie in Gewächshäusern. Und man düngt sie kräftig mit CO_2. Denn sobald die Sonne scheint, beginnen alle Rosen mit der Photosynthese und verbrauchen das CO_2 im Gewächshaus. Dieses muss schnell nachgeliefert werden. Viele Rosenzüchter haben eigens für diesen Zweck einen Gasofen, in dem sie schnell etwas Gas verbrennen und den entstehenden Dampf, der vor allem aus Kohlendioxid besteht, in das Gewächshaus einleiten. Anderswo kämpft man gegen das CO_2, die holländischen Gärtner aber suchen es: ganz schön paradox. Das dachten sich auch zwei holländische Ingenieure, die schließlich auf die Idee kamen, einen Kohlendioxidproduzenten mit den Gärtnereien zu verbinden. Dazu nutzten sie eine stillgelegte Erdölpipeline. In dieser fließt mittlerweile CO_2, das aus einer Erdölraffinerie stammt und direkt in Gewächshäuser eingeleitet wird. Viele der Rosen, die wir kaufen, sind also regelrecht in CO_2 gebadet worden. Denn gerade Rosen reagieren sehr freudig auf eine erhöhte CO_2-Konzentration. Die Ernten können bis zu 40 Prozent höher ausfallen.

Schneckenhaus

Schneckenhäuser findet man oft im Garten oder im Wald, manchmal finden sich auch noch lebende Schnecken darin. Bei uns produziert die Weinbergschnecke die größten Häuser, sie ist auch die größte Schnecke in unserer Gegend. Was haben die Schnecke und das Schneckenhaus mit Kohlendioxid zu tun? Nun, zum einen ist die Schnecke ein Tier, und wie jedes andere Tier atmet sie Kohlendioxid aus. Leute, die Schnecken in Terrarien halten (die gibt es! – es gibt auch Leute, die Schnecken professionell züchten), wissen, dass man die Terrarien immer wieder lüften muss. Denn das von den Schnecken ausgeatmete Kohlendioxid sammelt sich unten im Terrarium an, und die Schnecken werden schläfrig. Aber auch das Schneckenhaus hat viel mit CO_2 zu tun. Es besteht nämlich aus Kalk, und das ist nichts anderes als Calciumcarbonat, $CaCO_3$. Calciumcarbonat aber enthält zur Hälfte Kohlendioxid. Wenn man es sehr stark erhitzt, dann entweicht CO_2. Es entsteht gebrannter Kalk, der kaum noch zusammenhält und zerfällt, sobald man an ihn rührt. Man könnte ihn mit Wasser anrühren und Mörtel daraus machen.

Woher nimmt die Schnecke den Kalk für ihre Schale? Sie sucht ihn in ihrer Umgebung, weshalb man Schnecken nur dort findet, wo Kalk ist. Wenn sie eine besonders kalkreiche Stelle findet, dann verweilt sie dort und löst den Kalk heraus – dies geschieht, indem sie in ihrem Schleim eine Säure bildet, der dann den Kalk anlöst. Die Gehäuse der Weinbergschnecke sind übrigens fast immer rechtsgewunden, drehen sich also im Uhrzeigersinn. Nur unter vielen Tausend rechtsgewundenen Exemplaren findet man einmal eines, das linksgewunden ist. Linksgewundene Weinbergschnecken nennt man auch »Schneckenkönige«.

Sprudel

Kohlensäurehaltige Quellwasser sind etwas ganz Besonderes. Nicht nur schmecken sie erfrischend. Sie enthalten auch viel mehr Mineralien und Spurenelemente als andere Gewässer. Das liegt daran, dass Wasser, in dem viel Kohlensäure ist, Gesteine besser lösen kann. Denn das in Wasser gelöste CO_2 schmeckt nicht nur säuerlich, es wirkt auch als Säure. Es frisst Löcher ins Gestein, und zwar vor allem dann, wenn es sich um Kalkstein handelt. Tatsächlich liegt ein Entstehungsgrund für nahezu alle Höhlen in Kalksteingebirgen im CO_2. Jeder durch CO_2 aggressiv gemachte Regentropfen nimmt nämlich etwas vom Kalk mit – um ihn anderswo abzuscheiden. Alle Höhlenwelten, ob in Süddeutschland oder in Mexiko, verdanken sich also dem CO_2!

Nehmen wir zur Illustration ein Glas Sprudel. Es enthält viel Kalk und andere Mineralien, die das kohlensaure Wasser im Untergrund mitgehen ließ. Die gelten als gesund. Außerdem ist Wasser, in dem viel Kohlensäure gelöst ist, auch viel seltener mit Mikroorganismen verunreinigt. Denn CO_2 hemmt das Wachstum vieler Keime.

Nicht immer stammt das Kohlendioxid (die »Kohlensäure« also, wie die Getränkehersteller lieber sagen) aus derselben Quelle wie das Wasser. Das ist nur dann der Fall, wenn auf dem Etikett steht: »Natürliches kohlensäurehaltiges Mineralwasser«. Wenn draufsteht: »Mit quelleigener Kohlensäure«, dann wurde der Kohlensäuregehalt nachträglich noch reguliert. Wenn draufsteht: »Mit Quellkohlensäure versetzt«, dann heißt das, dass dieses Wasser mit Kohlensäure versetzt wurde, die von einer anderen Quelle stammt (aber immerhin noch von einer Quelle!). Und wenn man liest: »Mit Kohlensäure versetzt« (und das liest man meistens), dann bedeutet das, dass der Hersteller irgendein Wasser – oft Leitungswasser – mit industrieller Kohlensäure versetzt hat. Diese kommt zum Beispiel aus Erdölraffinerien.

Stechmücke

Auch nachts noch umgibt uns CO_2. Wir selbst stören uns normalerweise nicht daran, da wir es nicht riechen können. Aber die Stechmücken können das. Für sie muss das CO_2 im Atem ziemlich gut riechen. Vielleicht so ähnlich, wie ein Rosenduft. Jedenfalls orientieren sich viele Mückenarten an der CO_2-Konzentration und erkennen hieran ihre Opfer. Dabei scheinen sie ihre Hinterbeine einzusetzen. Wenn man jedenfalls eine Mücke, die an der Wand sitzt, anhaucht, wedelt sie mit ihren Füßen in der Luft.

Telefon

Gibt das Telefon CO_2 ab? Eigentlich nicht. Trotzdem setzen wir mit jedem Anruf CO_2 frei. Zwar nicht direkt am Telefon. Damit aber das Telefon funktioniert, braucht es Strom. Strom wird produziert, indem man Kohle, Erdgas oder Erdöl verbrennt. Ohne Feuer läuft nichts, auch nicht in unserer scheinbar rauchfreien, sauberen modernen Technikwelt. Unsere Feuer brennen auf größter Flamme und pausenlos, aber sie sind verkapselt in Motoren oder Kraftwerken und fallen deshalb nicht weiter auf. Nur der steigende CO_2-Gehalt der Luft zeugt von ihnen. Indirekt entsteht also immer, wenn ein elektrisches Gerät läuft, CO_2. Nur dann nicht, wenn wir in einem Haushalt leben, der Ökostrom bezieht. Das ist Strom, der ausschließlich aus Sonnenenergie oder Wasserkraftwerken, also ohne Verbrennung von Kohle, gewonnen wird.

Wassersprudler

Wer keine Sprudelflaschen kaufen und schleppen will, verwendet oft einen sogenannten Wassersprudler. Der enthält eine Gasflasche mit CO_2, und dieses wird dann per Knopfdruck unter leichtem Druck in Leitungswasser geleitet. Woher kommt nun das CO_2 in der Gasflasche? Manchmal, in ganz seltenen Fällen, stammt es aus natürlichen Quellen. So verwendet etwa die Firma Wassermaxx natürliches CO_2, das aus einer Quelle im Teutoburger Wald stammt. Doch die Mengen sind unbedeutend.

In der Regel kommt das CO_2, das in den Wassersprudlern eingesetzt wird, wie auch der größte Teil der sonstigen Sprudel-Kohlensäure, direkt aus Industriebetrieben. Dort fällt das CO_2 bei vielen Syntheseprozessen als Nebenprodukt an. So entsteht es zum Beispiel bei der Ammoniaksynthese; und die größte deutsche Anlage zur Erzeugung von Stickstoffdünger – sie steht bei der BASF in Ludwigshafen – ist auch die größte Anlage zur Herstellung von Kohlendioxid. Wann immer wir etwas Sprudelndes trinken, ob Tafelwasser, Cola oder Limonade, ist die Wahrscheinlichkeit, dass die sprudelnden Bläschen direkt aus dem Chemiepark in Ludwigshafen kommen, ziemlich hoch.

Zigarre

Ich gebe es zu, Zigarren sind fast schon kein Alltagsgegenstand mehr. Das hat auch sein Gutes, denn Rauchen verpestet die Luft. Aber trägt es auch zur Klimaerwärmung bei? Hierzu müssen wir uns dem Tabakrauch zuwenden. Dieser ist eine der bestuntersuchten Substanzen überhaupt. Wahrscheinlich gibt es keinen Stoff, für dessen Untersuchung mehr Forschungsgelder ausgegeben wurden. Man kann in ihm 4.000 Chemikalien unterscheiden, mit den richtigen Geräten sogar noch viel mehr. Auch Feinstaub entsteht! Allerdings nur in winzigen Mengen. Hauptsächlich entsteht beim Qualmen einer Zigarre nämlich Kohlendioxid. Sind also Raucher nicht nur Luftverpester, sondern auch Klimasünder? Ist die Zigarre ein Fall für den CO_2-frei-Macher? Nein! Denn die Zigarre besteht ja ausschließlich aus getrockneten Pflanzenblättern. Das CO_2, das beim Rauchen freigesetzt wird, entspricht dem CO_2, das die Blätter, um zu wachsen, aus der Luft aufnahmen. Man könnte also sagen, dass Raucher klimaneutral sind.

Armin Reller

Kohlendioxid – Vermittler zwischen Biosphäre und Geosphäre

Kann man dem CO_2 ein »Wesen« zusprechen? Die Frage ist heikel! In jedem Fall aber hat das Kohlendioxid typische Funktionen in der Sphäre des Lebens. Diese beschreibt der Chemiker Armin Reller in seinem Beitrag und vermittelt einen Einblick in das, was man als Charakter dieses Stoffes bezeichnen kann. Zugleich zeigt er, weshalb unsere gemeinsame Geschichte mit diesem »Vermittler« zwischen belebter und unbelebter Natur heute an einem kritischen Punkt angekommen ist.

Kohlendioxid ist ein schillernder und faszinierender Stoff, der dank vielfältiger physischer Erscheinungsformen, Wirkformen und Funktionen die Geschichte des Planeten Erde entscheidend geprägt hat und weiter prägen wird. Dieses ubiquitäre, gasförmige und daher äußerst mobile Molekül unterliegt zurzeit einer sehr bedenklichen Reputation, was mit unserer Schuldzuweisung, unserem Nichtwissenwollen zusammenhängt. Es scheint, als ob wir nur mit Widerwillen wahrnehmen wollen, dass ohne CO_2 irdisches Leben in der uns bekannten Form nicht existieren würde und dieser Stoff als Vermittler und »Mediator« auf unserem Planeten geologische und biologische Geschichte geschrieben hat.

Aber betrachten wir die irdische Kohlendioxidgeschichte von allem Anfang an: Durch immer wieder erfolgende Gebirgsbildungen, also durch die geochemische Metallcarbonat-Sedimentation, wurden der Uratmosphäre riesige Mengen Kohlendioxid entzogen. Solche Sedimente sind etwa in den erst vor 250 bis 120 Millionen Jahren entstandenen Dolomiten als schneeweißer Dolomit, ein Magnesium-Calcium-Carbonat, oder in den Lagerstätten von industriell wichtigen Metallen wie dem Eisencarbonat Siderit, im wunderschön rot gefärbten Mangancarbonat Rhodochrosit oder dem Zinkcarbonat Smithsonit auf der ganzen Erde verteilt zu bestaunen. Durch das Einsetzen der Photosynthese vor mehr als dreieinhalb Milliarden Jahren wurde anfangs durch die Blaualgen, später durch höhere Pflanzen, die immer noch hohe Kohlendioxidkonzentration der Uratmosphäre nach und nach reduziert und gleichzeitig entstand mehr und mehr Sauerstoff (1). Neben der geologischen Bindung von gasförmigem Kohlen-

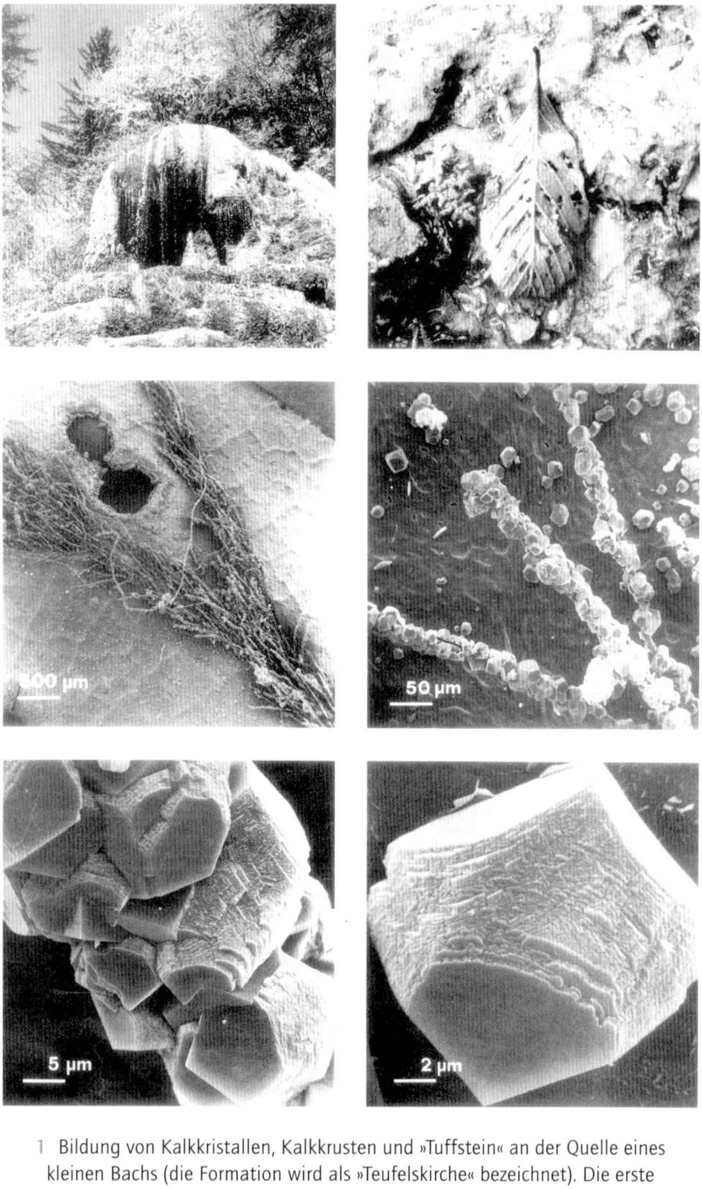

1 Bildung von Kalkkristallen, Kalkkrusten und »Tuffstein« an der Quelle eines kleinen Bachs (die Formation wird als »Teufelskirche« bezeichnet). Die erste Aufnahme zeigt die ganze Kalkformation, die in einem Wald bei Winterthur, Schweiz, über die Jahrhunderte durch die Reaktion zwischen calciumreichem Wasser und Kohlendioxid aus der Luft gewachsen ist. In der zweiten Abbildung sieht man, wie ein Buchenblatt mit einer Kalkkruste überzogen wird. Mit dem Rasterelektronenmikroskop gewinnt man die in den folgenden vier Abbildungen gezeigten sehr detaillierten Einblicke in die Bildung von kleinsten Kalk-Einkristallen (Calcit), die sich zuerst wie Perlketten an den Blatthärchen aufreihen, um sich dann zu einer dichten Schicht zu agglomerieren. Man beachte die perfekte Kristallform, die sich bei einzelnen Partikeln über die Wachstumszone (letzte Abbildung, reliefartig strukturierte Ecke des Kristalls) ausbildet (13).

dioxid hat die genannte biologische beziehungsweise photosynthetische Umwandlung unseres Stoffs die Erde tiefgreifend verändert (Abbildung 1).

Mit den sich über die Evolution entwickelnden höheren Organismen begann ein weiterer, unglaublich komplexer und ebenso essenzieller Prozess: die Biomineralisation. Durch den Aufbau von Schalen und Exo- sowie Endoskeletten aus Kalk erschuf sich eine faszinierende Welt von Coccolithen, Muscheln, Korallen und Schnecken. In Meeren, Flüssen und Seen, also allen Oberflächengewässern, führte dieser Prozess zu erstaunlichsten biologischen Kalkbildungen mit fantastischen Formen und Funktionen. Heute zeugen ganze Gebirge wie der Jura oder beinahe unermesslich große ausgetrocknete Meeresbecken wie die Null-Arbor-Wüste in Zentralaustralien von diesem globalen Kohlendioxidschmaus durch Kleinstlebewesen.

Landwirtschaft aus der Balance geraten

Die gegenwärtige Verteilung des in Gesteinen gebundenen, in Wasser gelösten, in Biomasse und organischen Stoffen verweilenden und in der Atmosphäre beweglichen Kohlenstoffs ergibt folgende Massenbilanz, wobei die Literaturangaben teilweise enorm schwanken (3–5): Zwischen 30 und 100 Millionen Gigatonnen (1 Gt = 1 Milliarde Tonnen) Kohlenstoff sind in Form von carbonatischen Sedimenten und Biomineralien gefangen, vor Jahrmillionen für Jahrmillionen immobilisiert. Weitere 40.000 Gigatonnen sind in den Ozeanen und Gewässern gelöst, zwischen 560 bis 650 Gigatonnen lagern in Wäldern, Busch, Gras, Tier und Mensch, also in Biomasse. Etwa 60 Gigatonnen werden jährlich durch die Photosynthese verwandelt und zusätzliche 3.000 Gigatonnen finden sich im Boden in Form organischer Huminstoffe. Gerade einmal 750 Gigatonnen sind als Kohlendioxid in der Atmosphäre unterwegs. Offenbar findet sich Kohlenstoff in äußerst unterschiedlichen stofflichen Formen, einmal als mobiles Gas in der Atmosphäre, ein andermal als über Jahrmillionen gelähmter Bestandteil der Lithosphäre. Diese Massen- und Zeitverhältnisse zeigen deutlich, wie der an sich geringe Anteil des atmosphärischen Kohlendioxids klimarelevant ist und dass wir gut daran tun, diesen Anteil nicht zu massiv zu beeinflussen, insbesondere nicht zu erhöhen.

Sollten aber mit dem immer üppiger vorhandenen atmosphärischen Kohlendioxid die Pflanzen nicht wuchern können? Das tun sie schon, wenn der Boden genügend Nährstoffe vorhält. Darauf basiert die Landwirtschaft als die kulturhistorische Errungenschaft, Sonnenenergie gezielt für die Photosynthese zu nutzen und wertvolle Biomasse zu produzieren. Erfolgreiche Landwirtschaft – ein Kunsthandwerk – zeichnet sich durch einen über Menschengenerationen geschlossenen Kohlenstoffkreislauf, eine positive Energiebilanz, Langlebigkeit der Böden und regionalspezifische hohe Diversität der Nutz- und Begleitpflanzen aus. Davon sind wir jedoch größtenteils weit entfernt: Durch den Einsatz von Maschinen, Dünger, Insektiziden und Pestiziden, aber auch mittels Bewässerungsanlagen oder Monokulturanbau wird weltweit nicht nur mehr Energie eingesetzt als gesammelt, gleichzeitig nehmen zudem die Fläche und Qualität der fruchtbaren Böden und die Diversität der Pflanzen in erschreckendem Tempo ab. Die Kohlendioxidassimilation hält deshalb mit der Kohlendioxidemission in keiner Weise Schritt. In Anbetracht der zunehmenden Weltbevölkerung ist eine Verschärfung dieses Missverhältnisses zu befürchten.

Besonders bedrohlich – und nur auf kurzfristigen wirtschaftlichen Profit bedacht – sind alle groß angelegten Brandrodungen und Abholzungen von Wäldern (Abbildungen 2 und 3). Im vergangenen Jahr (2008) waren das

2 + 3 Satellitenbilder von der Region Rondonia in Brasilien, die den Raubbau am tropischen Regenwald belegen. Links der noch relativ intakte Urwald 1975, rechts die verwüsteten Flächen im Jahr 2001.

knapp 130.000 Quadratkilometer (6)! Der Gewinn von Anbauflächen für Monokulturen, sei es Kaffee, Palmöl, Zuckerrohr oder Soja, zerrinnt nur allzu rasch; zurück bleibt nackter, ausgelaugter, unfruchtbarer Boden, dem die in ihrer Not allein gelassenen Kleinbauernfamilien kaum mehr etwas abgewinnen können, da die lebensnotwendigen Bodeninhaltsstoffe ausgebeutet sind. Regionen riesigen Ausmaßes in Indonesien, Malaysia, Kolumbien, Brasilien oder Afrika erlitten und erleiden diesen zerstörerischen Raubbau. Europa und Nordamerika, die gierigen Konsumregionen, pflegen damit ihre modernen Lebensstile in Zeiten des *Fast Living* und des *Fast Food*. Was in den geschundenen Böden von den Huminstoffen noch übrig bleibt, wird von Mikroben zersetzt und begibt sich als riesige Kohlendioxidfracht auf eine Reise in die Atmosphäre, um zusammen mit Wasser und Sonnenlicht durch den Prozess der Photosynthese wieder in die Pflanzen zurückzufinden.

2 + 3 Satellitenbilder von der Region Rondônia in Brasilien, die den Raubbau am tropischen Regenwald belegen. Links der noch relativ intakte Urwald 1975, rechts die verwüsteten Flächen im Jahr 2001.

Es ist nicht nur die aus der Balance geratene, energieintensive und Kohlendioxid produzierende Bereitstellung von Futter- und Nahrungsmitteln, es sind auch die riesigen Flächen, auf denen Baumwolle, Sisal, Holz – oft nur mit enormem Bewässerungsaufwand – angebaut werden und kurzfristigen Profit versprechen. Die Basis für einen kontrollierten Kohlenstoffkreislauf ist aus dem Gleichgewicht geraten, die Landwirtschaft hat sich vom Energiesammler zum Nutzer fossiler Energieträger gewandelt. Was mit Kulturpflanzen an Kohlendioxid eingefangen wird, ist nur noch ein Bruchteil dessen, was gleichzeitig als Emission entsteht: ein fataler historischer Vorgang.

Energiehunger der Industrieländer

Allein diese 300 Jahre Plantagen- und Monokulturwirtschaft hätten niemals zu dem massiven Anstieg der Kohlendioxidkonzentration von ehemals 280 ppm (parts per million) (vor 1800) auf heute 380 ppm gereicht. Im gleichen Zeitraum, vor allem aber in den vergangenen hundert Jahren, erzählt die Industrie- und Technikgeschichte – das fossile Zeitalter – von der Umwandlung der so kostbaren Kohlenstoffbodenschätze in flüchtiges Kohlendioxid, Wasser und in Unmengen von Abwärme.

Seit die Industrialisierung mit ihrem Energiehunger die vor 150 bis 400 Millionen Jahren photosynthetisch entstandenen und gespeicherten fossilen Kohlenstoffspeicher Kohle, Erdöl und Erdgas – Rolf Peter Sieferle bezeichnet sie sehr treffend als »unterirdische Wälder« (7) – in Verbrennungsprozessen zu Wasser und wiederum Kohlendioxid umsetzt, wird der gesamte Kohlenstoffkreislauf durch unser Tun substanziell beeinflusst. Es ist vor allem die Atmosphäre, in der sich das in Motoren, Kraftwerken, Hochöfen und Heizungen, aber auch das bei Brandrodungen für den Aufbau von Monokulturen entstehende Kohlendioxid bemerkbar macht. Zurzeit sind das weltweit jährlich gut und gerne über 30 Gigatonnen (8). Aber auch der Übergang unseres Vermittlerstoffes von der Atmosphäre in die Gewässer verändert sich: Mehr Kohlendioxid im Wasser verändert die Lebensbedingungen für all die Organismen, die ihre Existenz Kalkgerüsten verdanken, die jedoch mehr und mehr in Bedrängnis geraten, weil ihre kunstvollen, lebensnotwendigen Bauwerke durch einen erhöhten Kohlendioxid- beziehungsweise Kohlensäuregehalt des Wassers angegriffen werden.

In dieser Zeit der Industrialisierung hob eine stetig anwachsende Eisen- und Stahlproduktion an, die der Menschheit Maschinen, Schiffe und die Eisenbahn, Brücken und viele Alltags- und auch Kriegsgerätschaften wie Gewehre, Kanonen und Panzer bescherte und mit einer aberwitzigen Dynamik weiterhin beschert. Wie viele Milliarden Tonnen Kohlendioxid durch die Verhüttung der notwendigen Eisenerze in dieser Zeitspanne freigesetzt wurden, ist nicht bekannt. Mittlerweile gelingt es mit modernsten Verfahren, die CO_2-Emissionen bei der Rohstahlerzeugung auf 1,35 Tonnen pro Tonne erzeugtem Stahl zu beschränken. Trotzdem ist die Stahlbranche weltweit für mindestens sieben Prozent des globalen anthropogenen Kohlendioxidausstoßes verantwortlich. Weiter trägt die Zementindustrie, ebenfalls eine strategische Branche, einerseits durch die Verbrennung unterschiedlicher Energieträger, andererseits prozessbedingt – Kalk wird gebrannt, wobei Kohlendioxid und Calciumoxid (»gebrannter Kalk«) entsteht – ebenfalls mit gut sieben Prozent zum anthropogenen Ausstoß bei (9).

Aber auch Industriebranchen, bei deren Produktionen vorerst keine großen Kohlendioxidemissionen vermutet würden, sind relevant. So entstehen in der Papierproduktion an sich keine prozessbedingten CO_2-Emissionen. Durch das energieintensive Herstellungsverfahren wird aber – entsprechend der mehr oder weniger effizienten Verfahrenstechnik – über eine Tonne Kohlendioxid pro produzierter Tonne Papier freigesetzt. Auch bei der Glasherstellung entstehen je nach Glasart mindestens 0,8 Tonnen CO_2 pro Tonne Glas. Diese in riesigen Mengen produzierten Alltagsprodukte sind zivilisatorische Errungenschaften, materielle Bestandteile unserer Lebensform. Wir nehmen kaum Notiz, welch große, uns weder bekannte noch beunruhigende Kohlendioxidfrachten dadurch zusammenkommen (10).

Und nun wollen wir für unsere Automobile Biotreibstoffe herstellen, wobei das Kohlendioxid aus der Atmosphäre wiederum in Biomasse verwandelt werden soll. Vor allem aus Zuckerrohr gewonnenes Ethanol soll diese uns lieb und unabkömmlich gewordene zivilisatorische Errungenschaft der individuellen Mobilität in alle Zukunft umweltverträglich gestalten. So jedenfalls argumentieren die Zuckerrohrplantagen-Barone und die vordergründig umweltbewusste Politik hochmobiler Konsumregionen. In Brasilien werden zurzeit auf Anbauflächen der Größe Deutschlands gut zwei Drittel der Weltproduktion von den im Jahr 2007 circa 50 Milliarden Litern Biosprit erzeugt, wobei pro Hektar rund 6.000 Liter gewonnen werden (4). Zuckerrohr gilt dabei als ökologisch verträglichste Lösung, da der Ethanolertrag im Vergleich zu Zuckerrüben (5.000 Liter/Hektar), Mais (3.000 Liter/ Hektar) oder Weizen (2.500 Liter/Hektar) am höchsten ausfällt.

Jedoch wird möglichst diskret davon berichtet, dass längerfristige Einflüsse dieser Monokulturwirtschaft auf das regionale Klima, den Boden und die Biodiversität zu erwarten sind. Wir sind uns gleichzeitig kaum bewusst, ob die Kohlenstoffkreislaufbilanz aufgeht, die indigenen Volksstämme vertrieben oder aufgerieben werden, unter welch katastrophalen sozialen Bedingungen die rechtlosen Erntearbeiter mit ihren Familien vegetieren. Fakt ist aber auch, dass momentan die photosynthetische Effizienz bei sechs bis sieben Prozent liegt. Der Motor, in dem das Ethanol wieder zu Kohlendioxid verbrennt, dürfte einen Wirkungsgrad von 25 bis 30 Prozent aufweisen. So werden also gerade einmal ein bis zwei Prozent der eingestrahlten Sonnenenergie in mechanische Energie umgewandelt. Zusätzlich wird der Transport des Biosprits von den Produktionsstätten zu den Konsumregionen kaum berücksichtigt, bei welchem der globale Kohlenstoffkreislauf mit noch mehr flüchtigem Kohlendioxid belastet wird. Und wir verlieren fruchtbaren Boden für die bitter notwendige Nahrungsmittelproduktion: Der Hunger wächst. So wurden, wie erwähnt, 130.000 Quadratkilometer Wald – etwa drei Mal die Fläche der Schweiz – durch Abholzung oder Brandrodung in »Kulturland« umgewandelt. Die entsprechende Kohlendioxidfreisetzung liegt im Bereich von 20 Prozent der globalen Emissionen. Was aber noch schwerer wiegt: Diese Wälder binden kein Kohlendioxid mehr, der Wasserhaushalt wird empfindlich gestört und der Boden verliert nach kurzer Nutzungsdauer seine Fruchtbarkeit. Das ist purer Raubbau!

Einfach anders leben

Zurzeit machen wir Menschen offensichtlich vieles falsch. Frei gewählte, oft aber erzwungene Lebensstile und Lebensformen mit ihren kaum fassbaren, weltweit verzweigten Auswirkungen prallen aufeinander: hier die schnelllebige, material- und energieintensive Lebensweise der »Ersten Welt«, deren Kohlendioxidfußabdruck enorme Ausmaße angenommen hat, dort all die Menschen, die ums bare Überleben kämpfen und oft ihre Arbeitskraft für die mühselige Bereitstellung von Rohstoffen, Bodenfrüchten oder Alltagsprodukten für die »Erste-Welt-Bewohner« einsetzen. Diese hoch dynamischen, atemlosen Entwicklungen bewirken, dass das Kohlendioxid seine Vermittlerfunktion nicht mehr erfüllen kann und sich vielmehr als bedrohlich akkumulierendes Treibhausgas bemerkbar macht.

Welche Rezepte versprechen Linderung? Kommen wir an ein Ende des fossilen Zeitalters und finden wir Alternativen zum Raubbau an den natürlichen Ressourcen (11)? Technische Lösungen wie die Sequestrierung des Kohlendioxids sind sehr limitiert, kostenintensiv und auf wenige regionale Lösungen beschränkt. Die zurzeit vorgeschlagene Düngung von Meeren mit Eisen als Katalysator für ein intensives Algenwachstum und damit einer vermehrten photosynthetischen Reduktion von CO_2 ist mit unabsehbaren Risiken für die betroffenen Ökosysteme behaftet. Diese Art von Großexperimenten erinnert an ein Zauberlehrlingsgehabe, das wir uns nicht leisten sollten.

So bleibt nur der Ratschlag: Tun wir doch das, was wir gut können, und lernen wir, was wir noch nicht verstehen. Zweifellos lässt sich der Lebensstil der »Ersten Welt« weit effizienter gestalten, ohne dass unerträgliche Einbußen der Lebensqualität drohen. Dazu mag das Konzept der Suffizienz wichtige Denkanstöße liefern: Lebensqualität beruht nicht primär darauf, jederzeit alle erdenklichen Nahrungsmittel zur Verfügung zu haben und uneingeschränkt über Energie verfügen zu können. Es geht doch darum, an all diesen erstaunlichen Lebensprozessen in einer Weise teilzuhaben, welche die Lebensfähigkeit unseres Planeten nicht einschränkt, sondern sie eher noch erhöht. Davon sind wir weit entfernt. Zweifellos tun wir aber gut daran, die Landwirtschaft weltweit in eine positive Energie- und Kohlendioxidbalance zu bringen, Wälder aufzuforsten statt zu roden (12). Dadurch lassen sich nach neuesten Studien weit über zehn Gigatonnen Kohlendioxidemissionen vermeiden. Ähnlich große Mengen können wir durch den Einsatz regenerativer Energietechnologien einsparen. Es ist möglich und notwendig, unser Wissen umzusetzen, der Neugier nach zukunftsfähigen Lebensstilen nachzugehen und unseren Kohlendioxidfußabdruck so zu gestalten, dass der Vermittler Kohlendioxid seiner Leben spendenden und nicht seiner Leben bedrohenden Funktion gerecht wird.

Literatur

1 Bätzing, Werner (2003): Die Alpen – Geschichte und Zukunft einer europäischen Kulturlandschaft. München: C. H. Beck (1. Auflage 1984).

2 Seyfried, Hartmut (2005): Ein Planet organisiert sich selbst. In: Wechselwirkungen. Jahrbuch 2005, Universität Stuttgart, S. 70–105.

3 Field, Christopher B.; Raupach, Michael R. (eds.) (2004): The global carbon cycle. Intergrating humans, climate, and the natural world. Washington, Covelo, London: Island Press.

4 Wissenschaftlicher Beirat der Bundesregierung Globale Umweltveränderungen (WBGU) (Hrsg.) (2006): Die Zukunft der Meere – zu warm, zu hoch, zu sauer. Sondergutachten. Berlin.

5 Sabine, Chrisopher L. et al. (2004): Current status and past trends of the global carbon cycle. In: Field, Christopher B.; Raupach, Michael R. (eds.) (2004): The global carbon cycle. Intergrating humans, climate, and the natural world. Washington, Covelo, London: Island Press 2004, S. 17–44.

6 Walsh, Bryan (2008): Time, December 15, 2008, S. 44–47.

7 Sieferle, Rolf Peter (1982): Der unterirdische Wald. München: Beck'sche Schwarze Reihe, Band 266, C. H. Beck.

8 Internationales Wirtschaftsforum Regenerative Energien (IWR) (2008): Weltweiter CO_2-Ausstoß. http://www.iwr.de/klima/ausstoss_welt.html (Abruf 30. Januar 2009).

9 Taylor, Michael; Tam, Cecilia; Gielen, Dolf (2006): Energy Efficiency and CO_2 Emissions from the Global Cement Industry. Draft Document for the IEA-Workshop, Paris, 4./5. September 2006.

10 Rahmstorf, Stefan; Schellnhuber, Hans-Joachim (2006): Der Klimawandel – Diagnose, Prognose, Therapie. München: C. H. Beck.

11 Henseling, Karl Otto (2008): Am Ende des fossilen Zeitalters. München: oekom verlag.

12 Small, Alison (2008): Spotlight on forest monitoring. Food and Agriculture Organisation Newsroom: http://www.fao.org/newsroom/en/news/2008/1000884/index.html (Abruf am 30. Januar 2009).

13 Reller, Armin: Carbon Dioxide as Mediating Compound Between Organic and Inorganic Matter. Chimia 42, 1988, S. 87–90.

Joachim Herrmann

Mit dem Klimagas muss man rechnen – Unsere tägliche CO_2-Bilanz

Mit CO_2-Bilanzen werden wir in der Klimadiskussion häufig konfrontiert, sie dürften bekannter sein als CO_2 selbst. Selten wird aber klargemacht, wie solche Bilanzen zustande kommen und welche Aussagekraft sie eigentlich haben. Zudem haben die wenigsten eine Vorstellung, was die Maße, die in der Klimadiskussion immer wieder auftauchen, eigentlich bedeuten. Was ist schon eine Gigatonne? Der Physiker Joachim Herrmann erläutert in seinem Beitrag anhand von Beispielen aus dem Alltag die Grundlagen des Rechnens mit CO_2 und zeigt, wo die Schwergewichte unserer persönlichen CO_2-Bilanz liegen.

CO_2 beeinflusst den Strahlungshaushalt und somit Temperatur und Klima auf der Erde. Neben Kohlendioxid gibt es weitere Klimagase, wie beispielsweise Methan, Lachgas und in besonderem Maße auch Wasserdampf. Durch die Klimagase wird die durchschnittliche Temperatur auf der Erde derzeit auf knapp 15 Grad Celsius angehoben. Ohne sie wäre es empfindlich kälter, etwa 18 Grad Celsius unter Null. Der Anteil von Kohlendioxid an der Luft liegt derzeit bei rund 385 ppm (parts per million), also unter 0,04 Prozent. Die Konzentration stieg in den letzten Jahren stetig an, zurzeit um circa zwei parts per million pro Jahr.

Zunächst scheint es unsinnig von der Natur eingerichtet, dass die Lebewesen der Erde ein Gas produzieren, das dafür sorgt, dass es auf der Erde immer wärmer wird; so warm, dass es irgendwann nicht mehr so einfach möglich wäre, auf ihr zu leben. Natürlich hat die Natur dafür eine Lösung. Und diese Lösung ist der Kniff des Lebens auf der Erde selbst.

Das Leben braucht Energie, um am Leben zu bleiben. Die nötige Energie für das Leben wird in nahezu allen Fällen aus der chemischen Umwandlung von »energiegeladenen« Kohlenstoffverbindungen gewonnen. Diese organischen Kohlenstoffverbindungen sind somit die Energieträger des Lebens. Mithilfe von Sauerstoff werden sie in CO_2 und weitere Produkte aufgespalten.

Doch wo kommen diese Energieträger her? Produziert werden sie tagtäglich aus Wasser und dem Kohlenstoff des Kohlendioxids durch die Photosynthese. Der Antrieb für die dabei ablaufenden chemischen Reaktionen ist das Licht der Sonne, das durch das Blattgrün vor allem der Pflanzen und Algen aufgenommen wird.

In den so entstandenen Kohlenwasserstoffen ist ein Teil des aufgenommenen Sonnenlichtes in chemischer Form gespeichert. Als weiteres Produkt entsteht neben der gespeicherten Energie auch der lebensnotwendige Sauerstoff O_2, quasi als Abfallprodukt. In etwa die Hälfte der gespeicherten Energie wird bereits in den Pflanzen selbst wieder verbraucht. Der Kniff des Lebens ist also die Symbiose von unterschiedlichen Lebensformen auf unserer Erde. Während die Pflanzen und Algen davon leben, aus Kohlendioxid und Licht organische Kohlenstoffverbindungen und Sauerstoff zu produzieren, nutzen andere, wie zum Beispiel wir Menschen, wiederum Sauerstoff und organische Kohlenstoffverbindungen, um daraus die für uns nötige Energie zu gewinnen. Und dabei wird wieder CO_2 frei. Mit jedem Atemzug, mit jedem Seufzer und mit jedem gesprochenen Wort atmen wir CO_2 aus. Aber wie viel?

Wie viel CO_2 eratmet ein Mensch?

Das Atemvolumen eines Menschen ist abhängig vom Alter, dem Geschlecht und in besonderem Maße von der jeweiligen körperlichen Betätigung. Ein Erwachsener atmet im Schnitt rund zwölf- bis 15-mal pro Minute ein und aus und nimmt dabei bei jedem Atemzug in etwa 0,5 Liter Luft auf. Daraus resultiert ein Luftdurchfluss durch den Körper von circa 6,5 Litern pro Minute. Eingeatmete frische Luft hat einen relativ kleinen Anteil von unter 0,04 Prozent Kohlendioxid, ausgeatmete Luft von circa vier Prozent (40.000 ppm). Dementsprechend erzeugt ein Mensch täglich etwa 700 Gramm beziehungsweise pro Jahr 260 Kilogramm an Kohlendioxid durch die Verbrennung von Kohlenstoff aus der Nahrung. Hält man sich an der frischen Luft auf, so verflüchtigt sich dieses Kohlendioxid schnell. Anders verhält es sich in geschlossenen Räumen.

CO_2-Ausstoß aller atmenden Menschen

Auf gleiche Weise kann der gesamte »Ausstoß« an Kohlendioxid durch den körpereigenen Energiehaushalt aller Menschen abgeschätzt werden. Bei einer Weltbevölkerung von circa 6,7 Milliarden Menschen ergibt sich eine unglaublich große Menge von knapp zwei Milliarden Tonnen Kohlendioxid pro Jahr allein durch das Atmen. Das ist in etwa gleich viel, wie alle im Betrieb befindlichen Autos auf der Welt pro Jahr emittieren (Annahme: rund 600 Millionen Pkw, circa 15.000 Kilometer pro Pkw und Jahr, circa 200 Gramm Kohlendioxid pro Kilometer => 1,8 Milliarden Tonnen Kohlendioxid pro Jahr).

1 Es muss nicht immer der langweilige Unterricht Schuld sein, wenn Schüler von Müdigkeit überfallen werden. Ohne die nötige Frischluftzufuhr steigt die CO_2-Konzentration im Klassenzimmer – und macht müde.

Die meisten wissen noch allzu gut, wie müde man doch das ein oder andere Mal im Schulunterricht war und wie schlecht einem die Luft in den Klassenzimmern vorkam, wenn man das Zimmer nach der Pause wieder betreten musste. Nicht nur der Unterricht, sondern auch das Kohlendioxid spielt dabei eine Rolle. Kohlendioxid ist zwar geruchlos, also nicht verantwortlich für die schlecht riechende Luft; eine steigende Konzentration hat allerdings Auswirkungen auf den menschlichen Körper. Bereits vor über 100 Jahren wurde von Max von Pettenkofer ein Zusammenhang zwischen dem Kohlendioxidgehalt der Luft und der Lufthygiene festgestellt. Seither gilt die Kohlendioxidkonzentration als ein Maß für die Qualität der Luft in Räumen. Der dabei festgelegte Grenzwert von 0,1 Prozent (1.000 ppm) wurde ihm zu Ehren als »Pettenkoferzahl« bezeichnet. Heute regelt die DIN 1946 Teil 2 die Lufthygiene. Nach ihr sollte ein Wert von 1.500 ppm CO_2 in Aufenthaltsräumen nicht überschritten werden.

Dicke Luft im Klassenzimmer

Aber wie viel CO_2 produzieren denn nun die Schüler im Klassenzimmer? Nimmt man für eine Klasse eine Schülerzahl von 25 an, atmen diese pro Schulstunde knapp 0,3 Kubikmeter an reinem CO_2 aus. Hat das Klassenzimmer eine Größe von 70 Quadratmetern und drei Metern Höhe, steigt darin der Anteil an Kohlendioxid pro Schulstunde um 0,13 Prozent an. Der Grenzwert für die maximale Arbeitsplatzkonzentration von 0,5 Prozent wird dementsprechend spätestens nach vier Schulstunden erreicht, wenn zwischendurch nicht für Frischluft gesorgt wurde.

Ein weiterer Grenzwert ist die Maximale Arbeitsplatzkonzentration (MAK-Wert) von CO_2. Dieser darf, festgelegt durch die Senatskommission zur Prüfung gesundheitsschädlicher Arbeitsstoffe der Deutschen Forschungsgemeinschaft, 5.000 ppm nicht überschreiten. Bei höheren Konzentrationen kann es zu Müdigkeit, Kopfschmerzen, Schwindelgefühl, Herzrasen und ab circa fünf Prozent (= 50.000 ppm) sogar zu Bewusstlosigkeit kommen. Ab einem Luftanteil von acht Prozent kann CO_2 tödlich wirken.

Nicht nur Atmen produziert CO_2

Kohlendioxid entsteht nicht nur durch das Atmen der Lebewesen, sondern auch durch die Verbrennung von kohlenstoffhaltigen Brennstoffen oder durch den Zerfall von organischer Materie bei Fäulnisvorgängen. Auch diese Reaktionen sind exotherm, liefern also Wärme. Vor mehreren Hunderttausend Jahren hat der Mensch erkannt, diese Wärme für sich zu nutzen, indem er lernte, Feuer zu entfachen und zu unterhalten. Bis heute beziehen wir Energie aus diesen Feuern, und zwar mehr denn je. In unseren Häusern zum Heizen und Kochen, in Fabriken, um unsere Maschinen anzutreiben, in Autos und in unzähligen weiteren, mal mehr, mal weniger technischen Geräten wandeln Feuer unterschiedlichster Größe und Form gespeicherte chemische Energie in Wärme und Arbeit um. Heutzutage sind diese Feuer nur besser versteckt als früher. Der Ort, an dem das Feuer brennt, und der Ort, an dem wir seine Energie nutzen, sind vielfach weit entkoppelt. So brennt zum Beispiel in einem Braunkohlekraftwerk ein riesiges Feuer, dessen Energie in Strom umgewandelt wird, der über Hochspannungsleitungen transportiert wird – bis zu uns nach Hause, wo wir ihn auf bequeme und meist qualmfreie Weise nutzen können.

Mit einem kleinen Exkurs soll im Folgenden die Verteilung des Kohlenstoffs auf und in der Erde veranschaulicht werden. Die gesamte Masse an Kohlenstoff der Erde beträgt wohl um die zehn Milliarden Gigatonnen (1). Im ersten Augenblick bleibt verborgen, wie man diese unvorstellbar große Zahl bewerten kann. Selbst die Einheit ist nicht wirklich selbsterklärend: Gigatonnen Kohlenstoff. Das sind sehr, sehr, sehr viele Tonnen (eine Gigatonne entspricht einer Milliarde Tonnen). Und selbst eine Tonne ist ja schon viel; in etwa das Gewicht eines Kleinwagens, 1.000 Kilogramm. Eine Gigatonne hingegen ist bereits deutlich mehr als 100 Cheopspyramiden wiegen würden (die Cheopspyramide wiegt rund sechs Millionen Tonnen).

Um ein besseres Verständnis über diese unvorstellbaren Mengen zu erlangen, kann man sich in Gedanken riesige Kugeln rollen. Eine Kugel aus dem gesamten Kohlenstoff der Erde hätte dann einen Durchmesser von über

2.000 Kilometern (2). Der Mond dagegen zum Vergleich hat einen Durchmesser von knapp 3.500 Kilometern.

Der weitaus größte Teil dieses Kohlenstoffes ist tief im Inneren unserer Erde versteckt. In der obersten Schicht unserer Erde, der Erdkruste, sind davon »nur« einige zehn Millionen Gigatonnen hauptsächlich in Form von Carbonaten, wie zum Beispiel Kalkstein oder Marmor $CaCO_3$, Dolomit $CaMg(CO_3)_2$ und weiteren Mineralien wie Kalziumsilicat $CaCO_3$, gebunden. Über die Plattentektonik wird dieser Kohlenstoff zwar nach und nach wieder freigesetzt, diese Vorgänge sind allerdings meist sehr träge und brauchen Millionen von Jahren.

Nur eine sehr kleine, vergleichsweise winzige Menge an Kohlenstoff bleibt, die direkt dem Leben auf der Erde als Baustein zur Verfügung steht. Wiederum der größte Teil davon, nach dem Vierten Sachstandsreport des Intergovernmental Panel of Climate Change (IPCC 2007) in etwa 38.000 Gigatonnen an Kohlenstoff, ist in den Ozeanen gelöst, ähnlich wie in Mineralwasser, allerdings in viel geringerer Konzentration. Auf die Land-Biomasse einschließlich der »toten« Biomasse in Form von Böden entfallen weitere 2.300 Gigatonnen. In etwa 610 Gigatonnen davon sind in lebenden organischen Stoffen enthalten. Die Biomasse in den Meeren und Ozeanen dagegen beläuft sich auf nur rund drei Gigatonnen (3). Weitere in etwa 760 Gigatonnen an Kohlenstoff sind in der Atmosphäre enthalten. Nahezu die gesamte Masse des Kohlenstoffs in der Atmosphäre liegt in Form von Kohlendioxid vor. Dennoch ist der Anteil von Kohlendioxid an der Luft mit circa 0,04 Prozent gering.

Bilanz ist nicht gleich Bilanz

Kehren wir nach diesem Überblick über die Kohlenstoffspeicher der Erde wieder zu den kleineren, vertrauten Maßstäben zurück. Wir hatten gesehen, dass beim Atmen CO_2 frei wird. Tatsächlich entsteht es bei fast allen Tätigkeiten – meist unbemerkt. Deshalb ist in den Medien so oft von CO_2-Bilanzen die Rede. Es gibt solche Bilanzen für alles Mögliche – für Prozesse, für Produkte, für Transportwege. Aber was sind das überhaupt für Bilanzen und wie entstehen sie? Die CO_2-Bilanz einer bestimmten Tätigkeit sagt aus, welche Menge an Kohlendioxid aufgrund dieser Tätigkeit in die Atmosphäre gelangt. Solche Bilanzen sind wichtige Hilfsmittel, um ganz alltägliche Gewohnheiten mit Blick auf den Klimawandel zu bewerten.

Manchmal sind CO_2-Bilanzen einfach und eindeutig, manchmal aber sind sie auch mit großen Unsicherheiten behaftet. So können zwei verschiedene Bilanzen ein und derselben Handlung komplett unterschiedliche Werte aufweisen, ohne dass eine der beiden falsch ist. Mitentscheidend ist oft der

Rahmen einer Bilanz. Der Grund dafür ist sehr einfach. Nahezu immer sind für eine einzelne Handlung sehr viele, teilweise unbemerkt im Hintergrund ablaufende weitere Prozesse nötig. Welche dieser Hintergrundprozesse in eine Bilanz mit einberechnet werden ist oftmals entscheidend für das Ergebnis. Veranschaulichen kann man sich dies beispielsweise anhand eines Familienstammbaumes. Jeder Mensch hat zwangsläufig zwei Eltern. Und auch die Eltern hatten natürlich Eltern. Es zeigt sich, dass mit jeder weiteren Generation die Vorkette immer länger und verästelter wird. Auch bei einer CO_2-Bilanz kann sich eine lange und verzweigte Vorkette ergeben. Die Antwort auf die Frage, wo man diese Kette beginnt, welche Teile man mit einbezieht und welche man weglässt, ist oftmals nicht eindeutig. Daher bleibt auch häufig Spielraum, eine Bilanz in die ein oder andere Richtung zu »trimmen«.

Kaffee & Zeitung – die CO_2-Bilanz am Morgen

Betrachten wir beispielsweise den kumulierten CO_2-Ausstoß eines Zeitungslesers. Was das CO_2 angeht, welches mit dem Atem oder den gemurmelten oder geschnaubten Kommentaren des Lesers hinwegweht, so wurde dieser Teil schon beschrieben. Aber wie ist es mit dem Produkt selbst? Eine Ausgabe einer Zeitung kann im Schnitt 200 Gramm wiegen (Annahme: zehn Blatt, 80 x 57,5 Zentimeter, 45 Gramm/Quadratmeter). Bei der Produktion je Kilogramm Zeitungspapier entsteht circa ein Kilogramm Kohlendioxid (Öko-Institut 2008). Das wären dann 200 Gramm CO_2 pro Zeitung – allein für das Papier! Bei 300 Ausgaben im Jahr ergeben sich 60 Kilogramm Zeitungspapier, also 60 Kilogramm CO_2. Hierbei ist noch nicht berücksichtigt, wie diese Zeitung Morgen für Morgen an den Frühstücks- oder Bürotisch kommt. Auch die vielen Tätigkeiten zur »Produktion« des Inhalts und der Druck sind nicht berücksichtigt. Bei diesen Teilprozessen entsteht ja auch wieder CO_2.

Zur morgendlichen Zeitung schmeckt doch häufig eine Tasse Kaffee (Abbildung 2). Aber was passiert alles auf der Welt, um uns diese Tasse Kaffe zu ermöglichen? Zuerst muss der Kaffee angebaut werden. Das geschieht zum Beispiel in Südamerika. Beim Anbau von Kaffee wird, wie bei jedem Pflanzenwachstum, Kohlendioxid aus der Luft aufgenommen. Dieses Kohlendioxid ermöglicht es dem Kaffeestrauch zu wachsen, zu blühen und seine Früchte auszubilden. Der gesamte Kohlenstoff, der die Pflanze zu einem großen Teil ausmacht, stammt aus der Luft. Die dabei ablaufenden biologischen Vorgänge sind gut verstanden und eine exakte CO_2-Teilbilanz kann hierfür berechnet werden. Viele weitere Dinge sind im Einzelnen wiederum gut verstanden, das Gesamtsystem »Kaffee« gewinnt jedoch schnell an Komplexität. Welche Auswirkungen hat die Produktion und Ausbringung von Düngern auf die Plantage? Muss man berücksichtigen, was auf dem Boden, der nun den Kaffee hervorbringt, früher wuchs? Wurde Regenwald gerodet oder Ödland kultiviert? Und wie kommen die Arbeiter zur Plantage? Mit dem Rad oder mit dem Bus?

Hat man den Kaffee geerntet, müssen die Bohnen aus den Früchten gelöst und im Anschluss gereinigt, getrocknet, fermentiert und schließlich verpackt werden. Für alle diese Schritte wird Energie aufgewandt und somit im Regelfall Kohlendioxid emittiert. Nun sind unsere Kaffeebohnen allerdings immer noch in Südamerika. Mit riesigen Containerschiffen wird der Kaffee in die Häfen der Welt transportiert und dort nochmals umgeladen. Hier muss man in einer vernünftigen Bilanz wohl den Verbrauch an Schweröl der Containerschiffe mit einbeziehen. Schwerer wird es zu betrachten, wie viel Diesel noch in den Laster getankt wurde, der den Kaffee zum Kaffeehändler gebracht hat, und was dieser Laster noch so alles transportiert hat und wohin. Dementsprechend dürfte man ja nur Teile des vom Transporter emittierten Kohlendioxids dem Kaffee zuordnen.

Und dann ist der Kaffee ja erst im Laden! Wie aber gelangt er auf meinen Tisch? Und welche CO_2-Emissionen entstehen dabei? Das ist davon abhängig, wie ich, der Endkunde, den Kaffee besorge, ob mit dem Fahrrad, zu Fuß oder mit dem Pkw. Kaufe ich ihn im Zuge eines Großeinkaufes oder fahre ich mit dem Auto schnell mal los, um den Kaffee, der mir ausgegangen ist, zu besorgen? Alles dies hat starke Einflüsse auf die CO_2-Bilanz des Kaffees. Und jetzt kommt ja noch die Zubereitung! Hierfür braucht man wieder Energie, normalerweise Strom. Für eine Tasse heißes Wasser, also zum Beispiel 200 Milliliter, benötigt man mindestens eine Strommenge von 21 Wattstunden, was in Deutschland im Schnitt immerhin zwölf Gramm CO_2 erzeugt. Wenn man alles genau abmisst. Meistens ist es mehr, da viele Menschen viel größere Wassermengen erhitzen, als für den Zweck eigentlich nötig wäre. Will man nun die exakte CO_2-Bilanz für die Tasse Kaffe finden, muss man für alle bereits erwähnten und womöglich für viele weitere zu erledigende Teilschritte für die Herstellung der Tasse Kaffe Zahlen finden und dem Kaffe zuordnen, oder eben nicht.

In vielen Produktionsketten, wie am Beispiel Kaffee gezeigt, ist es sehr kompliziert, den richtigen Rahmen zu wählen. Keinesfalls darf man den Endverbraucher außer Betracht lassen, denn der hat, wie Studien gezeigt haben, nicht immer, aber sehr oft den größten Einfluss auf die CO_2-Bilanz eines Produktes. Beim Haarshampoo ist es zum Beispiel fast so, dass die CO_2-Emissionen in der Produktion vernachlässigbar sind – die Frage ist hier, wie lange ich mir warmes Wasser durch die Haare laufen lasse. *Dabei* entsteht hier der Löwenanteil an CO_2. Im Falle der Tasse Kaffee sind es entscheidende Fragen, mit welchem Verkehrsmittel eingekauft wurde und auf welche Art und Weise anschließend die Tasse Kaffee selbst zubereitet wurde. Ebenso muss anteilig ein Teil der CO_2-Bilanz der Kaffeemaschine für jede Tasse Kaffe mit eingerechnet werden. Nicht zuletzt ist auch die Entsorgung zu berücksichtigen.

Es ist also extrem aufwendig, für einzelne Dinge oder Produkte eine CO_2-Bilanz zu erstellen. Zudem gibt es noch keine international akzeptierten Standards, wie genau so etwas durchzuführen ist, wenn auch die Ökobilanz-Normen ISO 14040 und 14044 allgemein als wichtige Orientierungspunkte gelten. Die Diskussion ist im Fluss und macht auch Fortschritte. Das PCF (Product-Carbon-Footprint)-Projekt hat für eine Tasse *Tchibo Privat-Kaffee Rarität Machare* einen CO_2-Fußabdruck von circa 60 (Minimal-Szenario) bis 100 Gramm (Maximal-Szenario) ermittelt. Dabei entfallen auf Produktion und Distribution rund 38 Gramm. Diese 38 Gramm sind also das, was an CO_2-Emissionen dem reinen Kaffeepulver zuzuordenen sind. Auf Konsumentenseite rechnet das PCF-Projekt mit Emissionen von zwölf bis 63 Gramm. Den allergrößten Teil davon macht die Zubereitung, also die Bereitung des heißen Wassers aus.

2 Selbst das Frühstück hat seine klimatische Unschuld verloren: 200 Gramm CO_2-Emissionen gehen allein auf das Konto des Zeitungspapiers, und die dazugehörige Tasse Kaffee hinterlässt einen CO_2-Fußabdruck von bis zu 100 Gramm. Da kommen im Laufe eines Jahres weit über 100 Kilogramm »frühstücksbedingter« CO_2-Emissionen zusammen.

Wie kann man als Kunde ungefähr abschätzen, wie viel Kohlendioxid energiebedingt bei der Herstellung eines Produktes maximal entstanden ist? Dazu kann man sich einer einfachen Regel der Marktwirtschaft bedienen. Jeder Produzent, Händler und Dienstleister ist natürlich bestrebt, mit seinem Tun mehr Geld zu erwirtschaften, als er ausgibt. Die Kosten werden dann jeweils bis zum Endkunden weitergereicht. Die Kosten für alle noch so gut versteckten Vorprodukte und Teilbereiche können also im Normalfall maximal so hoch sein wie der Endpreis für das Produkt.

Probieren wir dies einmal mit der Tasse Kaffee. Nehmen wir an, die Portion Kaffeepulver für eine Tasse kostet zehn Cent. Weitere zehn Cent pro Tasse entfallen auf die Stromkosten, die Transportkosten für den Einkauf und die anteiligen Kosten pro Tasse für den Kauf der Kaffeemaschine. Letztere sind sehr stark davon abhängig, was für eine Kaffeemaschine man benutzt und wie viele Tassen Kaffee man mit ihr in ihrer Lebenszeit zubereitet.

Bleibt die Frage, wie viel von diesen 20 Cent für Energie ausgegeben wurde. In verschiedenen Produktionsbereichen einer Volkswirtschaft ist die Energieintensität, also das Verhältnis von Energieaufwand zu Produktionswert des erzeugten Gutes, sehr unterschiedlich. In Deutschland betragen beispielsweise die Ausgaben für Energie im Sektor Herstellung von Glas und Glaswaren sieben Prozent, im Sektor Erzeugung und Verteilung von Elektrizität und Fernwärme 20,2 Prozent und im Sektor Dienstleistung der Kreditinstitute 0,4 Prozent (Input-Output-Tabelle 2000). Betrachtet man alle Sektoren Deutschlands, sind etwa drei Prozent des Produktionswertes aller Güter und Dienstleistungen auf Energiekosten zurückzuführen. Man kann somit die Energiekosten am Produktionswert grob mit drei Prozent abschätzen. Das sind im Fall unseres Kaffees 0,6 Cent pro Tasse Kaffee. Einer der günstigsten Energieträger ist die Kohle. Wählt man diese für die Abschätzung als Primärenergiequelle für das Produkt und alle seine Vorprodukte, erhält man einen gesamten Energiebedarf von circa 0,5 Kilowattstunden für die Zubereitung einer Tasse Kaffee (4). Dabei entstehen 160 Gramm CO_2. Unsere Schätzung »über den Daumen« führt also zu einem etwas größeren Ergebnis als die Analyse des PCF-Projektes.

Am Beispiel des Kaffees wurden zwei unterschiedliche Methoden aufgezeigt, eine Energie- beziehungsweise CO_2-Bilanz aufzustellen. Zuerst wurde eine Prozessanalyse vorgestellt. Dazu ist es notwendig, zum einen sowohl eine genaue qualitative als auch eine quantitative Kenntnis über alle ablaufenden Prozesse zu haben, zum anderen muss ein vernünftiger Rahmen für die Bilanz gefunden werden. Diese Methode findet beispielsweise in GEMIS (Globales Emissions-Modell Integrierter Systeme) des Öko-Instituts Anwendung.

Als zweite Methode wurde ein stark vereinfachter Ansatz der Input-Output-Methode gewählt. Hier wird mithilfe volkswirtschaftlicher statistischer Daten abgeschätzt, wie viel Geld für Energie zur Erzeugung eines Produktes und aller seiner Vorprodukte ausgegeben wurde. Daraus kann die eingesetzte Energiemenge und somit auch die dadurch emittierte Emission von Kohlendioxid abgeschätzt werden.

Schwergewichte unserer CO_2-Bilanz

Für viele Produkte des täglichen Gebrauchs, wie eben die Zeitung oder eine Tasse Kaffee, ist es nicht leicht, eine CO_2-Bilanz aufzustellen. Trotzdem gibt es eine einfache Möglichkeit, sich im CO_2-Alltag zu orientieren. Denn es gibt einige Schwergewichte unserer täglichen CO_2-Bilanz, die die ganze Bilanz maßgeblich beeinflussen.

Strom

Eines dieser Schwergewichte ist der Stromverbrauch. Bei Strom, einem Energieträger mit indirekter Emission von CO_2, entsteht das CO_2 nicht in den Geräten, in denen der Strom verbraucht wird, sondern natürlich dort, wo der Strom erzeugt wird: in den Feuern der Kraftwerke (Abbildung 3). In Deutschland setzt sich die Stromerzeugung (nach Daten des Bundesministeriums für Wirtschaft 2008) zu 47 Prozent aus Kohle, 21 Prozent aus Kernenergie, zwölf Prozent aus Erdgas, elf Prozent aus Wasser, Wind und Biomasse und zu jeweils einem Prozent aus Öl und Müll (denn der wird auch verbrannt und die dabei freiwerdende Energie wird genutzt!) zusammen. Aus der Energiebilanz lässt sich gleichzeitig die CO_2-Bilanz ableiten, nämlich die stromkonsumbedingten CO_2-Emissionen Deutschlands. Es ergibt sich für das Jahr 2005 eine durchschnittliche CO_2-Emission für jede in Deutschland verbrauchte Kilowattstunde Strom von 583 Gramm (BMWi 2008). So viel wie ein Mensch durchschnittlich in 19 Stunden ausatmet. In Deutschland wurden im Jahr 2007 rund 140 Terawattstunden (1 Terawattstunden = 1.000 Millionen Kilowattstunden) an Strom von den Haushalten verbraucht. Das ergibt einen durchschnittlichen Stromverbrauch pro Bürger für Kochen, Fernsehen und was man sonst so alles im Haushalt macht, von circa 1.700 Kilowattstunden pro Jahr. Daraus resultiert in etwa eine CO_2-Erzeugung von einer Tonne pro Bürger und Jahr.

Wärme

Eines der Grundbedürfnisse, vor allem in kälteren Gefilden, ist beheizter Wohnraum. In Deutschland werden fürs Heizen und für die Warmwasserbereitstellung in den Haushalten 2,4 Exajoule an Energie eingesetzt. Im Schnitt ergibt sich daraus für jeden Bundesbürger ein Bedarf von über 8.000 Kilowattstunden Wärmenachfrage pro Person und Jahr. In Deutschland hat (nach Angaben des Statistischen Bundesamtes 2006) jeder Bürger im Schnitt 39,2 Quadratmeter Wohnfläche zur Verfügung. Somit werden für jeden Quadratmeter Wohnraum in Deutschland in etwa 200 Kilowattstunden pro Jahr an Wärmeenergie benötigt. Stellt man diese Wärme mit einer Gaszentralheizung mit einem Wirkungsgrad von 90 Prozent und einer spezifischen Kohlendioxidproduktion von 200 Gramm je Kilowattstunde verbranntem

3 Jeder Bürger in Deutschland verbraucht in seinem Haushalt im Schnitt 1.700 Kilowattstunden Strom pro Jahr. Das bedeutet bei dem aktuellen Energiemix umgerechnet: eine Tonne CO_2 pro Kopf und Jahr.

Gas zur Verfügung, ergibt sich pro Person eine Emission von circa 1,8 Tonnen pro Jahr. Immerhin fast siebenmal mehr als die Person im selben Zeitraum »veratmet«. Bei einer Ölheizung ist dieser Wert nochmals um rund ein Drittel größer.

Technisch ist man heute in der Lage, diese Quelle für Kohlendioxid um ein Vielfaches zu verringern. Gebäude im Passivhaus-Standard, also besonders gut gegen Wärmeverluste geschützte Gebäude, verbrauchen für die gleiche Wohnraumtemperatur nur noch um die 15 Kilowattstunden pro Jahr und Quadratmeter. Das stellt eine Verringerung um über 90 Prozent dar! Aber auch ohne seine jetzige Wohnsituation stark zu verändern, kann man hier einiges an Energie und somit an Emissionen sparen. Dies gelingt meistens bereits durch vernünftiges Heizen und Lüften und durch Reduktion der Zimmertemperatur, zumindest in einigen Räumen.

Individualverkehr

Eine weitere große Quelle für CO_2 ist der Personenverkehr. Auch hier kann mit einigen Zahlen der eigene Verbrauch leicht abgeschätzt werden. Im Schnitt hatten Pkw, die im Jahre 2006 zugelassen wurden, laut Kraftfahrtbundesamt einen Ausstoß von 172,5 Gramm Kohlendioxid pro Kilometer. Dieser Wert ist natürlich stark von dem jeweiligen Pkw, der Fahrweise und den gefahrenen Streckenprofilen abhängig, kann jedoch gut als Daumengröße zugrunde gelegt werden. Größere Pkw können allerdings leicht auch über 300 Gramm Kohlendioxid pro gefahrenen Kilometer emittieren. Die Fahrleistung eines Pkw variiert ebenfalls stark von Fahrer zu Fahrer. Im Schnitt liegt sie bei circa 15.000 Kilometern pro Jahr. Daraus ergibt sich ein Ausstoß von Kohlendioxid in Höhe von 2,6 Tonnen im Jahr. Fast doppelt so viel, wie man im Mittel zum Heizen seines Wohnraumes benötigt.

Flugverkehr

Einen weiteren wichtigen Aspekt des Personentransports bildet der Flugverkehr (Abbildung 4). Auch hier sind die Emissionen von sehr vielen Eigenschaften abhängig. Natürlich von der Entfernung, aber auch vom Flugzeugtyp und der Besetzung des Flugzeugs mit Passagieren. Durch einen Transatlantikflug von München nach New York und zurück entstehen (nach Daten des Bayerischen Landesamtes für Umwelt 2008) beispielsweise circa 4,2 Tonnen an Kohlendioxid pro Person. In etwa so viel, wie man in einem Jahr emittiert, um ein durchschnittliches Einfamilienhaus mit zentraler Gasheizung mit Warmwasser zu versorgen und zu beheizen.

4 Der Flugverkehr trägt durch eine Vielzahl von Schadstoffen und unterschiedlichen Effekten zum Treibhauseffekt bei. Sein Anteil am gesamten menschengemachten Treibhauseffekt wird derzeit auf rund neun Prozent geschätzt.

Fossile Energieträger

Die oben genannten Energiedienstleistungen und viele andere mehr werden zu einem großen Teil mit fossilen Energieträgern »befeuert«. Bei der Nutzung von fossilen Energieträgern wird direkt CO_2 ausgestoßen. Die spezifischen CO_2-Bilanzen der fossilen Energieträger sind unterschiedlich. Bei der

Verbrennung von Erdgas mit einem Energieinhalt von einer Kilowattstunde entstehen nach Daten des Öko-Instituts beispielsweise rund 200 Gramm CO_2, bei Heizöl liegt dieser Wert bei 267 Gramm CO_2 pro Kilowattstunde und bei Steinkohle bei 336 Gramm CO_2 pro Kilowattstunde.

Biomasse ist anders

Es stellt sich jedoch noch die Frage, wie Biomasse (also Holz, Stroh, Blätter oder auch Biomüll) als Energieträger etwa für die Erzeugung von Strom, Wärme oder Treibstoffen klimatechnisch zu bewerten ist. Beim Verbrennungsprozess von Biomasse entsteht, genauso wie beim Verbrennen von fossilen Brennstoffen, Kohlendioxid. Und sowohl Kohle als auch Biomasse sind eines Tages aus der Photosynthese durch Aufnahme von Kohlendioxid aus der Luft entstanden. Dennoch ist die Biomasse anders zu bewerten. Worin sich die beiden Prozesse unterscheiden, ist die Umlaufzeit der Kohlenstoffkreisläufe. Während die Umlaufzeit des Biomassekreislaufs zwischen einigen Monaten und einigen Jahrzehnten liegt, beträgt die Umlaufzeit der »fossilen« Kreisläufe einige hundert Millionen Jahre. Als vernünftigen zeitlichen Rahmen für eine CO_2-Bilanz der Atmosphäre kann die Dauer eines menschlichen Lebens als Maßstab angesetzt werden. Man befindet sich also in einer Größenordnung von einigen Jahrzehnten, wodurch es sicherlich zulässig erscheint, die Aufnahme von Kohlendioxid beim Wachsen von Biomasse innerhalb des Bilanzrahmens zu sehen. Anders hingegen die Nutzung von fossilen Brennstoffen. Die Natur hat Millionen Jahre gebraucht, um unsere Lagerstätten fossiler Energie so reich zu füllen.

Für die energetische Nutzung der Biomasse kann man somit annehmen, dass so viel CO_2 beim Wachsen der Pflanzen aus der Luft aufgenommen wurde, wie beim Verbrennen der Biomasse wieder frei wird. In dieser Annahme wird unterschlagen, dass oftmals fossile Energieträger in den Kreislauf beispielsweise in Form von Diesel für den Transport von außen eingetragen werden.

Nichtsdestoweniger scheint es legitim, den Biomassekreislauf anzuerkennen und die Aufnahme von Kohlendioxid für das Biomassewachstum in die Bilanz mit aufzunehmen. Die Verbrennung fossiler Energieträger dagegen muss man klar als Kohlenstoffquellen sehen, die zu einer Zunahme an CO_2 in der Atmosphäre führen.

Insofern muss auch die Emission von Kohlendioxid durch die Verbrennung von Nahrung im menschlichen Körper neu betrachtet werden. Der gesamte Kohlenstoff, den ein Mensch mit seiner Nahrung aufnimmt und den er in Form von Kohlendioxid ausatmet, wurde am Anfang der Nahrungskette aus Kohlendioxid der Luft aufgebaut. Wählt man diesen Rahmen für die Bilanzierung der Kohlendioxidemissionen zur Lebenserhaltung des menschlichen Körpers, wird die resultierende Gesamtemission gleich Null. Jedenfalls wäre sie das, wenn nicht für die Herstellung und den Vertrieb von Nahrungsmitteln so viele Maschinen verwandt und nicht so viele ursprüngliche Ökosysteme teilweise unwiederbringlich in Agrarlandschaften verwandelt würden.

Vergleich von CO_2-Bilanzen

Es zeigt sich, dass durch das menschliche Leben selbst, aber zum großen Teil auch durch den Lebensstil der Menschen, Kohlendioxid in die Atmosphäre emittiert wird. Eine relativ einfache Methode, um verschiedene Lebensstile miteinander vergleichen zu können, ist der Vergleich der CO_2-Bilanzen der unterschiedlichen Länder dieser Erde. In diesem Vergleich spielen allerdings nicht nur die Lebensstile der Bevölkerung eine Rolle, es ergeben sich weitere Konsequenzen aus weiteren Eigenschaften der jeweiligen Länder; zum Beispiel gibt es geografische Besonderheiten wie Ölvorkommen, Wasserkraftpotenzial, viel oder wenig landwirtschaftliche Flächen, kalte oder warme Winter oder politische und wirtschaftliche Besonderheiten: Gibt es Kernkraft oder nicht? Gibt es eine energieintensive Industrie? Werden viele Waren exportiert und somit der Lebensstandard aufrecht erhalten? All das spielt eine Rolle in einer nationalen CO_2-Bilanz.

Eine Möglichkeit, die energiebedingten Emissionen von Ländern miteinander zu vergleichen, ist ein Vergleich der jährlichen spezifischen Pro-Kopf-Emissionen (Abbildung 5). Nach der Internationalen Energiebehörde (IEA) entfallen auf jeden Erdenbürger im Schnitt 4,2 Tonnen an energiebedingten Kohlendioxidemissionen pro Jahr (IEA 2008). Dabei liegt in den OECD-Ländern dieser Schnitt bei knapp elf Tonnen pro Jahr und zum Beispiel in Afrika bei 0,9 Tonnen pro Jahr. Dies bedeutet, dass der Lebensstil in den OECD-Ländern zu einer im Schnitt um den Faktor zehn höheren Belastung der Atmosphäre führt. Im Ländervergleich variieren die spezifischen CO_2-Emissionen pro Einwohner und Jahr zwischen 70 Kilogramm (Äthiopien) und knapp 50 Tonnen! Auch in den »großen« Industriestaaten gibt es teilweise beträchtliche Unterschiede. Ein Großteil des Unterschiedes zwischen Deutschland (zehn Tonnen) und Frankreich (knapp sechs Tonnen) ist beispielsweise auf die verstärkte Nutzung der Kernkraft zur Erzeugung von Elektrizität in Frankreich zurückzuführen. Die Kernkraft ist eine nahezu emissionsfreie Möglichkeit, Energie nutzbar zu machen, hat allerdings mit einer Reihe anderer Probleme zu kämpfen.

Wie viel Emission ist verträglich?

Derzeit werden energiebedingt ungefähr 6,4 Gigatonnen Kohlenstoff (schwerer als 1.000 Cheopspyramiden) aus fossilen Quellen und der Zementindustrie jährlich in die Atmosphäre eingebracht (IPCC 2007). Zusammen mit den durch die Umnutzung von Bodenflächen entstehenden 1,6 Gigatonnen ist dementsprechend die Menschheit für circa acht Gigatonnen an vermeidbaren Emissionen von Kohlenstoff pro Jahr verantwortlich (5). Dem gegenüber stehen 2,6 Gigatonnen Kohlenstoff aus der Luft, die in Form von kohlenstoffhaltigen organischen Böden längerfristig gespeichert werden und einige weitere weniger bedeutende Transportprozesse zwischen den Kohlenstoffspeicherstätten. Im Endeffekt bleibt ein Ungleichgewicht in der jährlichen Bilanz von circa fünf Gigatonnen an Kohlenstoff, der zusätzlich von der Atmosphäre und den Weltmeeren aufgenommen werden muss. Jahr für Jahr.

Wie die Zahlen in diesem Beitrag eindrucksvoll zeigen, ist also der »Lebensstil« ganz entscheidend für den Ausstoß an Kohlendioxid. Offen bleibt die Frage, welcher »Lebensstil« nun der richtige ist; sofern man die Möglichkeit hat, diesen zu beeinflussen. Wie viel Ausstoß ist nachhaltig und was erscheint unverantwortlich? Ein Maß dafür könnte sein, wie viel Kohlendioxid die Natur Jahr für Jahr aus der Atmosphäre fischt und längerfristig speichert. Würde die Menschheit gerade so viel Kohlendioxid wieder emittieren wäre die Gesamtbilanz ausgeglichen.

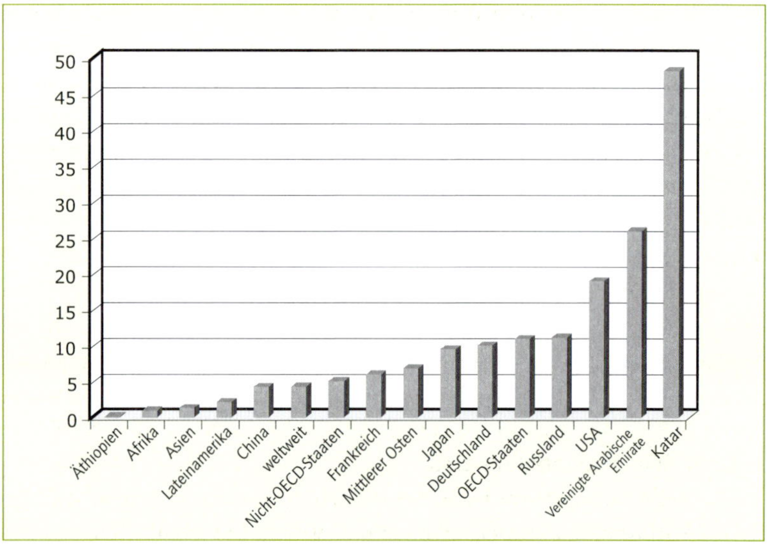

5 Ländervergleich CO_2-Verbrauch pro Kopf und Jahr (in Tonnen) (nach IEA 2008).

Die wichtigsten CO_2-»Fresser« sitzen nicht, wie man aufgrund ihrer immensen Ausdehnungen vermuten könnte, in den Ozeanen, sondern befinden sich an Land – es sind die Bäume (Abbildung 5). Doch wie viel CO_2 nimmt ein Baum während seines Lebens auf? Jedes Kohlenstoffatom in seinem Holz, in seiner Rinde oder in seinen Blättern stammt aus der Luft, aus umgewandeltem CO_2. Weiß man, wie schwer ein Baum ist, kann man die Menge des aufgenommenen Kohlendioxids abschätzen. Ein lebender Baum besteht in etwa zur Hälfte aus Wasser und zur anderen Hälfte aus (trockenem) Holz. Die Trockenmasse des Baumes besteht wiederum zum größten Teil aus Cellulose ($C_6H_{10}O_5$). Daraus ergibt sich ein Masseanteil von Kohlenstoff von circa 44 Prozent der Trockenmasse (Kaltschmitt 2001). Somit enthält jedes Kilogramm des Baumes in etwa 220 Gramm Kohlenstoff, fast ein halbes Pfund. Dementsprechend wurden für jedes Kilogramm eines (lebenden) Baumes über 800 Gramm Kohlendioxid aus der Luft aufgenommen und knapp 600 Gramm an frischem Sauerstoff produziert.

Zu klären bleibt, wie schnell nun ein Baum wächst. Dies ist sowohl von Baumart und Alter des Baumes als auch von vielen weiteren Faktoren wie Mineralien-, Wasser- und Sonnenangebot abhängig. Im Allgemeinen kann man davon ausgehen, dass zum Beispiel ein Hektar Buchenwald mit rund hundertjährigen Buchen zwischen zwölf und 16 Kubikmeter Derbholz pro Jahr produziert. Derbholz ist dabei oberirdisches Holz mit einem Durchmesser größer als sieben Zentimeter. Das sind in etwa zehn Tonnen Holz pro Jahr. Auf einem Hektar Wald stehen rund 200 Bäume. Geht man von diesen Zahlen aus, ergibt sich ein Massegewinn pro Buche an Derbholz von ungefähr 50 Kilogramm pro Jahr. Gleichzeitig speichert der Baum rund 20 Kilogramm an Biomasse in Form von Wurzeln und Humus unterirdisch. Das bedeutet, dass die Buche rund 56 Kilogramm an CO_2 Jahr für Jahr aus der Atmosphäre fischt. In etwa 40 Kilogramm davon speichert sie in ihrem Holz. Je nach Verwendung des Holzes bleibt es darin mehr oder weniger lange gespeichert. Der Rest wird längerfristig im Boden gespeichert. Aber auch dort wird das CO_2 über die Jahre teilweise wieder »ausgeatmet«.

Geht man von obigen Daten aus, bindet ein Hektar Buchenwald in etwa elf Tonnen CO_2 pro Jahr. Diese Menge entspricht ziemlich genau der Menge an energiebedingten CO_2-Emissionen pro Bürger in Deutschland. Um diese also auszugleichen, müsste es in Deutschland eine Waldfläche von rund 820.000 Quadratkilometern geben. Deutschland hat eine Fläche von 357.000 Quadratkilometern.

Es ergibt sich also schon aus dieser Rechnung, dass wir viel zu viel CO_2 in die Atmosphäre abgeben. Wie kann es weniger werden? Dazu werden viele Strategien diskutiert, und einige werden auch in diesem Buch an anderem Ort besprochen. Wichtig ist zu wissen, dass jeder Einzelne mit

6 Ein Hektar Buchenwald bindet pro Jahr in etwa elf Tonnen CO_2. Diese Menge entspricht weitgehend der Menge an energiebedingten CO_2-Emissionen pro Bürger in Deutschland (zehn Tonnen).

seinen persönlichen Entscheidungen für die Energienachfrage und die daraus resultierenden Emissionen Verantwortung trägt. Nahezu jedes Produkt, das wir kaufen, und jede Dienstleistung, die wir nachfragen, erzeugt irgendwann und irgendwo viel Kohlendioxid. Vielfach gibt es heute bereits die Möglichkeit, nachhaltige Produkte zu wählen. Zum Beispiel gibt es »grünen Strom« aus Wasserkraft oder aus anderen erneuerbaren Energiequellen zu kaufen, die Möglichkeit mit der Bahn und nicht mit dem Flugzeug zu verreisen und im Supermarkt Produkte aus der Region zu kaufen. Hier kann bereits eine vernünftige Wahl getroffen werden. Ebenso führt eine Einschränkung des Konsums zu einer Verringerung an Kohlendioxidemissionen.

Die Auswirkungen unserer Handlungen auf die weltweiten Emissionen von Kohlendioxid sind manchmal klar, oftmals aber so komplex und weitreichend, dass sie nur schwer zu durchschauen sind. So scheint beispielsweise die Nutzung von Palmöl als Energiequelle sehr »klimaneutral« zu sein. Es ist ja ein Energieträger aus Biomasse. Berücksichtigt man jedoch, dass die

Umnutzung von Urwald zu Anbauflächen Unmengen an Kohlendioxid freisetzt, kann eine CO_2-Bilanz von Palmöl unter Umständen schlechter ausfallen als zum Beispiel eine CO_2-Bilanz von normalem Dieselkraftstoff. Vieles zeigt sich erst bei einem zweiten oder dritten Blick. Es lohnt aber, sich Zeit für diesen zweiten oder dritten Blick zu nehmen.

Anmerkungen

1 Annahme: Durchschnittlicher Anteil von 1.700 bis 3.800 ppm Kohlenstoff in der Erde (nach Allègre et al. 2001).

2 Rechenweg: Aus einem Teilchenanteil des Kohlenstoffs in der Erde von 2.000 ppm wurde ein Masseanteil von 0,2 Prozent abgeschätzt. Mit einer Masse der Erde von 5.977 Milliarden Gigatonnen ergibt sich somit eine Masse m von 11,9 Milliarden Gigatonnen an Kohlenstoff im Inneren der Erde. Reiner Kohlenstoff kann in Form von Graphit vorliegen. Die Dichte r von Graphit liegt bei 2,26 Tonnen pro Kubikmeter. Mithilfe der Formel $m = r \times V$ berechnet sich das gesamte Volumen des Kohlenstoffs zu circa $5{,}3 \times 1018$ Kubikmetern. Aus der Formel für das Kugelvolumen $V = 4/3 \times \pi \times r^3$ ergibt sich der Radius r der Graphitkugel zu 1.081 Kilometer, der Durchmesser somit zu 2.162 Kilometer.

3 Rechenweg: Eine Graphitkugel aus der in der »lebenden« Biomasse gespeicherten Kohlenstoffmenge von circa 613 Gigatonnen hätte ein Volumen von 271 Kubikkilometern. Daraus ergibt sich ein Durchmesser der Kugel von acht Kilometern. Verglichen mit der Riesenkugel des Gesamtschatzes an Kohlenstoff, über den die Erde verfügt, ein winziges Kügelchen! Würde man die Kugel in zwei Hälften teilen und noch ein bisschen flachklopfen, könnte man die Halbkugeln problemlos vor den Alpen ablegen, sie würden oben mit Schnee bedeckt und gar nicht besonders auffallen.

4 Annahme: 100 Euro pro Tonne Steinkohle; Brennwert der Steinkohle 7,87 Kilowattstunden/Kilogramm und Emissionsfaktor von 336 Gramm CO_2 pro Kilowattstunde.

5 Dies entspricht rund 29 Gigatonnen CO_2; der Anteil der Masse des Kohlenstoffs an CO_2 ist circa 27,3 Prozent. Die restliche Masse besteht aus dem Sauerstoff des CO_2.

Literatur

Allègre et al. (2001): Chemical composition of the Earth and the volatility control on planetary genetics. In: Earth and Planetary Science Letters, Volume 185, Issues 1–2, 15. February, 2001.

Bundesministerium für Wirtschaft (BMWi) (2008): Energiedaten, Nationale und Internationale Entwicklung. Stand 10. Juli 2008.

IEA (2008): Key World Energy Statistics 2008 [Die ausgewerteten Daten beziehen sich auf das Jahr 2006] (http://www.iea.org/).

IPCC (2007): Climate Change 2007 – The Physical Science Basis. Contribution of Working Group I to the Fourth Assessment Report of the Intergovernmental Panel on Climate Change [Solomon, S., D. Qin, M. Manning, Z. Chen, M. Marquis, K. B. Averyt, M. Tignor and H.L. Miller (eds.)]. Cambridge University Press, Cambridge, United Kingdom and New York, NY, USA, 996 pp.

Kaltschmitt, Martin (2001): Energie aus Biomasse – Grundlagen, Techniken und Verfahren. Berlin: Springer-Verlag.
Kraftfahrtbundesamt (2007): CO_2-Emission – Benziner auf gutem Kurs, Pressemitteilung 08/2007 (www.kba.de).
Öko-Institut: Globales Emissions-Modell Integrierter Systeme – GEMIS, Version 4.4, Stand 2007 (http://www.oeko.de/service/gemis/)
PCF Pilotprojekt Deutschland: Ergebnis-Symposium, 26. Januar 2009 in Berlin. Fallstudien (http://www.pcf-projekt.de/main/results/lessons-learned/).
Statistisches Bundesamt (2006): Umweltökonomische Gesamtrechnung 2006, (www.destatis.de).
Umweltbundesamt (2000): Leitfaden für Innenraumlufthygiene in Schulgebäuden. Berlin (http://www.umweltdaten.de/publikationen/fpdf-l/1824.pdf).

Frank Grünberg

Düngen, Kühlen, Reinigen – CO_2 in der Technik

CO_2 wird in der Technik in höchst unterschiedlicher Art und Weise eingesetzt – und immer neue Anwendungen werden erschlossen. Als technisches Hilfsmittel ist Kohlendioxid aus vielen Industriezweigen in festem, flüssigem oder gasförmigem Zustand nicht mehr wegzudenken. Früher wurde der Stoff aus natürlichen Quellen gewonnen. Heute dagegen wird er vor allem recycelt. Der Wissenschaftsjournalist Frank Grünberg berichtet von den überraschend vielfältigen Einsatzfeldern des Stoffes. Der technische Einsatz von CO_2, des als »Klimakiller« gescholtenen Treibhausgases, kann sogar einen Beitrag zum Klimaschutz leisten.

»Treibhauseffekt? Ja bitte!« Die Menschen im niederländischen Westland würden diese Aussage wohl mehrheitlich unterschreiben. Warum? Ganz einfach. Weil sie vom Treibhauseffekt leben.

Das Westland, die Region zwischen Rotterdam und Den Haag, bildet eine der größten zusammenhängenden Treibhausflächen der Welt. Hier werden alle Arten von Gemüse und Zierpflanzen in fußballplatzgroßen Glaspalästen gezüchtet. Dabei überlassen die Landwirte nichts mehr dem Zufall, sogar Bewässerung und Düngung werden nach industriellen Methoden organisiert. Selbst im Sommer werfen die Landwirte oft ihre Gasöfen an, nicht um die Treibhäuser zu heizen, sondern um die Pflanzen mit Kohlendioxid zu versorgen, das in dem anfallenden Rauchgas enthalten ist. Denn ohne CO_2 keine Photosynthese – und ohne Photosynthese kein Pflanzenwachstum. Im Photosynthese-Prozess stellen Pflanzen mithilfe von Sonnenlicht, Wasser und CO_2 die Zuckermoleküle her, aus denen sich etwa Holzfasern bilden.

Allerdings war die Düngung per Gasofen die reinste Verschwendung, wenn man bedenkt, dass die Landwirte einen fossilen Rohstoff verbrannten, um ein Gas zu produzieren, das anderswo massenhaft als Abfall in die Atmosphäre geblasen wird und das Erdklima erwärmt. Vor dem Hintergrund steigender Gaspreise entwickelte sich die Gasofen-Methode darüber hinaus zu einem ökonomischen Problem. Dennoch gab es über Jahrzehnte hinweg keine Alternative.

Treibhauseffekt mit königlichem Segen

Das änderte sich, als der Energiekonzern Shell 1997 den Betrieb seiner größten Raffinerie in Europa aufnahm. Im Westen von Rotterdam werden seitdem täglich 400.000 Barrel Rohöl zu Benzin, Heizöl und anderen chemischen Stoffen raffiniert. Die Verarbeitung erfolgt in drei Schritten: Zunächst wird das Rohöl aufgekocht, um flüchtige Stoffe zu destillieren. Danach werden die verbleibenden schweren Kohlenwasserstoffe in leichtere Produkte zerlegt und qualitätsmindernde Substanzen wie Schwefel schließlich beseitigt.

Für die Gewinnung von CO_2 eignet sich die zweite Verarbeitungsstufe, da beim Knacken der schweren Kohlenwasserstoffmoleküle fast 100 Prozent reines CO_2 entsteht. Shell blies im Westen der Stadt also genau den Rohstoff ungenutzt in die Luft, den die Gewächshausbetreiber im Norden so dringend benötigten.

1 + 2
(rechts und S. 67 rechts oben)

Pflanzendünger aus der Pipeline: Mit Kohlendioxid gedeiht das Gemüse besser. In holländischen Gewächshäusern des OPAC-Projektes werden industrielle Abgase genutzt, um das Pflanzenwachstum zu verbessern.

Das Transportproblem löste ein glücklicher Zufall. Der Transport des CO_2 per Lkw oder gar der Neubau einer speziellen Pipeline hätte sich wirtschaftlich niemals gerechnet. Allerdings verlief an den Treibhäusern des Westlands vorbei bereits eine Pipeline, durch die in den 1960er-Jahren Öl vom Rotterdamer Hafen nach Amsterdam gepumpt worden war, die seit den 1980er-

Jahren aber nicht mehr genutzt wurde. Und tatsächlich fehlten nur noch wenige Kilometer, um das Rotterdamer Ende mit der Raffinerie zu verbinden. Damit war die Idee für das OCAP-Projekt (»Organisches CO_2 für die Assimilation in Pflanzen«) geboren: nämlich Erzeuger und Verbraucher von CO_2 auf direktem Weg zu verbinden. Im Herbst 2005 wurden die ersten Gewächshäuser an die Pipeline angeschlossen (Abbildungen 1 und 2). Die niederländische Regentin Beatrix wohnte der Einweihung bei.

Um an dieser Stelle keine Missverständnisse aufkommen zu lassen: Für den Klimaschutz spielt OCAP bis heute so gut wie keine Rolle. Wenn die Kapazität der Pipeline voll genutzt wird, entweichen rund 170.000 Tonnen CO_2 pro Jahr weniger in die Erdatmosphäre. Damit verringert sich der CO_2-Ausstoß der Niederlande nur um knapp ein Tausendstel.

Allerdings stellt das Beispiel OCAP eindrucksvoll unter Beweis, wie wichtig CO_2 als technisches Hilfsmittel für die industrielle Produktion geworden ist – und wie die Kernregel der Recyclingwirtschaft auch in der CO_2-Versorgung greift. Diese Regel lautet: Industrielle Abfälle in wertvolle Rohstoffe verwandeln, um sie massenhaft für industrielle Anwendungen zu nutzen und vielleicht sogar völlig neue Einsatzgebiete zu entwickeln. Schon jetzt ist CO_2 als technisches Werkzeug nicht mehr aus dem Alltag moderner Industriegesellschaften wegzudenken. Und das nicht nur beim Düngen, sondern auch beim Waschen, Löschen, Konservieren oder Veredeln. Aber der Reihe nach.

Große Nähe zum Verbraucher

Die kommerzielle Nutzung von CO_2 scheiterte bis Mitte der 1950er-Jahre vor allem an fehlenden Transportmöglichkeiten. Das änderte sich, nachdem es gelungen war, CO_2 in druckfesten Stahlflaschen in flüssigem Zustand zu transportieren. Heute werden in Deutschland, so schätzen Experten, zwischen 750.000 und einer Million Tonnen CO_2 pro Jahr zu technischen Zwecken verkauft. Zum Vergleich: Allein die Großkraftwerke zwischen Flensburg und Berchtesgaden produzieren die 500-fache Menge.

Als Quelle für technisch nutzbares CO_2 würden sich die Schlote von Kohle- oder Gaskraftwerken aber sowieso nicht eignen. Ihr Rauchgas ist stark mit Rußpartikeln verschmutzt und die Konzentration an CO_2 im Abgasstrom zu gering. Natürliche Quellen wiederum können den industriellen Bedarf nicht decken. Nachdem die Quellen im Schwarzwald versiegt sind, wird CO_2 in Deutschland nur noch an zwei Orten direkt aus dem Untergrund gefördert: in der Eifel, wo es in Wasser gelöst an die Oberfläche sprudelt, und im nordrheinwestfälischen Bad Driburg, wo es als Gas durch den porösen Boden nach oben steigt. Auch in Brauereien, wo CO_2 im Zuge der alkoholischen Gärung entsteht, fallen nur geringe Mengen an. Diese aber werden zur Anreicherung der Getränke verwendet, decken also lediglich den Eigenbedarf.

Ausreichende Mengen an hochreinem CO_2 fallen nur in großchemischen Prozessen an. Etwa bei der Herstellung von Ammoniak, einem Vorprodukt für Stickstoffdünger, bei der Herstellung von Ethylen, einem Vorprodukt für Frostschutz- und Reinigungsmittel sowie Kosmetika, bei der Herstellung des Treibstoffes Bioethanol, das aus natürlichen Rohstoffen gewonnen wird, oder – wie in Rotterdam – bei der Herstellung von Benzin, also in Raffinerien. Einige Chemiefirmen haben sich mit der CO_2-Gewinnung daher inzwischen ein Geschäftsfeld erschlossen, indem sie den vermeintlichen Abfallstoff als wertvollen Rohstoff an Unternehmen wie Linde, Air Liquide, Carbo oder Tyczka verkaufen, die ihn aufbereiten und an ihre Kunden vermarkten.

Dabei versuchen diese Firmen immer, Quelle und Verbraucher so nah wie möglich aneinander zu bringen. Der Grund: Ein Großteil des Gesamtpreises entfällt auf den Transport. So kostet eine Tonne CO_2 zwischen 40 und 50 Euro in der Herstellung und zusätzlich rund 0,15 Euro pro Kilometer im Transport. Damit verdoppeln sich die Herstellungskosten bereits auf einer Strecke von 300 Kilometern.

Allerdings spielen die Kosten nicht immer die entscheidende Rolle. Denn der Stoff hat sich zu einem technischen Tausendsassa entwickelt, der sich viele Nischen im industriellen Alltag erobert hat. CO_2 bietet vielfältige Anwendungsmöglichkeiten. Erstens, weil sich der Stoff in vier – statt wie beim Wasser in drei – Aggregatzustände versetzen lässt. Neben der festen, flüssigen und gasförmigen Phase gibt es beim CO_2 auch eine »überkritische« Phase, bei der die Dichte der Flüssigkeit und des Gases gleich groß sind. Zweitens, weil sich die chemischen Eigenschaften des CO_2 – und damit seine technischen Einsatzgebiete – von Aggregatzustand zu Aggregatzustand verändern (siehe Kasten »Das CO_2-Phasendiagramm«).

Das CO_2-Phasendiagramm

Das »Phasendiagramm« beschreibt, in welchem Zustand sich das CO_2 in Abhängigkeit von Druck und Temperatur befindet. Die wichtigsten Gesetzmäßigkeiten lauten:

- Bei Normaldruck (1 bar) kann CO_2 nur als Gas auftreten.
- Bei einer Temperatur unterhalb von minus 78 Grad Celsius kann CO_2 nur als Festkörper auftreten.
- Unterhalb des Tripelpunktes (5,2 bar/–56,6 Grad Celsius) ist nur ein Übergang zwischen dem festem und dem gasförmigem Zustand möglich. Die Übergänge nennt man Sublimation beziehungsweise Resublimation.
- Oberhalb des kritischen Punktes (74 bar/ 31 Grad Celsius) besteht zwischen der Dichte des flüssigen und der Dichte des gasförmigen Zustands kein Unterschied mehr. Dieser Zustand wird als »überkritischer« bezeichnet.
- Entlang der Kurve zwischen Tripel- und kritischem Punkt findet der direkte Übergang vom flüssigen in den gasförmigen Zustand (»sieden«) und umgekehrt (»kondensieren«) statt.
- Entlang der oberen Linie, die im Tripelpunkt startet, findet der direkte Übergang vom flüssigen in den festen (»gefrieren«) und umgekehrt (»schmelzen«) statt.

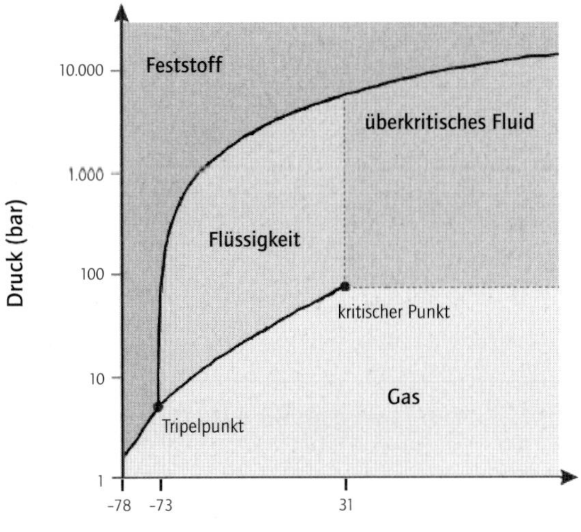

Gasförmiges CO_2 – Reine Geschmacksfrage

CO_2 ist ein Molekül, das sich aus einem Atom Kohlenstoff und zwei Atomen Sauerstoff zusammensetzt. Es entsteht bei der Verbrennung von kohlenstoffhaltigen Substanzen, sofern ausreichend Sauerstoff zur Verfügung steht. Bei Normalbedingungen, also einer Raumtemperatur von 25 Grad Celsius und einem Atmosphärendruck von 1 bar (dieser Wert entspricht dem Druck, den die Luft der Erdatmosphäre auf einen Menschen ausübt, der sich auf Meereshöhe befindet) tritt es als farb- und geruchloses Gas auf und ist für den Menschen – innerhalb bestimmter Grenzen – ungefährlich. Weil man daher anders als bei vielen anderen technischen Gasen, beim Einsatz von CO_2 auf wesentliche Sicherheitsvorkehrungen verzichten kann, ist das Gas für die technische Nutzung sehr attraktiv.

Erfrischen

Bereits die Römer wussten das sprudelnde, mit CO_2 versetzte Wasser aus Germaniens Quellen zu schätzen. In versiegelten Tonkrügen transportierten sie es bis nach Rom. Im Mittelalter legte das Mineralwasser dank seiner heilenden Wirkung darüber hinaus den Grundstein für Bade- und Trinkkuren, blieb aber bis Mitte des 19. Jahrhunderts vor allem ein Getränk für Reiche. Sein Prickeln war so kostbar wie das einer Flasche Champagner. Bis heute reichert die Getränkeindustrie eine Vielzahl ihrer Produkte mit CO_2 an.

Sie zählt nicht nur zu den Hauptabnehmern des Gases, sondern sie hat auch die Maßstäbe gesetzt, wie sauber CO_2 sein muss, das für Lebensmittel verwendet wird. So muss CO_2 in Lebensmitteln einem Reinheitsgrad von 99,5 Prozent entsprechen. Das bedeutet: Maximal fünf von 1.000 Gasteilchen dürfen von der Molekülstruktur des CO_2 abweichen. Maximalbelastungen mit Verunreinigungen, die gesundheitsgefährdend wirken (zum Beispiel Kohlenmonoxid) oder den Geschmack verschlechtern (etwa Kohlenwasserstoffe), sind außerdem klar definiert. Übrigens: Obwohl im alltäglichen Sprachgebrauch oft synonym verwendet, ist Kohlensäure chemisch nicht gleich Kohlendioxid. Kohlensäure (H_2CO_3) entsteht erst dann, wenn man CO_2 in Wasser (H_2O) löst. Weil dieser Lösungsprozess in sehr unterschiedlichen Konzentrationen erfolgen kann, lassen sich Getränke mit stark abweichenden Sprudelqualitäten produzieren. CO_2 wird hier zur Geschmacksfrage.

Konservieren

Nicht nur im Getränkehandel, sondern auch im Supermarkt begleitet CO_2 den Verbraucher auf Schritt und Tritt. Vor allem dort, wo frische, leicht verderbliche Lebensmittel wie Käse, Fleisch oder Wurst gelagert werden. Diese Waren sind heutzutage mit Folien verschweißt, die das Lebensmittel in eine

Atmosphäre aus CO_2 und Stickstoff hüllen, um es vor dem Kontakt mit chemisch aggressivem Sauerstoff und damit vor Oxidation und Fäulnis zu schützen. Dieser Anwendung kommt die Eigenschaft des CO_2 zugute, für den Menschen – innerhalb gewisser Grenzen – ungefährlich und außerdem chemisch sehr stabil (»inert«) zu sein, weil es sich erst bei Temperaturen von mehr als 1.700 Grad Celsius in seine Bestandteile auflöst.

Neutralisieren

Ob nach dem Baden, Spülen oder Waschen: Die Abwässer, die der Mensch produziert, sind chemisch aus dem Gleichgewicht. Denn während sich in »gesundem« neutralem Wasser alkalische und saure Verunreinigungen die Waage halten, erhöhen Seifen, Laugen und Waschmittel die alkalische Konzentration und verschlechtern die Verträglichkeit für viele Lebewesen, weil sie Augen und Schleimhäute reizen. Um das Wasser wieder zu neutralisieren, werden daher saure Bestandteile, zum Beispiel Kohlensäure, also in Wasser gelöstes CO_2, zugesetzt. Bei der Umweltsanierung könnte das Verfahren sogar im ganz großen Stil greifen. Beispielsweise hat der intensive Braunkohle-Tagebergbau in der Lausitz Seen hinterlassen, in denen riesige Mengen von alkalischen Flugaschen, Carbonat- und Eisenschlämmen gelagert wurden. Forscher der TU Bergakademie Freiberg haben inzwischen nachgewiesen, dass diese Ablagerungen mithilfe von CO_2 langfristig neutralisiert werden können. Ob die Methode in großem Maß umgesetzt wird, steht zwar noch nicht fest. Sollte dies allerdings der Fall sein, würden rund 400.000 Tonnen CO_2 benötigt. Das sind 40 Prozent der aktuell in Deutschland verkauften Jahresmenge an technisch nutzbarem CO_2. Viel Stoff für die Beseitigung von Sünden vergangener Tage.

Löschen

Im Sommer 2003 standen die Betreiber einer Bielefelder Müllverbrennungsanlage vor einem dramatischen Problem. Im Inneren des Müllbunkers der Anlage, die den Wärmebedarf von rund 25.000 Haushalten der ostwestfälischen Großstadt deckt, war ein Feuer ausgebrochen, das die Feuerwehr nicht durch Wasser löschen konnte, da das Wasser nur die oberen Müllschichten benetzte. Auch ein Fluten des Bunkers mit Wasser kam nicht infrage, weil sich die Verantwortlichen nicht sicher waren, ob die Bunkerwände dem zusätzlichen Wassergewicht standhalten würden. Die Lösung brachten schließlich 1.300 Tonnen gasförmiges CO_2, das in die Anlage gepumpt wurde. Denn einerseits ist CO_2 wesentlich leichter als Wasser. Die Statik des Bunkers wurde also nicht gefährdet. Andererseits ist CO_2 schwerer als Luft. Das Gas konnte die Luft also aus dem Inneren des Müllberges drücken und den Schwelbrand nach eineinhalb Tagen endgültig ersticken. Übrigens: Auch der menschliche Organismus wird durch eine Überdosis an CO_2 gefährdet. Die 0,04 Volumenprozent, mit denen CO_2 in der Außenluft auftritt, stellen noch kein Problem für den Menschen dar. Aber bereits die Luft, die der Mensch ausatmet, enthält rund hundertmal mehr CO_2, was – konzentriert in Klassenzimmern oder Büros – ermüdend oder sogar betäubend wirken kann. Weitere Steigerungen führen schließlich zu Kopfschmerzen, Schwindel, Krämpfen, Bewusstlosigkeit und können, wie bereits in dem Beitrag von Joachim Herrmann dargelegt (siehe S. 47–49), sogar tödlich sein.

Fördern

Die Erdölförderung ist ein aufwendiger Prozess. So lassen konventionelle Fördermethoden lediglich einen kleinen Teil des vorhandenen Erdöls an die Oberfläche sprudeln. Experten schätzen, dass in der Nordsee nicht einmal die Hälfte und in Saudi-Arabien sogar weniger als ein Viertel der Reserven ohne gastechnische Hilfsmittel gewonnen werden können. Denn mit zunehmender Förderdauer machen sich zwei prinzipielle Probleme der Ölförderung, die die Lebensdauer eines Ölfeldes einschränken, bemerkbar. Erstens lässt der Druck, der das Öl an die Oberfläche sprudeln lässt, mit abnehmender Ölmenge nach. Zweitens sinkt die Fließfähigkeit (»Viskosität«) des Erdöls, weil die fließfördernden Substanzen im Erdöl mit der Zeit ausgasen. Fördergesellschaften suchen daher nach Wegen, den unterirdischen Druck und die Viskosität des Erdöls während der Förderung aufrechtzuerhalten. Das Einpressen von CO_2 in die Lagerstätten gilt dabei als besonders umweltschonende Möglichkeit, um die Ausbeute zu steigern. In den US-amerikanischen Erdölfeldern wird diese Methode bereits in großem Maßstab betrieben. Rund 5.600 Kilometer Pipelines verbinden CO_2-Quellen, vor allem Gas- und Kohlekraftwerke, mit großen Erdölfeldern. Im Willington-Ölfeld in Nord-Dakota beispielsweise macht das CO_2 eine rentable Förderung überhaupt erst möglich. Ohne das Gas, schätzen Experten, könnten hier nur vier der gelagerten 13 Milliarden Barrel Erdöl gefördert werden. Auch entlang des Mississippi soll CO_2 bald in Mengen durch Pipelines in den Golf von Mexiko und zu den dortigen Ölfeldern strömen. Das weltweit größte Projekt aber befindet sich im asiatischen Dubai in Planung. Die Förderung im küstennahen »Fateh-Feld« soll hier durch die Injektion von 13.000 Tonnen CO_2 pro Tag verbessert werden. Bis 2013, so der Plan, wird die dafür notwendige Pipeline gebaut und in Betrieb genommen. Eine Tatsache darf dabei allerdings nicht vergessen werden. Obwohl das CO_2 nicht eigens für dieses Verfahren hergestellt, sondern als Kraftwerksabfall wiederverwertet wird, verschlechtert es die Klimabilanz der Erdölförderung. Denn für jeden zusätzlichen Tropfen Erdöl werden riesige Mengen an CO_2 aufbereitet, transportiert und unter hohem Druck unter die Oberfläche gepresst. Die Energie, die dafür benötigt wird, wird aber wiederum durch die Verbrennung fossiler Rohstoffe wie Kohle oder Gas gewonnen.

Schweißen

Wer metallische Brücken-, Karosserie- oder Maschinenteile dauerhaft verbinden will, kommt an der Verbindungstechnik »Schweißen« nicht vorbei. Dazu werden die Metallteile durch einen Lichtbogen, der durch eine elektrische Spannung zwischen der Schweißelektrode und dem Metall induziert wird, kurzzeitig erhitzt, verschmolzen und anschließend wieder abgekühlt. Dem CO_2 fällt in diesem Prozess eine besondere Schutzfunktion zu. Denn der Lichtbogen wird durch einen CO_2-Mantel umhüllt, der verhindert, dass atmosphärische Gase wie Sauerstoff, Wasserstoff oder Stickstoff mit dem aufgeschmolzenen Metall in Kontakt kommen und zu Korrosion (»Rost«) und damit zur Zerstörung der Schweißnaht führen. Außerdem bleibt der CO_2-Mantel aufgrund seines im Vergleich zu Luft höheren Gewichtes so lange über der Schweißnaht liegen, bis die Metallschmelze so weit abgekühlt ist, dass ihr die atmosphärischen Gase nicht mehr gefährlich werden können.

Festes CO_2 – Eiskalte Reinigung

Bei einer Temperatur unterhalb von minus 78 Grad Celsius kann CO_2, egal wie hoch der Druck auch sein mag, nur als Festkörper auftreten. Festes CO_2 wird auch »Trockeneis« genannt und in Form von Schnee, Briketts, Scheiben oder Pellets verkauft. Diese Produkte werden gewonnen, indem man flüssiges CO_2 gegen Normaldruck entspannt und durch eine Düse zerstäubt. Dabei verdampft etwa die Hälfte der zerstäubten Masse, während die andere Hälfte als Schnee ausfällt, der anschließend in feste Formen verpresst werden kann. Bühnentechniker nutzen das Trockeneis beispielsweise, um Musiker und Schauspieler im Rampenlicht einzunebeln. Der Effekt beruht auf der Tatsache, dass das Trockeneis mit der warmen Außenluft in die Gasphase sublimiert und die Umgebungsluft dabei so stark abkühlt, dass die in der Luft enthaltene Feuchtigkeit als wässriger Nebel ausfällt. Was die Menge an benötigtem Trockeneis betrifft, sind andere Anwendungen allerdings wesentlich wichtiger.

Frosten

Das meiste Trockeneis wird in kleinen, isolierten Behältern verbraucht, um die Temperatur im Inneren der Behälter innerhalb weniger Sekunden unter den Gefrierpunkt von Wasser abzusenken. Wasserhaltige Lebensmittel gefrieren dann schlagartig und werden »schockgefrostet«. Vor allem dort, wo der Betrieb von Gefrierschränken zu aufwendig ist, etwa in der Kabine von Passagierflugzeugen, bietet sich diese Kühlmethode an.

Mahlen

Das Frosten funktioniert auch bei Kunststoffen und Metallen. Sie gefrieren zwar nicht, weil sie kein Wasser enthalten, dafür aber werden sie bei tiefen Temperaturen spröde und verlieren ihre Elastizität. Diese Eigenschaft macht sich vor allen Dingen die Recyclingindustrie zu eigen, um die einzelnen Wertstoffe, die in zu verschrottenden Elektronikbauteilen enthalten sind, sauber voneinander zu trennen. So werden die Platinen mithilfe von Trockeneis gefroren, anschließend zu Granulat gemahlen und dann durch Magnete, Siebe und Zentrifugen in einzelne Wertstoffe sortiert, die anschließend entsorgt oder wiederverwertet werden können.

Strahlen

Wer Werkzeuge im industriellen Einsatz säubern will, steht bei der Wahl des Reinigungsmittels oft vor einem Dilemma. Flüssige Reinigungsmittel enthalten umweltschädliche Lösungsmittel, während Sandstrahlen die Oberfläche zerstört. Abhilfe können hier Trockeneispellets schaffen, die mit Schallgeschwindigkeit auf das zu reinigende Objekt geschossen werden und beim Auftreffen auf die Oberfläche einen mehrfachen Reinigungseffekt erzielen. Erstens schlagen sie die Verunreinigungen beim Aufprall mechanisch vom Untergrund. Zweitens kühlen sie die Umgebung schockartig ab und verursachen dadurch eine thermische Spannung zwischen der Oberfläche und den Schmutzpartikeln, die den Dreck abblättern lässt. Drittens lösen sie Öle und Fette. Der Vorteil dieser Methode: Das CO_2 hinterlässt – abgesehen vom Reinigungsrest – keine unerwünschten Spuren, sondern löst sich nach vollendeter Arbeit in Luft auf. Einen Aufschwung dieser Technik erhoffen sich Experten vor allem durch einen robotergesteuerten Einsatz, etwa in der Automobilindustrie, in Stahlwerken oder

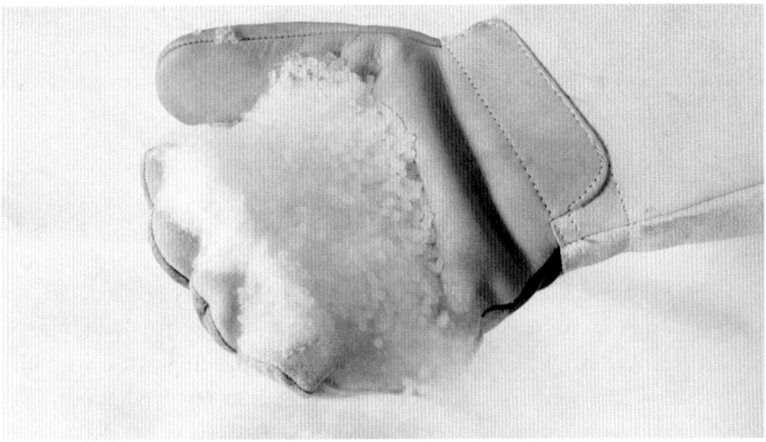

3 CO_2-Trockeneis.

Druckereien. Denn anders als bei manuell gesteuerten Reinigungsgeräten lassen sich Betriebsparameter wie Druck, Temperatur und CO_2-Zufuhr in einem automatisierten Prozess zielgerecht steuern.

Veredeln

Die Grenze zwischen Genuss und Sucht ist bekanntlich fließend. Ohne CO_2 allerdings, genauer gesagt ohne den »überkritischen« Aggregatzustand von CO_2, würde es die Light-Zigarette oder den entkoffeinierten Kaffee bis heute nicht geben. Als überkritisch bezeichnet man den Zustand, der sich oberhalb eines Druckes von 74 bar und einer Temperatur von 31 Grad Celsius einstellt. Zwischen der Dichte des flüssigen und der Dichte des gasförmigen Zustands besteht hier kein Unterschied mehr. Allerdings entwickelt das Molekül in dieser Phase besondere chemische Lösungseigenschaften, die es erlauben, bestimmte Inhaltsstoffe aus Kräutern und Gewürzen zu gewinnen oder unerwünschte Aromastoffe zu entfernen. So lässt sich Nikotin mithilfe von überkritischem CO_2 zu 95 Prozent aus Tabak ziehen. Ähnliche Wirkungsgrade gelten für Koffein bei Kaffee und Teein bei Tee. Der Vorteil der Hochdruckextraktion liegt vor allem darin, dass die Extrakte keine Lösemittel oder andere Rückstände enthalten. Noch in den 1950er-Jahren wurde zum Beispiel Kaffee mit Lösungsmitteln entkoffeiniert, die giftiger waren als das Koffein selbst.

Flüssiges CO_2 – Weiße Wäsche

Wie die überkritische Phase lässt sich die Flüssigphase des CO_2 nur in Spezialbehältern, die hohe Drücke aushalten, herstellen. Allerdings lohnt dieser Aufwand in vielen Fällen, da man mit flüssigem CO_2 Textilien waschen kann. Der Grund: Flüssiges CO_2 stellt ein dichtes Medium aus nichtpolaren Molekülen dar, das ähnliche nichtpolare Substanzen wie Öle und Fette lösen kann. Die Beimischung biologisch abbaubarer Zusatzstoffe kann die Reinigungskraft des CO_2 auf weitere Verunreinigungen erweitern.

Waschen

Die Linde AG vermarktet unter der Marke »Fred Butler« seit 2007 ein Waschverfahren auf der Basis von flüssigem CO_2, für das der Konzern bis 2011 rund 200 Waschsalons in ganz Europa eröffnen will. Der Waschgang funktioniert wie folgt: Die verschmutzte Wäsche wird in eine dicht verschließbare Waschkammer gefüllt, aus der die Luft bis zum Vakuum abgesaugt wird. Anschließend wird gasförmiges CO_2 eingeleitet, bis der Druck 40 bis 50 bar und die Temperatur etwa fünf bis 15 Grad Celsius erreicht. Danach wird die Kammer teilweise mit flüssigem CO_2, das die Schmutzpartikel in der rotierenden

4 Waschen mit CO_2.

Trommel durchdringt und herauslöst, nachbefüllt. Am Ende des Waschgangs werden die Verunreinigungen durch Destillation vom CO_2 getrennt, das gasförmige CO_2 kondensiert und ebenso wie das flüssige CO_2 in den Vorratstank zurück gepumpt. Ist der Druck in der Waschkammer niedrig genug, kann die Tür wieder geöffnet werden. Die gereinigten Textilien sind vollständig trocken und haben Raumtemperatur. Der Waschgang ist nach Angaben des Anbieters nicht nur deshalb umweltschonender als herkömmliche Verfahren, weil dabei weitgehend auf Waschmittel verzichtet werden könne. Er verbrauche auch weniger Energie, da das flüssige CO_2 nur um einige Grad Celsius aufgeheizt werden müsse. Dabei entweichen laut Hersteller rund zwei Prozent des eingesetzten CO_2 in die Umgebung, während der Rest für weitere Reinigungszyklen genutzt werden kann.

Klimaschutz durch CO_2?

Tatsächlich winken dem CO_2 vor allem wegen seiner guten Verträglichkeit für Mensch und Umwelt weitere Einsätze in der Industrie. Inzwischen haben sich einige Industrien, besonders die Chemie- und die Automobilindustrie, sogar dazu entschieden, den »Klimakiller« einzusetzen, um das Klima zu schützen. Was zunächst paradox klingen mag, wird bei näherer Betrachtung plausibel. Denn CO_2 gilt im Vergleich zu anderen Industriegasen in vielen Fällen als das kleinere Übel.

Experten messen die Wirkung, die ein Gas in der Atmosphäre in Bezug auf die Erderwärmung entfaltet, in CO_2-Äquivalenten. Einem Molekül, das das Klima genauso stark erwärmt wie ein CO_2-Molekül, wird demnach das CO_2-Äquivalent »1« zugeschrieben. Einem Molekül wiederum, das das Klima genau doppelt so stark erwärmt wie ein CO_2-Molekül, wird das CO_2-Äquivalent »2« zugeschrieben. Und so weiter.

Viele Gase aber sind um mehrere Größenordnungen gefährlicher als CO_2. So wird dem Industriegas Stickstofftrifluorid (NF_3) ein CO_2-Äquivalent von 11.000, dem Industriegas Schwefelhexafluorid (SF_6) sogar ein CO_2-Äquivalent von 22.000 zugeschrieben. Auch die Fluorkohlenwasserstoffe (FCKW), die massenhaft in Kühlschränken zum Einsatz kamen, sind seit langem als gefährliche Klimagase bekannt. Als Treibmittel für Isolierungen haben sie ein CO_2-Äquivalent von rund 4.700, als Kühlmittel sogar eines von etwa 10.700. Die Folge: Ab 2010 ist die Verwendung von FCKW innerhalb der Europäischen Union verboten.

Die betroffenen Industrien haben daher reagiert. So wie die Ludwigshafener BASF AG, die bereits vor mehreren Jahren Mittel und Wege gefunden hat, CO_2 statt FCKW als Treibmittel für das Aufschäumen von Dämmplatten zu nutzen. Sogar die deutsche Automobilindustrie hat sich nach langen Diskussion im September 2007 darauf verständigt, FCKW aus ihren Klimaanlagen zu verbannen und die Geräte auf ein Kältemittel umzustellen, das in der Lage ist, den »direkten Treibhauseffekt einer Klimaanlage gegenüber der bisher eingesetzten Technologie um mehr als den Faktor 1.000 zu verringern«. Experten kategorisieren das Kältemittel mit dem Kürzel R744. Dem Volksmund ist es besser als CO_2 bekannt.

Allerdings: Selbst die modernsten Klimaanlagen belasten das Klima. Schließlich wird für ihren Betrieb zusätzliches Benzin zu CO_2 verbrannt. Gleiches gilt für das Autofahren an sich. Anders gesagt: Wer Fahrrad fährt, spart nicht nur Kraftstoff für die Fortbewegung, sondern auch für die eigene Kühlung.

CO_2 ist kein toter Füllstoff, der sich in der Atmosphäre stumm anreichert, sondern aktiver Teil des Lebens auf der Erde. Das zeigt ein Blick in die Geschichte: Immer schon hatten Änderungen im CO_2-Spiegel der Luft Einfluss auf die Biosphäre. Mit verschiedenen Zeitskalen und aus unterschiedlichen, einander aber ergänzenden Perspektiven zeichnen die Beiträge dieses Kapitels die natürliche und die menschliche Geschichte des CO_2 nach.

KAPITEL 2

Die Geschichte des CO_2

Hartmut Seyfried im Gespräch mit Jens Soentgen

Warum ist CO_2 ein Lebenselixier?

Hartmut Seyfried nimmt uns in dem folgenden Gespräch auf eine außergewöhnliche Zeitreise mit. Als Geologe denkt er nicht wie der Historiker in Jahrhunderten, sondern in Jahrmillionen. Er untersucht die Rolle des CO_2 auf der Erde in geologischen Zeiträumen – also in Zeiten, in denen es noch keine Menschen gab. Denn auch in jenen Zeiten, als die Erde noch jung war, enthielt ihre Atmosphäre bereits CO_2, sogar deutlich mehr als heute. Woher stammte es? Wie hat es den Gang der Evolution beeinflusst? Und wie wird die CO_2-Geschichte – aus Sicht des Geologen – weitergehen?

Sie haben einmal gesagt, die Erde sei ein Problembär, Herr Seyfried. Was meinen Sie damit?

Wir Menschen haben brav in der Steinzeit gelernt: Die Natur ist nichts als eine einzige nervige Problembärin und je früher man sich von ihr emanzipiert, desto besser. In den letzten fünfzig Jahren machte diese Emanzipation solche Fortschritte, dass die Mehrzahl der Menschen es sich heute leisten kann, das, was außerhalb ihrer Städte geschieht, schlicht und einfach zu ignorieren. Aber es sind eben nicht nur die Rutschhänge, die Talauen oder die Vulkane, mit denen wir riskanten Intimverkehr pflegen. Der Problembär, dem einstmals der Wildschütz tapfren Sinns und Aug in Aug den Garaus machte, der hat heute globale Dimensionen. Mit Schützenmentalität ist dem nicht beizukommen.

Waren es früher etwa die Vulkane mit ihren unberechenbaren Ausbrüchen, wird inzwischen die Luft, und darin vor allem das CO_2, als Risiko angesehen. Woher stammt das CO_2 in der Luft?

Der kosmische Staub, aus dem sich die Erde, wie auch die Sonne und die anderen Planeten, geformt hat, war mit großen Mengen an Gas vermischt, vor allem Wasserstoff und Helium, aber auch Kohlendioxid und Kohlenmonoxid.

Wenn sich dieser Staub zusammenballt, hat man in dem entstehenden Himmelskörper auch CO_2 drin, und CO_2 ist eine extrem stabile Verbindung. Es reagiert kaum mit dem Stoffbestand der anorganischen Welt und wenn, dann immer nur als ganzes Molekül. Deswegen kommt es auch nach dem

Einbau in einen Planetenkörper immer wieder als CO_2 an die Oberfläche – jedenfalls so lange, wie der Planet geologisch lebendig ist.

Die frühen, noch sehr heißen Planeten gasen sehr viel CO_2 aus. Wenn sich das anreichert, wie bei der Venus, hat man am Ende eine Atmosphäre, die überwiegend aus CO_2 besteht. Auch die frühe Erdatmosphäre enthielt nach manchen Schätzungen über 30 Prozent CO_2. Für die Entstehung und Weiterentwicklung des Lebens war das vorteilhaft, denn es bewahrte die Erde vor dem Schicksal, ein Eisplanet zu werden.

Warum hätte die Erde ein Eisplanet werden können?

Weil die frühe Sonne nicht etwa heißer war als heute, sondern deutlich schwächer. Sie strahlte nur mit etwa 70 Prozent der Leistung, die sie heute hat. Hätte die Erde damals nicht diese wärmende CO_2-Atmosphäre gehabt, dann wären die Ozeane zugefroren. Und wenn Sie einen Eispanzer auf den Ozeanen haben, dann gibt es keine Austauschprozesse mehr zwischen Atmosphäre und Ozean. Dann haben Sie kein Sonnenlicht mehr im Ozean. Dann kann es vielleicht Archaea geben, allerprimitivstes Leben, aber mehr nicht.

Zwar hätte die heißer werdende Sonne den Eispanzer irgendwann aufgeschmolzen. Aber die Evolution hätte diese Zeit eben verloren. Die Erde wäre dann heute noch immer im Stadium des Schleimplaneten.

Es hat eine Milliarde Jahre gedauert, bis primitives Leben entstand, dann weitere drei Milliarden Jahre, bis die Tiere entstanden, und noch einmal eine halbe Milliarde Jahre, in denen sich schließlich das höhere Leben entfaltete. Ein hoher CO_2-Gehalt in der frühen Atmosphäre ist für einen Steinplaneten nichts ungewöhnliches; wichtig für die Entstehung und Weiterentwicklung des Lebens war aber das zufällig richtige Maß.

Was wäre denn passiert, wenn die etwa dreißig Prozent CO_2 lange in der Erdatmosphäre geblieben wären, weit über den Anfang hinaus?

Dann hätte es einen fortlaufenden Treibhauseffekt gegeben, genau das Umgekehrte zum Eishaus. Möglicherweise vorhandenes primitives Leben wäre spätestens erloschen, sobald das Wasser kocht.

Auf der Venus hat sich ein solcher »runaway«-Treibhauseffekt heute bei 465 Grad Celsius Oberflächentemperatur eingependelt. Sie hat jetzt 96 Prozent CO_2 in der Atmosphäre und damit einen so hohen Atmosphärendruck, nämlich das 95-fache des irdischen, dass damit sogar der Vulkanismus fast ganz unterdrückt wird; jedenfalls ist der dort am Einschlafen.

Warum ist denn die Erde diesem Venus-Schicksal des davonlaufenden Treibhauseffekts entkommen?

Weil sie das Leben erfunden hat.

Ist das der einzige Grund?

Ja, welchen anderen Mechanismus gibt es sonst, das CO_2 zu binden? Sie haben keinen anderen.

Aber bei der Verwitterung von Silikatgesteinen wird doch auch CO_2 gebunden?

Zunächst löst sich das CO_2 im Wasserdampf der Atmosphäre, es bildet sich Kohlensäure, und dieser natürliche saure Regen verstärkt die Verwitterung der Gesteine an der Erdoberfläche, besonders in Gebirgen. Das ist ein anorganischer Prozess, der funktioniert auch ohne Lebewesen.

Nur: Damit ist das CO_2 noch nicht gebunden. Es ist nur gelöst in Wasser. Sie müssen es hinterher noch fixieren. Nur wenn Sie es fixieren, können Sie es aus dem System nehmen. Dieses Fixieren, das vermögen eben nur Lebewesen, die Photosynthese betreiben und dabei das CO_2 in Kohlenstoffketten einbauen oder als Karbonat, also Kalkstein, aus dem Wasser fällen. Teilverkalkung ist für viele Meeresbewohner vorteilhaft, denn sie gibt Schutz, Halt und innere Stabilität.

In Teer, Erdöl, Erdgas, Kohle, Kalkstein und Graphitschiefern stecken riesige Mengen ehemaliges atmosphärisches CO_2!

Das heißt, seitdem das Leben die Photosynthese erfunden hat, nimmt der CO_2-Gehalt der Luft ab?

Ja, der CO_2-Gehalt nimmt durch die Photosynthese ab. Mikroben, Algen und Landpflanzen nehmen CO_2 auf und produzieren Sauerstoff und organische Substanz. CO_2 und freier atmosphärischer Sauerstoff verhalten sich also mengenmäßig umgekehrt proportional. Nach seinen primitivsten Anfängen ist die Weiterentwicklung des Lebens im Wesentlichen eine Reaktion auf den selbstverursachten steigenden Sauerstoffgehalt bei gleichzeitig sinkendem CO_2-Gehalt.

2,4 Milliarden Jahre vor heute gab es erstmals freien Sauerstoff in der Atmosphäre und im flachen Wasser des Ozeans. In Gegenwart von freiem Sauerstoff sind tausendmal mehr metabolische Reaktionen möglich als vorher. So entstanden Zellen mit Zellkern, und diese wiederum haben die Atmung erfunden, also die Energiegewinnung durch kontrollierte Oxidation von organischem Material.

Das war der Beginn des Kohlenstoffrecyclings – ansonsten wäre der Biosphäre bald der Kohlenstoff ausgegangen. Kohlenstoff ist mit 0,0663 Atomprozent eines der selteneren Elemente der Erde, im Gegensatz zu Sauerstoff, dessen Gesamtkonzentration bei 49,9 Atomprozent liegt.

Die Atmung war Voraussetzung für die Entstehung der Sexualität, der bedeutendsten biologischen Innovation der Erdgeschichte, denn sie führte die Erde aus dem Stadium des Schleims. Sauerstoff atmende Zellen sind hocheffiziente Energiegewinnungsmaschinen! Sie können sich eine aufwendige intrazelluläre Kommunikation leisten. Am vorläufigen Höhepunkt dieses biologischen Selbstoptimierungsvorgangs steht heute das Hirntier Mensch.

Das war jetzt die ganze Erdgeschichte in einer Minute. Geht es etwas genauer?

Die Tiere sind entstanden, weil der Sauerstoffgehalt der Atmosphäre in der Zeit zwischen 580 und 540 Millionen Jahren vor heute auf mehr als zwei Prozent anstieg und der zaghafte Aufbau einer Ozonschicht möglich wurde. Tiere können organische Substanz gleich welcher Art fressen und verdauen, und Verdauung ist nichts anderes als der körperinnere Anteil an der Atmung. Theoretisch ist das Recycling komplett, denn auch abgestorbene Pflanzen vermodern und tote Tiere verfaulen. So gelangt das CO_2 in die Atmosphäre und kann von dort aus global wiederverwendet werden.

Aber nun kommt der wichtige Punkt: Mittel- bis langfristig wird dem System Biosphäre/Hydrosphäre/Atmosphäre ein Teil des organischen Materials entzogen, denn manche Pflanzen versinken zum Beispiel in Sümpfen, wo die Biomasse nicht vermodert oder verfault, sondern zu Torf oder Kohle reduziert in Sedimenten eingelagert wird.

Und so, also durch Einbau in die Erdkruste, geht das CO_2 in der Atmosphäre nach und nach dahin. In der Karbonzeit beispielsweise war CO_2 Mangelware, sodass die Pflanzen Mechanismen entwickeln mussten, um an das dünner werdende CO_2 ranzukommen. Die Evolution der Landpflanzen ist eng an die Entwicklung des CO_2-Gehalts der Luft gebunden.

CO_2-gesteuerte Evolution. Wie geht das?

Die Pflanzen mussten Blätter entwickeln, um über mehr Spaltöffnungen an das immer rarer werdende CO_2 zu gelangen. Die ältesten Landpflanzen aus der Zeit des späten Silurs hatten ja noch gar keine Blätter, das waren nur grüne Stengel. Die Erfindung der Blätter erwies sich als so vorteilhaft, dass in der Karbonzeit die größten Wälder der Erdgeschichte entstanden, denn die Blätter konnten nicht nur in den Tropen, sondern auch im feuchtkühlen Klima sehr produktiv sein. Und das wiederum war nur möglich, weil sich die Insekten wegen des hohen Sauerstoffgehalts der Atmosphäre stürmisch entfalteten und den Pflanzen zu erheblich verbesserten Fortpflanzungsstrategien verhalfen.

Also ein Riesenfortschritt. Und dann?

Das gigantische Aussterbeereignis am Ende der Permzeit vor 251 Millionen Jahren hätte all dem fast ein Ende bereitet. 95 Prozent aller Arten wurden damals ausgelöscht, der Sauerstoffgehalt der Atmosphäre sank auf etwa zehn Prozent und im Gegenzug stieg wieder der CO_2-Gehalt. In der Kreidezeit war er dann wieder besonders hoch, möglicherweise betrug er sogar ein Vielfaches des heutigen Wertes, und in diesem feuchtwarmen CO_2-Paradies brummte das Leben aufs Neue bis hinauf an die Pole.

Wie wirkte sich das auf die Entwicklung der Pflanzen aus?

So, wie immer in der Evolution: Der Fähigste hat Erfolg, weil er sich den Umständen optimal anpasst. In der Kreidezeit hatten Landpflanzen, Insekten und Vögel – salopp gesagt – viele gemeinsame Interessen und heraus kamen die Blütenpflanzen. Gemeinsam hatten die so viel Erfolg, dass heutzutage die paar wenigen altertümlichen Bärlappgewächse, Schachtelhalme oder Farne kaum mehr auffallen.

Was macht die Blütenpflanzen zu etwas so Besonderem?

Die Landpflanzen haben in der Kreidezeit nachgeholt, was die Reptilien bereits 200 Millionen Jahre früher konnten: Samen mit Reservestoffen werden nur gebildet, wenn zuvor eine Befruchtung stattgefunden hat und ein Embryo entsteht.

Bei den Wirbeltierahnen der Reptilien, also den Amphibien und Fischen, war und ist es ja noch überwiegend so, dass die weiblichen Tiere Unmengen von Eiern legen müssen, damit einige wenige Nachkommen überleben. Das einzelne Ei gibt dem Embryo kaum Substanz mit auf den Weg; er muss deshalb schon als Kleinstlebewesen schauen, dass er durchkommt.

Anders bei den Reptilien: Ihre wenigen, dotterreichen Eier werden zweckmäßigerweise direkt im Mutterleib befruchtet. Diese sehr effiziente Methode der Fortpflanzung erfreut sich seitdem auch bei Vögeln und Säugetieren zeitloser Beliebtheit. Und genau diesen Schritt haben die Pflanzen damals in der Kreidezeit nachgeholt: Anstatt Unmengen von Kleinstsamen bereitzustellen, die zufällig befruchtet werden, bietet man fette Teile an, die anziehend riechen und vorwiegend dazu bestimmt sind, von Tieren vernascht zu werden – zum Wohle der eigenen Fortpflanzung.

Das Wesen der biologischen Kooperation ist einfach: Sie bringt Fortpflanzungserfolg. Das ist keine moralische Kategorie, sondern ein Naturgesetz! Die Erfolgsstory fing vor mehr als zwei Milliarden Jahren an, als Chloroplasten und Mitochondrien von Zellen mit Zellkern feindlich übernommen wurden und reicht bis zur Geburtshilfe bei vielen Säugetieren.

Die Entstehung der Blütenpflanzen war unterm Strich also eine punktgenaue und obendrein Ressourcen sparende Innovation, die ihr ganzes Potenzial aber erst entfaltete, als das CO_2 wieder knapper wurde.

Nach der Kreidezeit sank der CO_2-Gehalt der Atmosphäre, von kurzfristigeren Anstiegen abgesehen, immer weiter ab, um schließlich während der letzten Eiszeit sogar auf 180 ppm (parts per million) zu sinken. Wie wirkte sich das auf die Evolution der Pflanzen aus?

Die Wälder schrumpften und Graslandschaften breiteten sich aus. Das ist nicht nur eine Anpassung an sinkende Temperaturen, wie man auf den ersten Blick vermuten würde, sondern auch eine evolutionäre Reaktion auf den sinkenden CO_2-Gehalt der Atmosphäre. Denn Gräser – und zu denen gehört der Bambus ebenso wie der Mais oder unser Getreide – sind sogenannte C_4-Pflanzen, die den photorespiratorischen Zyklus der Waldpflanzen, also der C_3-Pflanzen, durch einen photosynthetischen Zyklus ersetzt haben, der CO_2 wesentlich effizienter fixiert. Sie sind die Vorboten der neuen CO_2-armen Welt. Wie diese in ferner Zukunft einmal aussehen mag, das kann man sich leicht ausmalen, denn biologische Innovation auf dem Festland kam zu allen Zeiten aus tropischen Wäldern und nicht aus Golfanlagen.

Aber wird das CO_2 nicht andererseits nachgeliefert?

Doch, das wird schon nachgeliefert. An erster Stelle ist da die ständige CO_2-Entgasung aus dem Erdmantel, beispielsweise entlang der rund 70.000 Kilometer langen mittelozeanischen Rücken. Ohne die geht gar nichts. Wenn Sie andererseits den oberflächlichen Kohlenstoffkreislauf betrachten, also den Austausch von Kohlenstoff zwischen Biosphäre, Böden, Hydrosphäre und Atmosphäre, so ist das kurzfristig gesehen ein geschlossenes System mit raschem internen Recycling. Aus diesem Reservoir und aus der Mantelentgasung können Verluste an die Lithosphäre durch Einlagerung von Erdöl, Kohle oder Kalk aber nicht kompensiert werden.

Das heißt, alle die Kohlenstoffatome, die in der Erde versinken, sind für die Biosphäre verloren?

Nicht ganz, denn neben dem biologischen Kohlenstoffrecycling gibt es auch noch ein geologisches Kohlenstoffrecycling. Das spielt sich aber in so langen Zeiträumen ab, dass alle außer Geologen Schwierigkeiten haben, sich das vorzustellen.

Solange die Erde geologisch aktiv ist, das heißt, solange die Plattentektonik am Werk ist, werden immer wieder mal Gesteine, in denen CO_2 gespeichert ist, in Gebirgen entweder in große Tiefen versenkt oder an die Oberfläche gehoben. Im Backofen der Gebirgswurzel wird das im Gestein – beispielsweise im Marmor – gebundene CO_2 abgespalten und steigt wieder in die Atmosphäre.

In Gebirgen gelangen aber auch große Mengen von kohlenstoffhaltigem Gestein an die Oberfläche, und dort wird der Kohlenstoff vom Luftsauerstoff wieder zu CO_2 oxidiert. Die Kruste der Erde verschlingt also in bestimmten Bereichen CO_2, aber gleichzeitig gibt sie an anderen Orten früher gespeichertes CO_2 wieder frei.

Ist das ein gleichmäßiger Prozess oder gibt es geologische Epochen, in denen mehr gespeichert wird, und andere, in denen CO_2 wieder verstärkt freigesetzt wird?

Das Verhältnis von Speicherung zu Abgabe hat sich in der Erdgeschichte mehrfach verschoben, allerdings nur sehr langsam, nämlich in Zeitspannen von vielen Millionen von Jahren. Eine grobe Regel ist, dass in der Frühphase des Auseinanderdriftens von Kontinenten mehr CO_2 geliefert als verbraucht wird und während der Kollision von Kontinenten, also bei der Gebirgsbildung, der Verbrauch überwiegt.

Betrachten Sie aber die Mengen, um die es hier geht, nämlich 5,4 Teratonnen Kohlenstoff, die alleine in Kohle, Erdgas, Erdöl und Torf gespeichert sind, dann wird klar, dass die lebende Biomasse mit ihren fliegengewichtigen 800 Gigatonnen zwar diese stattlichen Vorräte im Laufe der Zeit in der Kruste angelegt hat, entscheidenden Einfluss auf den langfristigen Klimatrend hat sie aber nicht.

Ob sich die Erde im Zustand des Treibhausklimas oder des akzentuierten Klimas – also ohne oder mit vereisten Polen – befindet, darüber entscheiden Mantelentgasung, Krustenrecycling und die plattentektonische Anordnung und Größe der Kontinente. Die Biosphäre muss sich diesen Bedingungen anpassen, und das tut sie mit großem Erfolg. In gewisser Weise überholt sie sogar die Geosphäre, weil sie langfristig gesehen das CO_2 schneller verbraucht, als die Erde nachliefern kann. Denn der Planet kühlt allmählich aus und ist dann immer weniger in der Lage, kohlenstoffhaltige Gesteine zu recyceln.

Das heißt, langfristig wird das Leben an CO_2-Mangel zugrunde gehen?

Planeten wie die Erde können bei der gegebenen Sonnengröße komplexes mehrzelliges Leben nur innerhalb eines Zeitfensters von höchstens 1,3 Milliarden Jahren entwickeln, und davon sind mittlerweile 0,6 Milliarden Jahre verstrichen. Wenn man in langfristigen geologischen Skalen denkt, also von 100 Millionen Jahren an aufwärts, dann ist damit zu rechnen, dass CO_2 gefährlich knapp wird. Gefährlich für die Vielfalt des Lebens, meine ich; das tatsächliche Ende des Lebens auf der Erde mag sich noch etwas hinziehen.

Aber der CO_2-Gehalt der Luft steigt doch ständig?

Ja, der steigt so schnell, seit wir Sauerstoff für zivilisatorische Verbrennungsvorgänge verbrauchen. Solange die Menschen sich ihrem Bedürfnis nach brutalstmöglicher Bequemlichkeit hingeben, bleibt CO_2 keine Mangelware. Deshalb darf man diese langfristige Vorhersage auch nicht missbrauchen. Wenn Sie das dem Allgemeinen Deutschen Asphalt Countryclub erzählen, schreien die Hurra: Wir wussten doch schon immer, dass die deutschen Autofahrer einschlafen, wenn man ihnen ein Tempolimit vorschreibt.

Werden wieder Vereisungen auftreten?

Mit einer neuen Eiszeit ist zu rechnen. Wir leben in einer Zwischeneiszeit. Wenn aber langfristig der CO_2-Gehalt immer weiter abnimmt, dann könnte irgendeine der zukünftigen Vereisungen endgültig sein oder zumindest sehr lange dauern. Aber darüber sollten wir uns ausnahmsweise mal keine Sorgen machen.

Wie lange wird der CO_2-Gehalt der Luft nach Ihrer Meinung noch steigen?

Der menschengemachte Schnalzer der CO_2-Kurve dauert höchstens so lange, wie es preiswerte Rohstoffe gibt – plus eine Pufferzeit von vielleicht zweihundert Jahren. Selbst wenn alle politischen Maßnahmen zur CO_2-Reduktion nichts bringen, werden die explodierenden Rohstoffpreise dafür sorgen, dass mit Energie sorgfältiger umgegangen wird.

Und hoch sind jetzt schon nicht nur die Preise für Erdöl, sondern für alles, was die Zivilisation ebenso braucht: Innerhalb von kaum mehr als zehn Jahren ist der Goldpreis pro Feinunze von 240 US-Dollar auf 1.000 US-Dollar gestiegen. Blei mauserte sich vom lästigen Giftmüll zum Wertstoff, Flugzeugturbinenhersteller durchkramen verzweifelt ihre Abfallhalden nach Resten von Titan und einige eifrige Geschäftemacher strecken den guten alten Kupferdraht so lange mit Aluminium, dass er gerade noch ein bisschen rot ist. Da ist zwar viel Spekulation dahinter, ganz besonders beim Erdöl, aber auch das beschleunigt letzten Endes nur den Verknappungsprozess.

Ist CO_2 das Hauptproblem oder lauert da im Hintergrund noch etwas Kleingedrucktes?

Selbst wenn wir Menschen es schaffen sollten, das CO_2-Problem in den Griff zu bekommen, sind wir damit noch nicht aus dem Schneider. Denn jeder – auch der minimalste – zivilisatorische Energieverbrauch setzt Wärme frei, die in der Atmosphäre, der Hydrosphäre und in den Böden gespeichert wird. Der Anstieg der globalen Gleichgewichtstemperatur um 0,7 Grad Celsius im 20. Jahrhundert ist nicht nur eine Folge des steigenden CO_2-Gehalts der Atmosphäre, sondern auch eine Folge der massiv freigesetzten Wärme.

Wie die Sonnenwärme unterliegt auch die technologische Abwärme einem globalen Abstrahlungsverlust in den Weltraum (Albedo) in Höhe von 31 Prozent. Neunzehn Prozent der Sonnenwärme fließen in die Umwälzungsvorgänge zwischen Äquator und Pol – in den Ozeanen beispielsweise werden ständig 30 Millionen Kubikkilometer Wasser bewegt. Dem Gesamtsystem fügen wir 69 Prozent unserer technologischen Abwärme hinzu. Diese Wärmemenge beschleunigt zum Beispiel das rasche Abtauen der Nordpolareises.

Im Gegensatz zu der etwas unscharfen Klimavorhersage auf der Grundlage von CO_2-Modellen lässt sich der globale Temperaturanstieg durch technologische Abwärme exakt berechnen. Drei Grad Celsius Erwärmung verteilt über drei Jahrhunderte werden zurzeit diskutiert. Und das ist nur die Nettoerwärmung durch Abwärme. Diese Temperaturerhöhung steht also auf jeden Fall bevor, egal, wie effizient die Maßnahmen zur Verringerung des CO_2-Ausstoßes eines Tages auch sein mögen.

Die einzigen wärmeneutralen Energiequellen, die uns zur Verfügung stehen, sind das Sonnenlicht, die Gezeitenströmungen, die Ozeanwellen, die Flüsse, das flache Grundwasser und der Wind. Das ergibt sich aus dem Zweiten Hauptsatz der Thermodynamik, der für die meisten Zeitgenossen offenbar nicht gilt. Wenn die Menschen es nicht schaffen, intelligente Lösungen für ihre zivilisatorischen Bedürfnisse zu finden, dann gibt es sie eben irgendwann nicht mehr. Den Saustall räumt die Biosphäre dann schon auf, die ist schon mit ganz anderen Krisen fertig geworden.

Was halten Sie vor dem Hintergrund dieser Zusammenhänge von der gegenwärtigen Diskussion um den Klimawandel?

Die tageszeitung (taz) lancierte kürzlich ein neues Schmähwort – in gepflegtestem Rudi-Dutschke-Deutsch: den Klimawandelleugner. Man stelle sich vor, mit dem Ausruf »Sie Klimawandelleugner, Sie elender!« geschmäht zu werden. Da will ich doch lieber vorauseilend bekennen: Ein solcher bin ich nicht! Auf Polt-Deutsch müßte die Schmähung also eher lauten: »Sie Klimawandelnichtleugner, Sie hintersinniger.«

Sie sind also ein Klimawandelnichtleugner. Wie verlässlich sind die Klimamodelle?

Die werden mit jedem Jahr besser. Trotzdem bleibt Unvernunft das Merkmal unseres kollektiven Handelns.

Eine ziemlich pessimistische Sicht!

Die wird so, sobald Sie die Sache global betrachten: Im Jahr 2001 hatte die Menschheit einen Energieverbrauch von 346 Exajoule, das entspricht einem Prozent der konventionellen Weltenergiereserven – Uran mit eingeschlossen. Der menschliche Energieumsatz eines Jahres entspricht einem Viertel des gesamten inneren Wärmestroms der Erde (40 Terawatt). Der innere Wärmestrom der Erde (das ist die Wärme, die vom heißen Erdkern abgestrahlt und durch zerfallende radioaktive Elemente im Erdmantel freigesetzt wird) treibt die konvektive Umwälzung der Gesteine des Erdmantels und damit die Plattentektonik, und die wiederum ist verantwortlich für die Entstehung von Lebensformen jenseits der Bakterien.

Wir haben es also ganz schön weit gebracht auf diesem Planeten und wollen es jetzt echt wissen, schließlich bewegen wir mehr Gestein als alle Flüsse der Erde. Wir tun was. Aber offensichtlich tun wir uns schwer damit, zu erkennen, dass die Erde etwas Endliches ist.

Das vermeintliche Grundrecht auf »Rohstoffe, bis ich abwinke« ist der arroganteste steinzeitliche Spross unseres Rechtssystems. Es ruht auf dem Glauben, dass die Erde selbstredend ihre geologische und biologische Vielfalt niemals alleine hätte erschaffen können.

Die Mehrheit der Menschen glaubt an Hilfe von außen oder ist zumindest der Überzeugung, dass wir, handelnd in höherem Auftrag, sowieso alles besser machen. Der Erde traut man in solchen Kreisen nur unter größten Bedenken die Erfindung des Lebens, geschweige denn die Schaffung einer komplexen Biosphäre zu.

Jetzt schweifen Sie ab.

Gerne. Das Thema CO_2 hat nun mal Verästelungen, die bis tief in unser Hirn reichen. Die vielschichtigen Vorgänge auf und in unserer Erde erscheinen uns kompliziert, solange wir sie nicht verstehen – oder nicht verstehen wollen.

Können wir das Klima retten, Herr Seyfried?

Bei Sprüchen wie »Wir müssen das Klima retten« oder gar »Wir müssen den Planeten retten« erhebt die gute alte Hybris ihr wüstes Haupt, selbst in ansonsten seriösen Zeitungen. Wir können »das Klima« nicht retten und »den Planeten« erst recht nicht. Das ist eine Nummer zu groß, selbst für diejenigen, die sich im Besitz eines Götterfunkens wähnen. Mir missfällt zutiefst die moraltriefende Art, mit der das Thema außerhalb der Wissenschaft aufgegriffen wird und das Weihbischofsgehabe von Herrn Gore mag ich auch nicht.

Das arme Umweltpuzzilein Erde: ist so schlimm dran, da müssen wir Gutmenschen doch helfen. Gleichzeitig ist kaum einer bereit, aus der Prasserei mit Rohstoffen auszusteigen. Vermutlich bin ich einer der wenigen, die nicht heimlich davon träumen, als Nacktporschefahrer mit 450 PS über die Autobahn zu brettern. Vielleicht wird man unsere Zeit rückblickend als »Zeitalter der Verschwendung« bezeichnen, denn ein paar Milliarden Königstiger können sich heute einen Luxus leisten wie früher nur die Fürsten.

Könnten Sie die Frage etwas präziser beantworten?

Ich bin Geologe, und nicht Wahrsager. Als Geologe sage ich: Es kommt immer anders, als man denkt. Neben den Szenarien der Klimaforscher gibt es ja auch die Wahrscheinlichkeit, dass etwas passiert, was sowieso immer wieder mal passiert: Ein halbwegs ordentlicher Vulkanausbruch oder ein Starkregenereignis wie im Jahr 1342 würde die meisten unserer Kommunikations- und Versorgungswege unterbrechen und Massenhungersnot wäre die Folge.

Sollte wider Erwarten Vernunft um sich greifen, kommen wir vielleicht mit einem blauen Auge davon. Aber dazu bedarf es einer gewaltigen intellektuellen Anstrengung der gesamten Menschheit, und die sehe ich im Moment nicht.

Und was ist mit der CO_2-Speicherung in Erdgas- und Erdölfeldern?

CO_2 aus Verbrennungsprozessen stammt zu einem Teil aus solchen Lagerstätten, also kann man das auch wieder zurückpumpen. Dieser Typ von Lagerstätten ist dicht, sonst wäre ja vorher kein Erdöl oder Erdgas darin gewesen. Aber wie isoliert man CO_2 aus dem Abgas oder aus der Atmosphäre? Das ist gar nicht so einfach: Sowohl die Mineralisierung – also die chemische Fällung – zu Kalk als auch die Abtrennung durch Tiefkühlung sind sehr energieaufwendig. Die Methode hört sich elegant an, aber ihre Gesamtbilanz ist nicht überzeugend.

Bleibt also wieder mal nur das Vertrauen auf die Biosphäre?

Ja, denn die fixiert CO_2 entweder als organische Substanz oder als Kalk. Es gibt keinen technologischen Prozess, der Sonnenlicht so effizient in verfügbare Energie umwandelt wie die Photosynthese! Auf der Landoberfläche ist es nun aber so, dass organische Substanz vermodert oder verfault, also überwiegend wieder in CO_2 und Wasser zurückverwandelt wird. Und kontinentaler Kalk – beispielsweise Travertin – ist global betrachtet unbedeutend.

Deswegen richten sich die Hoffnungen auf den Ozean. Könnte man dort der Fixierung von CO_2 auf die Sprünge helfen? Bei den Kalken ist das aussichtslos. Meerwasser ist sogar übersättigt an Karbonat, aber trotzdem wird Kalk dort nicht anorganisch gefällt, sondern nur über den Umweg der Photosynthese. Wir haben keine Möglichkeit, in dieses System einzugreifen. Im Gegenteil, die Menschheit setzte den Korallenriffen in den vergangenen 50 Jahren so zu, dass die meisten Riffe heute geschädigt sind.

Deshalb kaprizieren sich einige jetzt auf den Emissionshandel mit CO_2-Zertifikaten, indem sie Anlegern Rendite durch die Düngung der Südpolarmeere mit Eisen versprechen?

So ist es. Da spielen ein paar Leute mit viel Geld in der Portokasse den Zauberlehrling. Dahinter steckt folgende Überlegung: Auf Kontinenten ist gelöstes Eisen für Pflanzen und Tiere im physiologisch notwendigen Umfang verfügbar, im Meerwasser aber ist es Mangelware, und zwar so stark, dass das Wachstum von Algen an erster Stelle durch den Mangel an Eisen begrenzt wird. Die Idee ist nun, mit einer flächenhaften Düngung durch Eisen das Wachstum des Planktons, insbesondere der Kieselalgen, so anzuregen, dass sie der Atmosphäre eine Portion CO_2 entnehmen, die so groß ist, dass man sie verkaufen kann. Wir tun also wieder mal was. Nur eines nicht: den Tritt aufs Gaspedal mäßigen. Das ist was für Schlaffis, aber doch nicht für Herrentiere!

Wo ist der Haken an der Sache?

Erstens: Was passiert mit dem Plankton? Wandert es als organische Substanz tatsächlich unverändert in den Meeresboden und wird so mittel- bis langfristig aus dem System genommen? – Nur zum Teil, denn kaltes Wasser enthält deutlich mehr gelösten Sauerstoff als warmes Wasser. Also wird das abgestorbene Plankton beim Durchsinken der Wassersäule unter dem Einfluss des zunehmenden Druckes teilweise wieder zu CO_2 oxidiert und landet eben nicht dort, wo man es gerne hätte: im Sediment.

Dafür gibt es einen handfesten Beweis: An den Westseiten der Südkontinente kommt antarktisches, sehr nährstoffreiches Tiefenwasser in sogenannten Auftriebsgebieten an die Oberfläche und führt dort zu gewaltigem Fischreichtum. Das wäre nicht so, wenn der Planktonregen quantitativ den Meeresboden erreicht. Die Geschäftsbilanz dieser Global Player mag ja gut aussehen, aber ihre Kohlenstoffbilanz ruht auf einem Push-up-Pölsterchen.

Und zweitens?

Das, was Zauberlehrlingen hin und wieder passiert: Sie verlieren die Kontrolle über das, was sie anrichten. Das Ökosystem unserer Ozeane ist seit mehr als 500 Millionen Jahren an Eisenmangel angepasst. Flächenhafte Düngung ist ebenso wie Tiefseebergbau ein radikaler Eingriff in die gesamte Nahrungskette der Erde und so etwas sollten sich alle (und nicht nur einige wenige) gut überlegen.

Perfekt. Dann machen wir jetzt Schluss.

Selbstredend, doch fällt mir ein, dass wir so manch schönen Dingen, die Menschen aus CO_2 machen, noch gar nicht gebührend Raum geschenkt haben. Insbesondere preise ich in diesem Zusammenhang das Hefeweißbier. Da gibt es ein paar begnadete Bierbrauer, die ihr Handwerk so gut verstehen, dass dem sterblichen Trinker einige flüchtige Momente zuteilwerden, in denen er spürt, was Vollendung ist …

Wie bitte?

Da gibt's nichts zu lachen. Qualität erkennt man spontan. Die Einheitsplörre mit dem Geschmack nach lichtgrauem Plastikzahnputzbecher überlasse ich anderen. Ich hab's gern bei fünf Grad Celsius, mit vier Zentimetern Blume, davon die drei unteren feinporig und der obere grobporig. Im Karg-Bräu von Murnau saß einer neben mir, der doppelt so breit war wie ich und einen Kopf größer und sein mit anwesendes soziales Umfeld versicherte uns glaubhaft, dass das soeben sich in Vertilgung befindliche Weißbier das zweiundzwanzigste wäre …

(Abbruch des Gesprächs)

Rolf Peter Sieferle

Sonne und Feuer – Energieregimes in historischer Perspektive

Der Gebrauch des Feuers wird in fast allen Kulturen der Welt als das angesehen, was den Menschen vom Tier unterscheidet. Zahlreiche Mythen knüpfen sich an die Verwendung des Feuers. Man kann die menschliche Geschichte als eine Aufeinanderfolge von verschiedenen Weisen darstellen, Feuer zu machen. Der Historiker Rolf Peter Sieferle zeichnet im folgenden universalgeschichtlichen Beitrag die Entwicklung von drei unterschiedlichen Formen der Energiegewinnung und -nutzung nach: von der Steinzeit bis hin zur heutigen Phase der Industrialisierung, die zunehmend an ihre ökologischen Grenzen stößt. Damit liefert er zugleich einen Überblick über den menschlichen Beitrag zur CO_2-Geschichte – denn das Hauptprodukt jeder normalen Verbrennung ist CO_2. Die Jäger und Sammler der Steinzeit, die Bäuerinnen und Bauern in agrarisch geprägten Kulturen und die Menschen in hochindustrialisierten Gesellschaften greifen in jeweils spezifischer Weise und mit entsprechend unterschiedlichen Folgen in den Kohlenstoffkreislauf der Natur ein.

Der Stoffwechsel sämtlicher Tiere beruht auf dem Umsatz von Kohlenstoff: Mit der Nahrung wird Kohlenstoff enthaltende Biomasse aufgenommen, dieser wird durch die Verdauung oxidiert und als CO_2 ausgeatmet. Der Mensch ist die einzige Säugetierspezies, die darüber hinaus auch das Feuer nutzt. Der Gebrauch des Feuers durch die Hominiden ist mehr als eine Million Jahre alt und gehört gewissermaßen zu unserer biologischen Grundausstattung. Es sind keine menschlichen Kulturen bekannt, die das Feuer nicht nutzen würden, und dies gilt auch für andere Hominiden, etwa die Neandertaler. Diese Feuernutzung unterscheidet die Hominiden von anderen Primaten. Unsere nächsten Verwandten, die Schimpansen, machen vom Feuer keinen Gebrauch.

Durch die Nutzung des Feuers kam eine Entwicklung in Gang, durch die sich neben dem organischen Stoffwechsel ein sekundärer, erweiterter gesellschaftlicher Stoffwechsel etablierte. Dies hat zur Folge, dass Menschen neben ihrer Atmung weitere Emissionen erzeugen, die auf die Verbrennung organischen Materials zurückzuführen sind. Der Mensch produziert daher zwangsläufig mehr CO_2 als andere Organismen. In welchem Ausmaß dies geschieht, hängt allerdings mit den unterschiedlichen historischen Formen der Energienutzung zusammen.

Die Formen der gesellschaftlichen Energienutzung lassen sich universalgeschichtlich in drei große Regimes des gesellschaftlichen Stoffwechsels unterteilen. Bei den ersten beiden Regimes handelt es sich um unterschiedliche Formen der Nutzung von Solarenergieflüssen, während das dritte Regime auf fossile Energiebestände und andere Energiequellen zurückgreift.

Erstens: Am Anfang steht das Regime der steinzeitlichen Jäger und Sammler, dessen Beginn durch die Feuernutzung vor rund einer Million Jahren gesetzt ist. In ihm schalten sich die Menschen in existierende Energieströme ein, ohne diese in größerem Umfang zu kontrollieren. Sie nutzen Biomasse, die frei verfügbar ist, doch investieren sie nur wenig in deren Wachstumsbedingungen. Für die globale CO_2-Bilanz hat die Feuernutzung durch Jäger- und Sammlergesellschaften kaum Auswirkungen, da nur Biomasse verbrannt wird, die ohnehin früher oder später oxidieren würde. Der Einsatz des Feuers beschleunigt zwar diese Verbrennung, doch führt er zu keiner grundsätzlichen Veränderung der Kohlenstoffbilanz der Atmosphäre.

Zweitens: Vor etwa 10.000 Jahren begann ein zweites Regime, gekennzeichnet durch die landwirtschaftliche Manipulation und Kontrolle von Energieflüssen solaren Ursprungs. Im Rahmen dieses agrargesellschaftlichen Regimes fand der größte Teil der überlieferten Geschichte statt, von der »neolithischen Revolution«, die einfache bäuerliche Gesellschaften hervorbrachte, bis hin zu den komplexen agrarischen Zivilisationen, welche die letzten zwei bis drei Jahrtausende geprägt haben. Die CO_2-Bilanz der Agrargesellschaften ist nicht eindeutig. Angenommen, eine Gruppe von Bauern rodet einen Wald und legt an seiner Stelle ein Getreidefeld an. In dem ursprünglichen Wald war Holz enthalten, das sich in einem Zeitraum von etwa 300 Jahren gebildet hatte. Bei der Verbrennung dieses Holzes entsteht CO_2, das in die Atmosphäre gelangt. Das Getreidefeld enthält dagegen lediglich die Photosyntheseleistung von einem Jahr, und diese Biomasse wird jährlich geerntet und veratmet. *Per saldo* ist also die gesamte Kohlenstoffmenge, die in dem Wald gebunden war, einmalig als CO_2 in die Atmosphäre gelangt. Wenn daraufhin die landwirtschaftliche Fläche dauerhaft für Agrarproduktion verwandt wird, bleibt die Kohlenstoffbilanz neutral: Was während der Vegetationsperiode von den Pflanzen absorbiert wurde, wird nach der Ernte wieder in die Atmosphäre entlassen. Wir haben also in der Frühphase der landwirtschaftlichen Entwicklung einen einmaligen Schub des Eintrags von CO_2 in die Atmosphäre. In globalem Maßstab geschah dies allerdings über längere Zeiträume hinweg; dieses zusätzliche CO_2 konnte in den Weltmeeren gelöst werden, sodass ein klimatischer Effekt eher unwahrscheinlich ist.

Drittens: Vor etwa 200 Jahren setzte dann der Übergang zu einem neuen Regime ein, das auf der Nutzung fossiler Energieträger beruht und mit einem umfassenden Prozess der Industrialisierung sowie einem explosiven Bevölkerungs- und Wirtschaftswachstum verbunden war. Dieses neue Regime, in dessen Früh- und Formationsphase wir uns heute befinden, ist zunächst von einer strukturellen Nicht-Nachhaltigkeit geprägt, das heißt, es beruht auf stofflichen und energetischen Voraussetzungen, die nicht dauerhaft aufrechterhalten werden können. In dieser Hinsicht befinden wir uns also in der Pionierphase einer fundamentalen Transformation. Das fossile Energiesystem mobilisiert innerhalb sehr kurzer Zeiträume Kohlenstoffbestände, die seit Jahrmillionen von der Biosphäre isoliert waren. Dieser Kohlenstoff wird als CO_2 in der Atmosphäre deponiert, wo sich dadurch ein Treibhauseffekt ergeben kann, der, wie wir heute erkennen, zur Veränderung des Klimas führt.

Energiebilanz des Steinzeitjägers

Es gibt im Rahmen der »sozialen Ökologie« Versuche, das Ausmaß des gesellschaftlichen Stoffwechsels nicht nur für aktuelle Gesellschaften zu messen, sondern auch für die Vergangenheit abzuschätzen. Dies ist allerdings nicht einfach, und es werden dabei bestimmte Grundannahmen gemacht, die sich bei der Betrachtung längerer Zeiträume als problematisch erweisen können. So ist es im Zuge der Material- und Energieflussanalyse (MEFA) erforderlich, die Grenzen zu definieren, die gesellschaftliche von natürlichen Flüssen unterscheiden. Als Abgrenzungskriterium wird hierbei die gesellschaftliche Kontrolle der jeweiligen Material- und Energieflüsse genommen. Wird also etwa ein Tier durch Jagd erbeutet, so zählt man den Energieaufwand bei der Jagd sowie die Energiemenge, die in der Jagdbeute enthalten ist. Der Energiegehalt der Nahrung, die das Tier aufgenommen hat, wird dagegen nicht gezählt. Wird ein Tier aber in einem Zuchtbetrieb gehalten, so geht der Energiegehalt des Viehfutters neben sonstigen Aufwendungen in die Gesamtbilanz ein.

Überträgt man diese Methode auf die Analyse unterschiedlicher Gesellschaften in der Vergangenheit, so führt dies automatisch dazu, dass der Energieaufwand mit der Kontrolle der Lebensprozesse zunehmen muss, denn es gibt eine Tendenz zur wachsenden Kontrolltiefe (etwa von der Jagd zur Fütterung). Wir erhalten so das Bild eines historischen Wachstums des Energieumsatzes (pro Kopf).

Energie wird in Joule (J) gemessen. Es ist dies eine sehr kleine Einheit (1 J = 0,239 cal), so dass man größere Energiemengen in Kilojoule (1 kJ = 1.000 J), Megajoule (1 MJ = 1.000 kJ), Gigajoule (1 GJ = 1.000 MJ) und Terajoule (1 TJ = 1.000 GJ) angibt. Der Energieumsatz des menschlichen Organismus, der »basale Metabolismus«, liegt bei rund zehn Millionen Joule (also 10 MJ) am Tag, was im Jahr rund 3,5 Gigajoule sind. Menschliche Gesellschaften haben neben diesem basalen Stoffwechsel noch einen erweiterten gesellschaftlichen Stoffwechsel, der in Jäger- und Sammlergesellschaften bei zehn bis 20 Gigajoule pro Jahr und in Agrargesellschaft bei rund 70 Gigajoule pro Jahr liegt, gegenüber rund 200 Gigajoule pro Jahr in heutigen europäischen Industriegesellschaften (in den USA sind es heute rund 350 Gigajoule pro Jahr, in anderen Gesellschaften wie Saudi-Arabien sogar bis zu 500 Gigajoule pro Jahr).

Diese Zahlenangaben hängen allerdings stark von der Berechnungsmethode ab. Wenn wir die gesamte mobilisierte Energie betrachten, kommen wir nämlich zu ganz anderen Ergebnissen. Sehen wir uns zunächst einmal eine steinzeitliche Jägergesellschaft etwas näher an. Diese Menschen lebten vorwiegend in der Steppe und ernährten sich durch Großwildjagd, wobei der kalorische Anteil fleischlicher Nahrung bei über 80 Prozent lag. Bei der Großwildjagd spielte der Einsatz von Feuer eine wichtige Rolle: Die Jäger zündeten gezielt trockenes Gras an, und wenn sie die Windrichtung korrekt kalkuliert hatten, ergab sich ein Flächenbrand, der sich in eine bestimmte Richtung ausbreitete und die Jagdbeute vor sich her trieb. Im Idealfall wurden die Tiere schließlich in einem Engpass gefangen oder stürzten in Panik einen Abgrund herab.

Wenn wir nun die Energiebilanz dieser Jagdmethode berechnen wollen, dürfen wir nicht nur (wie in der MEFA üblich), den Energiegehalt der erbeuteten Nahrung messen, sondern wir müssen auch die »Kollateralschäden« berücksichtigen. Empirische Daten hierzu liegen nicht vor, doch ist eine grobe Abschätzung möglich: Angenommen, die abgebrannte Fläche beträgt einen Quadratkilometer oder 100 Hektar. Wenn auf einem Hektar Savanne 50 Kubikmeter Biomasse mit einem Brennwert von neun Gigajoule pro Kubikmeter stehen, so sind dies 450 Gigajoule je Hektar oder 45 Terajoule pro Quadratkilometer. Wird nur zweimal im Jahr ein solcher Flächenbrand angelegt, kommen wir auf einen jährlichen Gesamtumsatz von 90 Terajoule, der sich auf eine Gruppe von rund 24 Personen verteilt. Das sind pro Kopf nicht weniger als 3,75 Terajoule und somit mehr als das Zehnfache des aktuellen Energieumsatzes pro Person in den USA.

Jäger- und Sammlergesellschaften konnten also einen enormen Energieumsatz haben, wenn wir die verbrannte Biomasse auf die einzelne Person umrechnen. Da aber die Bevölkerungsdichte sehr gering war, hielt sich der Gesamteffekt doch in Grenzen – aber immerhin gehen wir heute davon aus, dass die Jagdmethode mit dem Feuer zu dauerhaften Veränderungen in der Vegetation führte: Die Jäger erzeugten (ungewollt) durch immer wieder neu angelegte Flächenbrände den Typus von Grasland, auf dem ihre favorisierte Beute, die Herden großer Grasfresser, weidete.

Wirtschaften mit der Sonne: Das agrarische Energieregime

Der Übergang zur Landwirtschaft bedeutete einerseits eine Zunahme der Kontrolle von Energieströmen, zugleich aber auch eine Konzentration der Flächennutzung. Dies war nur möglich, weil die agrarische Produktionsweise darauf abzielte, die gesamte Biomasse, die auf einer bestimmten Fläche wächst, zu monopolisieren. Im Idealfall schaltete der Bauer sämtliche Konkurrenten um die Fläche beziehungsweise um das Produkt der Fläche aus. Er bekämpfte also nicht nur die »Unkräuter«, nachdem er die Ursprungsvegetation beseitigt hatte, sondern auch das »Ungeziefer«, also Konkurrenten um die Ernte.

Von dieser Grundstrategie der agrarischen Produktion werden einige ihrer Merkmale verständlich: Im Kern geht es bei der Landwirtschaft um die Manipulation von Solarenergieströmen, wobei die Nutzung von Biomasse im Vordergrund steht. Das folgende Schema kann verdeutlichen, wie die Energieströme in einer idealtypischen Agrargesellschaft genutzt wurden.

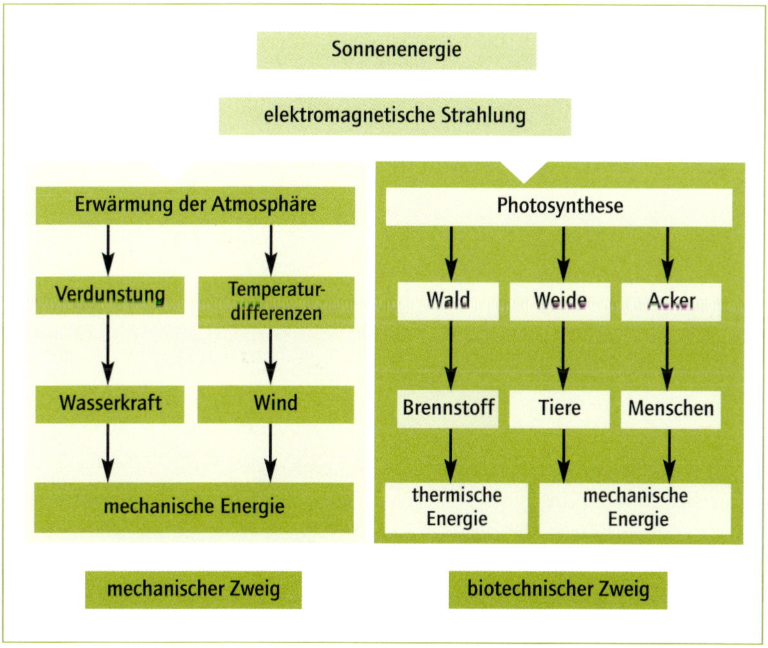

1 Struktur des agrarischen Solarenergiesystems.

Wichtig ist hierbei, dass wir zwei unterschiedliche Zweige der Solarenergienutzung vor uns haben, einen biotechnischen und einen mechanischen. Der biotechnische Zweig war mit Abstand der bedeutendste. Seine Struktur wird in Abbildung 1 verdeutlicht: Die von der Sonne einstrahlende

Energie wird primär durch die Photosynthese von Pflanzen eingefangen und chemisch gebunden, sekundär von Tieren umgewandelt und schließlich in eine für den Menschen brauchbare Form gebracht. Das Agrarsystem nutzte dazu vor allem Lebewesen, die als Nahrungsmittel, als Werkzeug, als Baumaterial, als Kraftquelle und als Transportmittel dienten. Zu diesem Zweck wurde versucht, deren Lebensprozesse weitgehend unter Kontrolle zu bringen: Der Mensch rodete Wälder, legte Äcker an, säte und pflanzte, bewässerte und dränierte, brannte ab und baute an, züchtete und rottete aus, vermehrte und schützte seine Nützlinge und bekämpfte die Schädlinge, die Unkräuter, das Ungeziefer und die Raubtiere. Die Strategie der Landwirtschaft bestand also darin, ursprüngliche »natürliche« Ökosysteme, vor allem die Vegetation, zu beseitigen und die so gewonnenen Flächen für die eigenen Nutzorganismen herzurichten und zu monopolisieren.

Neben dem biotechnischen gab es bald auch einen direkt mechanischen Zweig der Solarenergienutzung. Hier setzte man auf direkte kinetische Konversion von Solarenergieströmen, die als Wind oder fließendes Wasser in der Biosphäre verfügbar waren. Der Umfang dieser Energieströme konnte nicht beeinflusst werden, wohl aber war der Wirkungsgrad ihrer Nutzung zu vergrößern. Hier bestanden also Spielräume der Effizienzverbesserung, ohne dass allerdings größere Durchbrüche möglich gewesen wären. Es handelte sich immer um ein langsames Herantasten an elastische Grenzen. Die wichtigsten dieser mechanischen Geräte waren das Segelschiff, das die Grundlage des Ferntransports in agrarischen Zivilisationen bildet, sowie die Wassermühle, aus der sich in den letzten zweitausend Jahren die gesamte Rädertechnik (Maschinen, Uhren) entwickelt hat. Die relative Bedeutung der beiden Formen der Solarenergienutzung wird in Tabelle 1 erkennbar.

Verwendungszweck	Spannweite	Durchschnitt
Futter für Zugtiere	20	20
Nahrung (vegetarisch)	5–10	8
Nahrung (fleischlich)	1–40	20
Brennstoffe (Haushalt)	15–120	70
Brennstoffe (Gewerbe)	10	10
Wasser und Wind	0,5	0,5
Summe	50–200	130

Tabelle 1 Energieverwendung pro Person in der europäischen Agrargesellschaft (Megajoule/Tag).

Diese Übersicht ist aus empirischen Daten zu unterschiedlichen europäischen Agrargesellschaften der frühen Neuzeit gewonnen worden. Wie wir sehen, gibt es eine erhebliche Spannweite des Energieumsatzes, vor allem, was Brennstoffe betrifft. Dies liegt daran, dass man etwa in Südeuropa wesentlich weniger Brennstoffe verbrauchte als in Skandinavien, was mit unterschiedlichen klimatischen Verhältnissen, aber auch mit unterschiedlicher Verfügbarkeit von Brennstoffen zusammenhängt. Für Großbritannien und Österreich wurden Durchschnittswerte von rund 70 Gigajoule pro Jahr und Person errechnet, und in diesem Bereich dürften auch andere reife Agrargesellschaften gelegen haben.

Aber auch hier können wir davon ausgehen, dass es Entwicklungen zur höheren Energieeffizienz im Laufe der Geschichte von Agrargesellschaften gegeben hat. Eine frühe Form der Landnutzung bestand in der Brandrodung. In dieser Bewirtschaftungsform wurde ein Stück Land, das mit Wald bewachsen war, niedergebrannt und die Asche als Dünger in den Boden eingearbeitet. Die Nutzungsdauer dieser Flächen betrug nur rund drei Jahre, dann wurden sie wieder aufgegeben und erst nach mehr als 25 Jahren wieder genutzt, sodass der Wald nachwachsen konnte.

Wenn wir eine vollständige Energiebilanz dieser Nutzungsform des Bodens aufstellen, müssen wir auch den Energiegehalt der niedergebrannten Bäume berücksichtigen. Auf einem Hektar Wald mit einem Alter von hundert Jahren mag ein Holzbestand von 500 Kubikmeter stehen, mit einem Energiegehalt von 4.500 Gigajoule. Wenn die Brandrodungsfläche fünf Jahre lang genutzt wird, käme in die Energiebilanz von einem Jahr ein Betrag von 900 Gigajoule. Zur Ernährung einer Person ist aber unter den Bedingungen der Brandrodung mindestens eine Fläche von einem Hektar erforderlich. Wenn wir weitere Inputs berücksichtigen (etwa Fleisch von gejagten Tieren), liegt also der Energieumsatz einer einfachen Brandrodungswirtschaft bei etwa 1.000 Gigajoule pro Person im Jahr. Das ist zwar weniger als bei der Jagd mit Flächenbränden, doch wird deutlich, dass die Entwicklung der Dauerlandwirtschaft demgegenüber drastische Energieeinsparungen pro Kopf gebracht hat, was die Voraussetzung für eine Zunahme der Bevölkerungsdichte bildete.

In der klassischen Dreifelderwirtschaft, die sich in Europa seit dem Mittelalter durchsetzte, wurde das Land dauerhaft genutzt, auch die Brache, sodass der gesamte Energieumsatz pro Kopf stark zurückgegangen ist. Zugleich ist vermutlich der Arbeitseinsatz ebenso stark gestiegen, da das Land wesentlich intensiver genutzt wurde. In energetischer Hinsicht bedeutet dies eine Steigerung des Wirkungsgrads: Von einer bestimmten Fläche konnte immer mehr Energie für menschliche Zwecke abgeschöpft und monopolisiert werden, sodass die Bevölkerungsdichte zunehmen konnte.

Ein wichtiges Merkmal der agrarischen Produktionsweise ist die überwältigend hohe Bedeutung der Biomassennutzung in der energetischen Gesamtbilanz. Auf die Nutzung von Wind und Wasserkraft entfallen nur etwa 0,5 Megajoule von rund 130 Megajoule pro Tag. Dies soll nicht heißen, dass Wind und Wasserkraft bedeutungslos waren. Der Ferntransport etwa wäre ohne das Segelschiff unmöglich gewesen. Die Wasserkraft dagegen spielte eine eher marginale Rolle. Sie wurde erst recht spät (seit rund 2.000 Jahren) genutzt, und zwar für Getreidemühlen – viele agrarische Zivilisationen wie das alte Ägypten oder Mesopotamien kamen auch mit Handmühlen aus.

Die agrarische Produktionsweise begab sich auf einen irreversiblen Pfad der Kolonisierung von Natur. Damit ist gemeint, dass wachsende Bereiche der natürlichen Umwelt in einen »künstlichen« Zustand versetzt wurden, was sie spezifisch menschlichen Bedürfnissen gerechter werden ließ. Diese Kolonisierung war jedoch nicht nur mit ursprünglicher Arbeit verbunden, sondern machte einen permanenten Aufwand erforderlich, der notwendig war, den künstlichen Zustand gegenüber Tendenzen der »Verwilderung« aufrechtzuerhalten. Die kulturellen Freiheitsgrade wurden durch Kolonisierung stark reduziert. Gesellschaften, die in hochgradig kolonisierten Welten leben, sind bei Strafe des Untergangs gezwungen, diese Zustände zu erhalten. Sie haben damit Entwicklungstrajektorien aufgebaut und Rahmenbedingungen geschaffen, die sie nicht mehr ohne Weiteres verlassen können.

Das agrarische solarenergetische Regime hatte eine Lebensdauer von rund 10.000 Jahren. Es ist unklar, wie lange dieses Regime hätte weiter bestehen können, wäre es nicht von der fossilenergetischen Transformation abgelöst worden, die vor etwas über 200 Jahren einsetzte. In energetischer Hinsicht war das agrarische Regime »nachhaltig«, denn es schaltete sich lediglich in existierende Energieströme ein, die es für seine Zwecke manipulierte und umlenkte. Auf den Umfang dieser Ströme hatte es keinen Einfluss. Sie konnten weder vermehrt noch vermindert werden, die Menschen konnten lediglich den Wirkungsgrad der Energienutzung verbessern, was in der Regel zu Lasten konkurrierender Organismen ging.

Allerdings nutzten Agrargesellschaften nicht nur dauerhafte und von ihnen nicht erschöpfbare Energieströme, sondern sie griffen auch auf Bestände zurück, die sie aufzehrten. Dies gilt zwar nicht für Energieträger, wohl aber etwa für Böden, die durch die agrarische Nutzung beschleunigter Erosion und – unter den Bedingungen der künstlichen Bewässerung – der Versalzung ausgesetzt waren. Einige Zentren der frühen Landwirtschaft, etwa in Mesopotamien, sind heute unfruchtbar. In anderen Gebieten konnte die Landwirtschaft aber über Jahrtausende hinweg betrieben werden, etwa im Niltal oder im unteren Jangtse-Gebiet.

Agrarische Zivilisationen hatten darüber hinaus auch einen gewerblichen Sektor, in dem die Nutzung von Metallen und anderen »mineralischen« Stoffen eine Rolle spielte. Diese Mineralien lagen an ihren Fundstätten zunächst in einer bestimmten, relativ hohen Konzentration vor, wurden durch die Verarbeitung (etwa die Verhüttung von Erzen) weiter konzentriert, durch den darauf folgenden Konsum aber wieder diffundiert. Es war daher zu erwarten, dass der spezifische Energieeinsatz zur Gewinnung und Verarbeitung von Mineralien mit der Zeit steigen musste, da die Konzentration, die Entfernung oder die Zugänglichkeit der Lagerstätten abnahm. Dieser Tendenz konnte nur durch wachsenden Energieeinsatz bei der Förderung, der Verhüttung oder beim Transport begegnet werden, sodass der Zugriff auf Brennstoffe (und damit auf Energieflächen) wuchs. Dadurch gerieten Agrargesellschaften mit gewerblichem Sektor in eine Energieklemme: Der Bedarf an Flächen für die Erzeugung von Nahrung, Brennstoffen, Futtermitteln und von gewerblichen Rohstoffen (wie Fasern oder Farbstoffe) wuchs in dem Maße, wie die Bevölkerung und die Produktion zunahmen.

Der »unterirdische Wald« – Anfänge des fossilen Energieregimes

Von hier aus wird verständlich, weshalb in Agrargesellschaften eine Prämie darauf lag, flächenunabhängige Energiequellen zu nutzen. Hierzu boten sich schon lange fossile Energieträger, vor allem Steinkohle an, deren Nutzung nicht mit anderen Ansprüchen an die Fläche konkurrierte. Das Energiepotenzial einer bestimmten Fläche ist im Kohlebergbau um Größenordnungen höher als in der Forstwirtschaft, und außerdem konkurriert der »unterirdische Wald« nicht mit anderen Nutzungen der Oberfläche.

Aufgrund dieser Vorteile überrascht es wenig, dass in Agrargesellschaften immer wieder Kohle genutzt wurde, so schon in der Römerzeit (allerdings nur in Nordwesteuropa, da es in Italien selbst keine Kohlevorkommen gibt) und im nordwestlichen China der Song-Zeit. Dennoch formierte sich aus dieser gelegentlichen Nutzung von Steinkohle lange Zeit kein fossiles Energiesystem, da dem gravierende technische Probleme entgegenstanden.

Ein gewichtiges Problem war der Transport. Kohle hat eine höhere Dichte als Holz, weshalb sie nicht geflößt werden kann. Soll sie auf einem Wasserweg transportiert werden, sind Schiffe mit entsprechendem Antrieb erforderlich. Existieren keine geeigneten Wasserwege, also schiffbare Flüsse, in der Nähe der Lagerstätten (wie dies etwa in China der Fall war), musste die Kohle auf dem Landweg transportiert werden. Die Kosten dafür waren für weitere Entfernungen aber sehr hoch, sodass der Gebrauch der Kohle auf die unmittelbare Nachbarschaft der Abbaustätte beschränkt blieb.

Ein weiteres technisches Problem bot der Kohlebergbau selbst. Jeder Bergbau in feuchten Gebieten hat mit dem Problem zu kämpfen, dass die Schächte sich rasch mit Grundwasser füllen. Ein stabiler Tiefbergbau muss daher Methoden der Entwässerung entwickeln, und dies war im klassischen Erzbergbau auch schon lange üblich. Seit dem Mittelalter wurden in Europa zur Behebung dieses Problems »Wasserkünste« eingesetzt, bei denen mithilfe von Arbeitstieren oder einer Wassermühle Eimerketten bewegt wurden, die das Grundwasser an die Oberfläche beförderten (Abbildung 2). Diese Methode war allerdings mit hohen Energiekosten verbunden, vor allem zur Fütterung von Pferden. Die Nutzung einer Wassermühle war zwar kostengünstiger, doch war man hier auf die Nähe eines geeigneten Wasserlaufs angewiesen, denn mechanische Energie konnte nur über Entfernungen von einigen Hundert Metern transportiert werden, darüber hinaus wurden die Reibungsverluste zu hoch.

2 Vor der Entwicklung der Dampfpumpe wurden Bergwerke mit Pferdegöpeln entwässert.

Diese konventionellen solarenergetischen Wasserkünste waren so kostspielig, dass sich ihr Einsatz nur bei der Förderung von seltenen Metallen (etwa Silber oder Zinn) lohnte. Im Kohlebergbau, wo es ja um die Gewinnung von Energieträgern ging, musste man prinzipiell mit einem positiven energetischen Erntefaktor arbeiten, das heißt, hier konnte der Ertrag nicht energetisch subventioniert werden. Daher erreichten die Kosten recht bald eine prohibitive Höhe, sodass man Kohlegruben entweder im reinen Tagebau anlegte oder in Bergen, bei denen eine natürliche Entwässerung durch abwärts gerichtete Stollen möglich war.

Eine Lösung dieses Problems bot die Dampfpumpe, die im frühen 18. Jahrhundert entwickelt wurde. Der Gedanke, dass thermische in mechanische Energie verwandelt werden kann, war als solcher relativ alt, und es gab in agrarischen Zivilisationen zahlreiche »Vorläufer« für diese Wärme-Kraft-Transformation. Am spektakulärsten war wohl das Schießpulver, das mithilfe einer explosiven Verbrennung den Vortrieb eines Geschosses ermöglichte. Diese Technik war im 18. Jahrhundert schon über 1.000 Jahre alt, doch konnte sie außerhalb des militärischen Sektors kaum genutzt werden, da der explosive Verbrennungsprozess nicht zu kontrollieren war. Erste Ansätze zur Nutzung des Prinzips der Dampfexpansion gab es vielleicht schon in der Antike, verbreitet waren sie dann im Rahmen der experimentellen Naturphilosophie des 17. Jahrhunderts. Eine technische Anwendung lag aber zunächst noch fern, da zu viele Probleme gleichzeitig gelöst werden mussten, was mit beträchtlichen Kosten verbunden war.

Die erste wirklich brauchbare und wegweisende Dampfpumpe wurde von Thomas Newcomen im ersten Jahrzehnt des 18. Jahrhunderts gebaut, und sie verbreitete sich rasch in britischen Bergbaudistrikten (Abbildung 3). In der technikgeschichtlichen Literatur wird darauf hingewiesen, dass die Entwicklung dieser Pumpe auf zahlreichen mentalen, kulturellen, technischen, sozialen und ökonomischen Voraussetzungen beruhte, die in dieser Kombination nur in Nordwesteuropa seit dem späten 17. Jahrhundert existierten. In anderen agrarischen Zivilisationen, sei es die Mittelmeerkultur der Antike, sei es das China der Song oder das Japan der Tokugawa, gab es keinerlei Ansätze, die in diese Richtung wirkten. Die Dampfmaschine war keine singuläre »Erfindung«, sondern Ergebnis eines längerfristigen Prozesses, in dem weltanschauliche Modelle der New Science ebenso eine Rolle spielten wie die hochentwickelte europäische Handwerkskultur, das naturwissenschaftlich-technische Interesse finanzkräftiger Eliten, die Existenz geeigneter Institutionen des Rechts und der Ökonomie bis hin zu einer kommerziell offenen Mentalität, die vom Überseehandel geprägt war.

Die Dampfpumpe nutzte das Produkt des Kohlebergbaus, die Kohle, als Mittel zur Förderung von Kohle, und hier konnte es auch bei sehr hohem Energieaufwand noch immer einen positiven Ertrag geben. Die frühen Dampfpumpen hatten einen energetischen Wirkungsgrad von weniger als einem Prozent. Da sie aber mit Kohle beziehungsweise Kohleabfällen (Staub oder unverkäuflichen kleinen Kohlestücken) befeuert wurden, war ihr Einsatz doch noch wirtschaftlich, solange mit der erhöhten Kohleförderung die Kosten für den Betrieb gedeckt werden konnten. Die Entwicklung der Dampfmaschine wäre außerhalb des Kohlebergbaus kaum denkbar gewesen, denn bei anderen Verwendungen wären die Brennstoffkosten zu hoch gewesen.

Damit konnte eine erste positive Rückkopplung in Gang gesetzt werden: Die Nutzung von Dampfpumpen ermöglichte die Ausweitung der Kohleför-

3 Dampfmaschinen wurden zuerst im Steinkohlebergbau eingesetzt.

derung, und diese führte zur Steigerung des Baus von Dampfpumpen. Da an diesem Prozess zahlreiche Mechaniker beteiligt waren, die permanent an ihren Maschinen herumbastelten, wurden durch Versuch und Irrtum im Laufe der Jahrzehnte so viele technische Verbesserungen vorgenommen, dass der thermodynamische Wirkungsgrad der Maschinen deutlich zunahm. Er erreichte im ausgehenden 18. Jahrhundert schließlich Dimensionen, die einen Einsatz der Dampfmaschine auch außerhalb des Kohlebergbaus ermöglichten. Die Anfangsschwelle zum Einsatz von Dampfmaschinen war so hoch, dass sie wohl nur im Steinkohlebergbau überschritten werden konnte. Als die Technik aber diese Ursprungshürde überwunden hatte, stand ihrer Verwendung in anderen Bereichen nichts mehr im Weg.

Der Durchbruch der Industrialisierung und des fossilen Energiesystems

Die zweite Schlüsselinnovation, die zur Formierung eines fossilen Energiesystems beitrug, war die Verhüttung von Eisen mit Steinkohle beziehungsweise mit Koks. Hierbei ging es nicht nur um die Nutzung von Wärme, sondern um einen komplexen chemischen Prozess. Eisenverhüttung muss Eisenoxide reduzieren sowie die Verbindung von Eisen mit anderen Chemikalien (Schwefel, Phosphor) aufbrechen. Dazu sind nicht nur hohe Temperaturen erforderlich, sondern man benötigt auch ein Reduktionsmittel, im Idealfall reinen Kohlenstoff beziehungsweise Kohlenmonoxid. Mit Holzkohle konnte dieses Problem bereits vor etwa 3.000 Jahren gelöst werden. Bei der Verwendung von Steinkohle bestand jedoch die Schwierigkeit, dass sie, beziehungsweise der aus ihr gewonnene Koks, viel stärker als Holz oder Holzkohle mit unerwünschten Stoffen verunreinigt war.

Die Eisenproduktion war daher bis ins 18. Jahrhundert auf die Nutzung von Holzkohle angewiesen, und das bedeutete, dass für sie beträchtliche Flächen bereitgestellt werden mussten. Im 18. Jahrhundert wurden für die Gewinnung von einer Tonne Schmiedeeisen aus Eisenerz etwa 50 Kubikmeter Holz benötigt, dies entspricht dem jährlichen Ertrag einer Waldfläche von etwa zehn Hektar. Das Potenzial der Eisenproduktion stieß damit auf ökologische Grenzen, was sich darin ausdrückte, dass die Eisenverhüttung dezentral über ganz Europa verstreut war. In England wurde schon lange damit experimentiert, den Verhüttungsprozess auf Steinkohle/Koks umzustellen, doch waren damit große technische Probleme verbunden. Es handelte sich um einen rein praktischen Prozess des Probierens, in dem es über zahlreiche Zwischenschritte im späten 18. Jahrhundert durch das Puddle-Verfahren schließlich gelang, Eisen und Stahl mit Kohle herzustellen.

Eine Voraussetzung für den Durchbruch der Eisenverhüttung mit Kohle war eine Verbilligung der Kohle, die ihrerseits auf die Verwendung von Dampfpumpen zurückging. Im Anfangsstadium brauchte man nämlich für den Kokseisenprozess weitaus mehr Kohle, als man Holzkohle gebraucht hätte, was nur möglich war, weil die Kohlepreise gesunken waren. Hinzu kommt ein weiterer Effekt, der Dampf und Kohle zusammenführte. Die Eisenverhüttung mit Koks konnte, da Koks eine höhere Ladelast der Erze vertrug als Holzkohle, in vergrößerten Hochöfen stattfinden. Damit wurden Skaleneffekte möglich: weniger relative Kosten für Mauerwerk und für Arbeitskräfte. Es traten jedoch auch spezifisch neue technische Probleme auf. Das Frischen von Eisen, das heißt die Oxidation von unerwünschten chemischen Elementen im Eisen, ist auf einen starken Luftzug im Hochofen angewiesen, der Kohlenmonoxid als Reaktionspartner an diese Stoffe heranführt und die Abgase nach oben ableitet. Dieser Luftzug wurde herkömmlich mit Blasebälgen erzeugt, die mit Muskelkraft oder durch eine Wassermühle angetrieben wurden. Bei vergrößerten Hochöfen reichte deren Kapazität nicht mehr aus. Jetzt wurden Röhrengebläse eingesetzt, die durch Dampfkraft angetrieben wurden.

Damit haben wir weitere Rückkopplungen vor uns: Die Kokseisenproduktion beruhte auf billiger Kohle, die mit dem Einsatz von Dampfpumpen gefördert wurde. Dampfmaschinen, die mit Kohle befeuert wurden, lieferten den Luftzug, mit dem Eisenverhüttung in einem größeren Maßstab möglich wurde. Die Zahl der Dampfmaschinen stieg, und mit ihnen die Nachfrage nach Eisen, das nun mit Kohle/Koks produziert wurde. Schließlich kam noch das neue Transportsystem der Eisenbahn dazu, das auf der Nutzung von Kohle für die Lokomotive und von Eisen für die Züge und Schienen basierte und auf einem fast hundertjährigen Prozess der Steigerung des Wirkungsgrads von Dampfmaschinen beruhte, bis diese klein und leistungsfähig genug waren, um als Lokomotiven zu dienen. Kohle, Eisen und Dampf bildeten also eine unauflösbare Einheit, die zur Basis der Schwerindustrie seit dem späten 18. Jahrhundert wurde.

Hier wird deutlich, dass in der sozialmetabolischen Transformation der Übergang zu Kohle untrennbar mit einer Reihe von neuen technischen Verfahren verbunden war. Kohle als solche war relativ bedeutungslos und wurde schon seit Jahrhunderten genutzt. Erst der technisch-industrielle Komplex, der sich aus Steinkohlebergbau, Eisenverhüttung, Dampfmaschine und Eisenbahn zusammensetzte, ermöglichte die Formierung eines neuen Entwicklungspfads. Diese Komponenten wurden in England im Laufe des 18. Jahrhunderts in einem außerordentlich komplexen Prozess entwickelt, der keineswegs selbstverständlich war und der in anderen Gebieten Europas oder in Asien keine Parallelen hatte.

Die Entstehung des fossilenergetischen Regimes bildet damit eine universalgeschichtliche Singularität. Sie war keineswegs im Entwicklungsgang der Agrargesellschaft angelegt, sondern sie beruht auf einer unwahrscheinlichen, kontingenten Kombination von Einzelprozessen, die im frühneuzeitlichen Europa oder, wie einige Autoren es sehen, sogar nur in Großbritannien wirksam waren. Der Übergang zu diesem neuen Regime war daher nicht von seinen Ausgangsbedingungen determiniert, sondern es wäre ohne Weiteres ein historischer Verlauf denkbar gewesen, in dem die Potenziale des alten solarenergetischen Regimes weiter ausgereizt worden wären, ohne dass es zu einer Transformation dieses Regimes gekommen wäre.

Der schwerindustrielle Sektor, der sich seit dem späten 18. Jahrhundert in Großbritannien formierte und sich dann im 19. Jahrhundert relativ rasch über ganz Europa ausbreitete, bildete den materiellen Kern der Industrialisierung, die allerdings auch andere Sektoren wie die Textilproduktion betraf, die zunächst von dem neuen Regime recht unbeeinflusst blieben. Den hartnäckigsten Widerstand gegen eine Penetration des neuen Regimes bildete die Landwirtschaft, die bis weit ins 20. Jahrhundert hinein von der fossilen Energie weitgehend unberührt blieb. Das fossile System betraf zunächst das Transportwesen, den Maschinenbau und die Fabrikproduktion. Seine wichtigsten Elemente waren die Dampfmaschine und die Eisenverhüttung, woran sich immer mehr Stoffe anlagerten, die durch Einsatz fossiler Energie mobilisiert werden konnten.

Von entscheidender Bedeutung war zunächst die Eisenproduktion. Die Verhüttung von Eisen beruhte im solarenergetischen *ancien régime* auf der Nutzung von Holzkohle, also von Biomasse, und dies setzte der Produktion

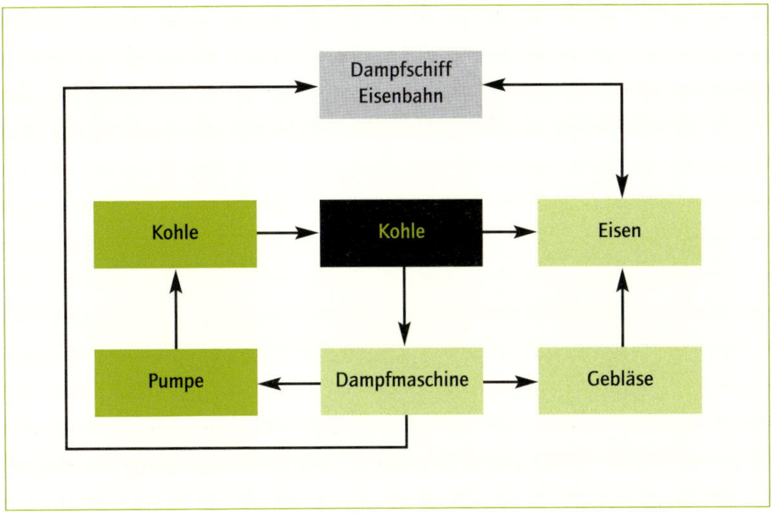

4 Schema des schwerindustriellen Zentrums der Industrialisierung.

eine Grenze, die von den verfügbaren Flächen abhing. Im solarenergetischen Europa der frühen Neuzeit wurden pro Kopf nur etwa zwei Kilogramm Eisen im Jahr produziert, und ein großer Teil davon wurde vom Militär absorbiert (Kanonen, Munition). Eisen war sehr teuer, und sein Gebrauch blieb deshalb auf wirklich anspruchsvolle Zwecke beschränkt. So wurden etwa vor dem 19. Jahrhundert Pflüge nicht aus Eisen gefertigt, sondern man beschlug lediglich die Pflugschar mit einer eisernen Kante, die nach Korrosion ersetzt wurde. Der Pflug als solcher war aus Holz, ebenso wie Spaten, Rechen, Eimer usw. Dies konnte sich im 19. Jahrhundert ändern. Jetzt gestattete es die Kokseisenproduktion, dass Eisen in zahlreiche Anwendungen einwandern konnte, wo es zuvor aus Kostengründen vermieden worden war.

Dies war vor allem für das Transportwesen wichtig. Der Überseetransport wurde bis ins frühe 19. Jahrhundert mit hölzernen Segelschiffen betrieben, die aus technischen Gründen eine Obergrenze von etwa 2.000 Tonnen hatten. Die meisten Schiffe umfassten nur rund 350 Tonnen. Der Bau eiserner Rümpfe erlaubte es dann, Segelschiffe von 4.000 bis 5.000 Tonnen zu bauen. Sie bildeten das eigentliche Rückgrat des Überseetransports bis ins frühe 20. Jahrhundert. Dies bedeutet, dass das fossile Energiesystem in die Schifffahrt nicht etwa in Gestalt des Dampfschiffes einwanderte, sondern lange Zeit in Gestalt des eisernen Segelschiffs. Dampfschiffe hatten nämlich gravierende Nachteile, die ihren Einsatz lange Zeit beschränkten: Ihr Betrieb war mit Brennstoffkosten verbunden, während der Antrieb von Segelschiffen gratis war; ihre Ladekapazität wurde vermindert, da Kohle mitgeführt werden musste; ihre Reichweite war beschränkt, da immer wieder

Kohle nachgeladen werden musste; ihre Befeuerung erforderte weit höheren Arbeitseinsatz als die Bemannung eines Segelschiffs. Die Vorteile lagen zunächst nur in einer verstärkten Unabhängigkeit vom Wind, also einer größeren Verlässlichkeit, und einer besseren Manövrierfähigkeit. Dies führte dazu, dass Dampfschiffe zunächst auf einige Sonderverwendungen beschränkt blieben, also für Nachrichtentransport (Postschiffe), Passagiertransport und Kriegsschiffe. Lange Zeit gab es Hybridschiffe, die im Normalbetrieb Segel setzten und nur in der Flaute auf den teuren Dampfantrieb zurückgriffen (Abbildung 5). Beim Transport von Gütern, bei denen es nicht so sehr auf die Geschwindigkeit und die Verlässlichkeit, sondern stärker auf die Kosten ankam (etwa Baumwolle oder Getreide), war das Segelschiff noch weit ins 20. Jahrhundert verbreitet.

5 Das Segelschiff koexistierte noch lange mit dem Dampfschiff, und Hybridversionen wie hier die *City of Glasgow* gab es bis in die zweite Hälfte des 19. Jahrhunderts.

Die europäische Landwirtschaft wurde erst seit Mitte des 20. Jahrhunderts vom fossilen Regime erfasst und revolutioniert. Zwar gab es im Umfeld der Industrialisierung eine »landwirtschaftliche Revolution«, durch die die Erträge etwa verdoppelt wurden (zwischen 1700 und 1850 von einer Tonne Getreide auf zwei Tonnen pro Hektar im Jahr), doch beruhte sie fast völlig darauf, dass Potenziale der solarenergetischen Landwirtschaft weiter ausgereizt wurden. Das einzige fossilenergetische Element, das bereits im 19. Jahrhundert in die Landwirtschaft eindrang, war das Eisen für Maschinen (Abbildung 6). Ansonsten wurde mit neuen Formen des Fruchtwechsels experimentiert, gab es Neuzüchtungen von Feldfrüchten und Spezialisierungen, doch konnte von einer Industrialisierung der Landwirtschaft noch keine Rede sein.

6 Das fossile Energiesystem drang in die Landwirtschaft zunächst nur indirekt über den Einsatz eiserner Geräte ein.

Ein Resultat dessen war, dass die agrarischen Erträge zwischen 1850 und 1950 kaum wuchsen. Die Gesellschaften Europas, vor allem Großbritannien, wurden dadurch zunehmend von Nahrungsimporten abhängig, vor allem aus Russland (bis zum Ersten Weltkrieg) und aus Amerika (Getreide aus den USA, Rindfleisch aus Argentinien). Dies war natürlich nur auf der Basis des neuen Systems des Überseetransports mit eisernen Segelschiffen möglich, wodurch die Transportkosten so weit sanken, dass die europäischen Bevölkerungen von Nahrungsmittelimporten ernährt werden konnten. Großbritannien führte um 1900 mehr als die Hälfte seiner Nahrungsmittel aus Übersee ein.

Die europäische Landwirtschaft selbst blieb bis in die 1950er-Jahre noch weitgehend im Rahmen der alten Solarenergie (Abbildung 7). Sie operierte mit einem positiven energetischen Erntefaktor, investierte also weniger Energie in die Agrarproduktion, als in der Ernte enthalten war. Zudem organisierte sie den Nährstoffkreislauf auf den eigenen Feldern, hatte also einen recht geringen Input wie auch Output. Dies änderte sich rapide seit den 1950er-Jahren. Jetzt ergriff sowohl die Mechanisierung durch den Traktor als auch die Chemisierung durch Kunstdünger die Landwirtschaft, das heißt, es wurden große Mengen an fossiler Energie direkt (in Form von Treibstoffen) wie auch indirekt (in Form von Düngemitteln und Pestiziden) importiert. In den 1960er-Jahren verschwanden die Arbeitstiere endgültig aus der Landwirtschaft mit der Folge, dass keine Futterflächen für sie mehr bereitgestellt werden mussten. Als Ergebnis dieser Entwicklung wuchs die Produktivität der Landwirtschaft um den Faktor vier (von zwei Tonnen

7 Bis in die Mitte des 20. Jahrhunderts koexistierte die weitgehend traditionell gebliebene Landwirtschaft mit der Industrialisierung.

Getreide pro Hektar auf acht Tonnen), doch geschah dies für den Preis, dass der energetische Erntefaktor negativ wurde, also in die Produktion einer Einheit Getreide mehr Energie investiert wurde, als in dieser Einheit enthalten war. Damit verwandelte sich die Landwirtschaft von einem Element des (Solar-)Energiesystems in einen Sektor der stofflichen Transformation: Sie musste nicht mehr einen Energieüberschuss erwirtschaften, sondern konnte Energie fossilen Ursprungs importieren, um mit ihrer Hilfe Nahrungsmittel herzustellen.

Die Penetration des fossilenergetischen Regimes war also kein linearer, gleichförmiger Prozess, sondern es gab lange Zeit eine Koexistenz von Elementen des alten Solarenergiesystems, die sogar an Bedeutung gewinnen konnten, und dem neuen System, das sie zunächst nicht verdrängte, sondern sogar verstärkt auf sie zurückgriff. Dies kann am Transportsystem am einfachsten illustriert werden. Das alte solarenergetische System des Überlandtransports beruhte auf dem Einsatz von Zugtieren, für deren Fütterung eine bestimmte Fläche bereitgestellt werden musste. Der Einsatz von

Eisenbahnen versprach zunächst, diese Zugtiere zu ersetzen, woraus einige Zeitgenossen im frühen 19. Jahrhundert die Erwartung ableiteten, dadurch würden größere Nahrungsflächen für Menschen verfügbar. Dies war aber nicht der Fall. Die Eisenbahn, die mit fossilen Brennstoffen betrieben wurde, bildete ein recht weitmaschiges Netz von Verkehrsverbindungen, über das in der Tat sehr große Mengen von Gütern (und Personen) ohne Rückgriff auf Futterflächen befördert werden konnten. Da der Transport mit der Eisenbahn aber nicht in die Fläche ging, sondern am Bahnhof endete, entstand ein wachsender Bedarf an Nahtransporten, der angesichts des insgesamt gewachsenen Transportvolumens größer wurde als der gesamte frühere Überlandtransport. Die Eisenbahn verdrängte nicht etwa die Pferde, im Gegenteil, sie erhöhte die Nachfrage nach Transporten mit Fuhrwerken (Abbildung 8). In Deutschland wurde der höchste Pferdebestand in der Mitte der 1920er-Jahre gezählt. Erst die zweite Phase des fossilenergetischen Regimes, die auf Erdöl beruht, machte den Zugpferden ein definitives Ende.

Wir können dieses Penetrationsmuster vielleicht schematisieren: In der Frühphase des fossilenergetischen Regimes trat dieses ergänzend in das alte Regime ein, verdrängte einige Elemente sofort (etwa Holzkohle aus der Eisenverhüttung), brachte dafür aber andere in eine vorübergehende Wachstumsphase (Segelschiff, Pferdefuhrwerk). Die anfangs sehr weiten und lockeren Maschen des fossilenergetischen Netzwerks wurden dann durch technischen Fortschritt zunehmend verdichtet und pressten die Elemente des alten Systems sukzessive aus der Ökonomie heraus. Dies gilt auch analog für die menschliche Arbeit: Die frühe Dampfmaschine lie-

8 Zeitgenossen wie der Pferdemaler Henry Alken (hier ein Bild aus dem Jahr 1841) meinten, die Eisenbahn werde das Pferd verdrängen. Dies war jedoch lange Zeit nicht der Fall.

ferte eine grobe Rotationsbewegung, die durch mechanische Transmission an die einzelnen Arbeitsmaschinen gebracht wurde, an denen komplexere und feinmechanische Arbeitsprozesse von Menschen geleistet wurden. Wie die Eisenbahn das Pferd begünstigt hat, so hat die Dampfmaschine den Industriearbeiter begünstigt. In beiden Fällen handelte es sich aber um ein Übergangsmuster. So wie Traktor, Lkw und Pkw schließlich das Pferd verdrängt haben, so wird eine auf Elektrizität und Elektronik basierende Maschinentechnik schließlich den Menschen als physischen Arbeiter aus der Industrieproduktion verdrängen.

Der globale Verbrauch fossiler Energieträger ist seit Beginn des 19. Jahrhunderts etwa um den Faktor 1.000 gewachsen, was rechnerisch eine jährliche Wachstumsrate von 3,5 Prozent ergibt. Die Industrialisierung beruht energetisch darauf, dass der Zugriff auf diese Vorräte mit einer exponentiellen Rate wachsen konnte. Die Nutzung fossiler Energieträger machte weitaus größere Zuwächse an Energieumsätzen verfügbar, als auf der Basis einer technischen Ausreizung des vorindustriellen Solarenergiesystems je möglich gewesen wäre. Das agrarische Prinzip abnehmender Grenzerträge konnte so von dem neuen Prinzip wachsender Skalenerträge abgelöst werden. Industrielle Massenproduktion ermöglichte eine steigende Produktivität, sodass die einzelnen Güter billiger werden konnten. Hier wird von der energetischen Seite aus verständlich, weshalb es in den vergangenen zweihundert Jahren zu exponentiellen Wachstumsprozessen der Materialumsätze hat kommen können.

Das Erbe der Industrialisierung

Die Industrialisierung beruht allerdings nicht nur auf dem Zugriff auf fossile Energieträger, sondern auch auf einer historisch neuartigen Koppelung von Grundlagenforschung, angewandter Forschung und Innovationen in Technik und Produktion. Damit wurden Nutzensteigerungen möglich, die weit über den Zuwachs des Energieumsatzes hinausgehen. Die Energieverwendung pro Kopf liegt heute in Europa nur etwa dreimal so hoch wie vor 200 Jahren, während der materielle Lebensstandard weitaus drastischer gestiegen ist.

Wir befinden uns heute noch in der Pionierphase der Industrialisierung, die zwangsläufig früher oder später zu Ende gehen wird, voraussichtlich noch in diesem Jahrhundert. Die Industrialisierung beruht auf zwei stofflichen Voraussetzungen, die prinzipiell nicht nachhaltig sein können. Zum einen greift sie auf erschöpfliche Bestände von Ressourcen zurück (fossile Energieträger, Erzlagerstätten), was in diesem Ausmaß nicht dauerhaft möglich ist. Zum anderen füllt sie Deponien mit Abfallstoffen, was auf Dauer zu erheblichen Umweltproblemen führt. Was das fossile Energiesystem betrifft, ist heute abzusehen, dass die Deponieprobleme (Eintrag von CO_2 in die Atmosphäre) früher zu Schwierigkeiten führen als das Problem erschöpfbarer Ressourcen. Dies ist der Kern der heutigen Klimadebatte.

Allerdings wird die Pionierphase der Industrialisierung nicht nur leere Rohstofflagerstätten und gefüllte Deponien hinterlassen. Ein wichtiges und nachhaltiges Erbe der Industrialisierung ist die Effizienzsteigerung, die durch neue systematische Methoden der wissenschaftlichen und technischen Innovation möglich wird. Dadurch können Pfade der wirtschaftlichen Entwicklung geöffnet werden, die den Agrargesellschaften nicht zur Verfügung standen.

Die Lösung von Energieproblemen bildet den Schlüssel für zahlreiche andere Umwelt- und Ressourcenfragen. Da ein fossiles Energiesystem nicht die dauerhafte Basis der Wirtschaft bilden kann, müssen andere Möglichkeiten ausgelotet werden. Prinzipiell sind heute zwei Perspektiven denkbar. Einerseits könnte ein Energiesystem der Zukunft auf der Basis der Kernfusion entwickelt werden. Diese ist ja, wie die Wasserstoffbombe zeigt, prinzipiell möglich, doch liegen die Bedingungen der friedlichen technischen Nutzung noch völlig im Dunkeln. Grundsätzlich sollte man, wie die Erfahrung der letzten beiden Jahrhunderte zeigt, mit Prognosen künftiger technischer Durchbrüche vorsichtig sein.

Die zweite Alternative liegt in einer technischen Perfektionierung eines zweiten Solarenergiesystems. Aber auch hier liegen noch große ungeklärte Probleme. Wie immer man erneuerbare Energien nutzen will – als Biomasse, als Wind, als Wasserkraft, durch Photovoltaik – steht man vor den prinzipiell gleichen Schwierigkeiten: Solarenergie steht zwar reichhaltig zur Verfügung, doch ist ihre Energiedichte in der Biosphäre gering. Um sie wirtschaftlich nutzen zu können, muss man sie konzentrieren, und dazu sind große Flächen oder große Massen (etwa für Staudämme) erforderlich. Hier müssen also beträchtliche Effizienzsteigerungen stattfinden, damit wir nicht wieder in die Falle konkurrierender Flächennutzung geraten, die eine schwere Bürde für die Agrargesellschaften gebildet hat. Der Kern des Problems liegt also auch hier auf dem Gebiet der Forschung, deren künftige Ergebnisse nicht vorhersehbar sind.

Literatur

Fischer-Kowalski, Marina et al. (1997): Gesellschaftlicher Stoffwechsel und Kolonisierung von Natur. Ein Versuch in Sozialer Ökologie. Amsterdam: G+B Verlag Fakultas.

Fischer-Kowalski, Marina and Helmut Haberl (eds.) (2007): Socioecological Transitions and Global Change. Trajectories of Social Metabolism and Land Use. Cheltenham: Edward Elgar.

Freese, Barbara (2004): Coal. A Human History. London: Penguin Books.
Goldstone, Jack (2002): Efflorescence and Economic Growth in World History. Rethinking the »Rise of the West« and the Industrial Revolution. Journal of World History 13, S. 323–389.
Goudsblom, Johan (2004): Fire. A Socioecological and Historical Survey. In: Encyclopedia of Energy. Vol. 2. Amsterdam: Elsevier Academic Press, S. 669–81.
Haberl, Helmut (2001): The Energetic Metabolism of Societies. Part I: Accounting Concepts. Journal of Industrial Ecology 5, S. 11–33.
Krausmann, Fridolin, Heinz Schandl and Rolf Peter Sieferle (2008): Socio-ecological regime transitions in Austria and the United Kingdom. Ecological Economics 65, S. 187–201.
Malanima, Paolo (2006): Energy crisis and growth 1650-1850. The European deviation in a comparative perspective. Journal of Global History 1, S. 101–122.
Pomeranz, Kenneth (2006): Without Coal? Colonies? Calculus? Counterfactuals and industrialization in Europe and China. In: Philip E. Tetlock et al. (eds.): Unmaking the West. Ann Arbor: University of Michigan Press, S. 241–76.
Pyne, Stephen J. (2001): Fire. A Brief History. Seattle: University of Washington Press.
Sieferle, Rolf Peter, Fridolin Krausmann, Heinz Schandl, Verena Winiwarter (2006): Das Ende der Fläche. Zum gesellschaftlichen Stoffwechsel der Industrialisierung. Köln: Böhlau.
Sieferle, Rolf Peter (Hg.) 2008: Transportgeschichte. Berlin: LIT Verlag.
Wrigley, Edward A. 1988: Continuity, Chance, and Change. The character of the industrial revolution in England. Cambridge: Cambridge University Press.

Jens Soentgen

Unheimlicher Gott – bedrohliches Gas. Die Geschichte des CO_2

Die beiden vorangehenden Beiträge gingen der Geschichte des CO_2 nach – in der historischen Zeit und in der prähistorischen, geologischen Zeit. Es sind plausible Erzählungen, wie wir sie nach heutigem Kenntnisstand konstruieren können. Aber wie lange kennen wir überhaupt das CO_2? Noch gar nicht allzu lange! Als ein eigener, individueller Stoff ist es erst vor etwa 400 Jahren identifiziert worden – von dem flämischen Arzt und Alchemisten Johann Baptist van Helmont. Bereits vorher aber hatten die Menschen ihre Erfahrungen mit diesem Stoff gemacht, die sie aber nicht naturwissenschaftlich deuteten, sondern religiös und mythisch. Der Beitrag von Jens Soentgen verfolgt die Spur des CO_2 bis zu den ältesten literarischen Denkmälern und zeigt, dass die gegenwärtige, das CO_2 als »Klimakiller« dämonisierende Auffassung gar nicht so weit von der antiken Deutung entfernt ist, die in dem unsichtbaren Hauch einen Geist oder einen Gott wahrnahm.

Mazuku – »Böser Wind«

Zu den schönsten Kraterseen in der Vulkanregion im Westen Kameruns gehört der Nyos-See, von den Einheimischen früher »guter See« genannt. In der Nacht des 21. August 1986 geschah jedoch etwas Entsetzliches, das ein Anwohner, Joseph Nkwain, später so beschrieb: »Ich hörte ein Brummen und Krachen, als würde ein Flugzeug abstürzen. Im Halbschlaf hörte ich meine Tochter auf eine schreckliche Weise schnarchen, sehr merkwürdig. Als ich zu ihr hinging, brach ich zusammen und fiel hin. Ich schlief bis zum nächsten Tag um halb fünf. Als ich erwachte, stellte ich fest, dass meine Tochter tot war.«

Als Joseph Nkwain sich in dem Dorf umsah, fand er überall nur Leichen, und es herrschte eine unheimliche Stille. Kein Vogel sang, keine Heuschrecke zirpte, nicht einmal Fliegen summten. Überall schaukelten die Blüten verloren im Wind, kein Schmetterling, keine Biene ließ sich auf ihnen nieder. Nkwain fuhr mit seinem Motorrad in eine benachbarte Stadt. Er erreichte den Ort, in dem ganz normales geschäftiges Treiben herrschte und in dem man von irgendeiner Katastrophe im nahegelegenen Subum noch überhaupt keine Kenntnis hatte, und wendete sich an das Krankenhaus. Er wollte von dem erzählen, was vorgefallen war, aber er hatte seine Stimme verloren. Schließlich gelang es ihm doch, sich verständlich zu machen und bald summte die ganze Stadt von Gerüchten.

1 Entgasungsanlage im Nyos-See (Kamerun). Seit 2001 schießt unaufhörlich eine knapp 50 Meter hohe Fontäne CO_2-reichen Tiefenwassers in die Luft und entsorgt das in hohen Konzentrationen gefährliche Gas in die Atmosphäre.

Einige Polizisten und ein Priester machten sich auf den Weg zu dem kleinen Ort am See, sie fuhren den Weg, den kurz zuvor Nkwain gekommen war. Doch nicht weit vom See entfernt kam den Beamten in den Sinn, dass das, was die Menschen und das Vieh getötet hatte, möglicherweise immer noch in der Gegend sei. Sie hielten an und beschlossen, nicht weiterzufahren. Nur der Priester bestand darauf, man müsse an den See, es gehe um Menschenleben. Er setzte den Weg alleine fort. In allen Dörfern am Seeufer herrschte eine bedrückende Stille. Die meisten Häuser waren verschlossen, als sei immer noch Nacht, in ihnen reglose Stille, vor anderen finden sich – zusammengekauert – tote Familien. Später wird der Priester, der holländische Missionar Pater ten Horn sagen, es habe ausgesehen, als sei eine Neutronenbombe eingeschlagen: »Wenig Schaden beim Eigentum, aber fast totale Vernichtung des Lebens.« Diese Bemerkung ging bald von Mund zu Mund.

Untersuchungen europäischer Geologen kommen zu einem anderen Ergebnis: Danach war es eine gewaltige Kohlendioxidblase, die aus einer unterirdischen Magmenkammer aufgestiegen ist, sich unter dem Seegrund ansammelte, bis sie schließlich, vielleicht ausgelöst durch einen Erdrutsch, aufstieg, sich über die Ufer verbreitete und Menschen, Vieh, Vögel und sogar Insekten vernichtet hat. Insgesamt forderte die Katastrophe unter den Menschen mindestens 1.765 Todesopfer und tötete 3.000 Rinder, zudem ungezählte Ziegen, Schafe und Hühner. Damit ein solches Unglück nicht ein zweites Mal passiert, haben Wissenschaftler eine Entgasungsanlage entwickelt, die seit 2001 in Betrieb ist und die pro Jahr bis zu 20 Millionen Kubikmeter CO_2 aus dem See entfernt (Abbildung 1).

Kohlendioxidaustritte gibt es an einigen Orten in Zentralafrika. Sie werden vielerorts mit einem Suaheli-Wort als »Mazuku« bezeichnet, als »böser Wind«. Doch in der Nyos-Region fasste die Theorie von einer natürlichen Ursache des Ereignisses niemals richtig Fuß. Eher wurden Geister aus dem See, die über mangelnde Beachtung durch die europäisierten Anwohner erzürnt waren, für das Desaster verantwortlich gemacht. So wurde besonders ein weiblicher Dämon namens Mami Wata, der im See lebe, mit der Katastrophe in Verbindung gebracht. Der Dichter Bole Butake verfasste sogar, erschüttert von der Tragödie, ein Theaterstück mit dem Titel »Lake God«, in dem er die Vorstellung, dass ein Gas für das Drama verantwortlich sei, explizit zurückwies, eine Rückkehr zum alten Glauben forderte und Opfer für die See-Gottheit forderte. Eine andere zur Erklärung der Katastrophe herangezogene Theorie bestand darin, dass Israelis und Amerikaner, vielleicht auch Europäer, in dem See zu Testzwecken eine Neutronenbombe gezündet hätten (Shanklin 2007).

Pneumata – vom prophetischen Hauch

Die schreckliche Geschichte des Nyos-Sees in Kamerun hat sich mitten im 20. Jahrhundert abgespielt. Sie vermittelt ein Gefühl dafür, bei welchen Gelegenheiten und an welchen Orten die Menschen wohl ursprünglich mit CO_2 zu tun bekamen und wie sie diese Erfahrungen gedeutet haben mögen. Der Widerstand der Anwohner, sich darauf einzulassen, dass es ein *Gas* war, welches die Katastrophe auslöste, zeigt, dass *diese* Deutung keineswegs für jeden auf der Hand liegt.

Es ist noch nicht allzu lange her, seitdem wir »wissen«, dass es so etwas wie »gasförmige Stoffe« überhaupt gibt. Die Bezeichnung »Gas« – auf die ich noch zurückkomme – ist rund 350 Jahre alt; und von Kohlenstoffdioxid (beziehungsweise Kohlendioxid und Kohlensäure) spricht man erst seit rund 200 Jahren. Genau genommen ist die Geschichte des Kohlendioxids auf diese 200 bis 300 Jahre beschränkt, und es ist auch eine Geschichte, die sich nur in der westlichen Welt abspielt. Für viele Menschen in anderen Weltgegenden gibt es keine »Gase« und schon gar kein Kohlendioxid. Sie deuten ihre Erfahrungen in einem ganz anderen Rahmen, worauf die Geschichte aus Afrika hinweist.

Aber so sehr sich diese Deutungen von unseren auch unterscheiden mögen, in einem kommen wir mit den Afrikanern überein: Wir alle geben dem Unheimlichen, dem Ungeheuren einen Namen. Warum tun wir das? Um unsere Angst, unsere Panik zu bannen. Was einen Namen hat, das mag immer noch entsetzlich sein, aber es kann immerhin angerufen, angefleht oder auch angeflucht werden. Man kann es in transzendentale Riten, in Tauschgeschäfte, in Opferzeremonien einbinden und so versuchen, auf es einzuwirken, es zu zähmen. Man kann danach fragen. Erst wenn es einen Namen gibt, kann man anfangen, Geschichten zu erzählen und die durch die Katastrophe ausgelöste panische Unruhe langsam wieder in Vertrautheit umzuwandeln. Das höchste Grauen ist namenlos, sobald man es aber bezeichnen kann, und sei es mit einem Schreckensruf, hat man es gefasst und erlangt selbst seine Fassung wieder.

Es ist anzunehmen, dass die ersten Namen dessen, was wir CO_2 nennen, Götternamen oder Dämonennamen waren. Es waren zweifellos oft lokale Namen, von denen nur wenige uns erreicht haben, wie der der Mephitis, einer italienischen Gottheit, die in Gegenden verehrt wurde, in denen es zu früheren Zeiten auch Austritte von CO_2 und von gasförmigen Schwefelverbindungen gab (ein Name, der in dem Wort »Mofette«, mit dem wir trockene Gasaustritte bezeichnen, überlebt hat). Es ist gar nicht einfach, im Nachhinein zwischen solchen Namen und dem, was wir CO_2 nennen, eine Verbindung herzustellen. Ihre Bedeutung deckt sich natürlich nicht mit der des CO_2, denn ein Göttername bezeichnet ja gerade etwas Übermenschliches, Ungeheures und Übernatürliches. Deshalb unterliegt ein solcher Name auch einer ganz anderen Verwendung als ein Chemikalienname. Dennoch stammt der Chemikalienname, wie die folgende Untersuchung zeigt, von dem Götternamen ab und er kann sogar, wie ich am Ende darlegen werde, selbst wieder zu einem Namen werden, der etwas Numinoses bezeichnet, etwas zugleich Schreckliches und Faszinierendes (*tremendum et fascinosum simul*).

Untersucht man die Vorgeschichte des CO_2, dann gerät man auf schwankendes Terrain. Man kann sich nur entlang der Quellen zu Beschreibungen von Orten vortasten, an denen wahrscheinlich Kohlendioxid ausgetreten war. Auch dabei bleibt manches Vermutung, denn archäologisch ist Kohlendioxid, anders als andere Stoffe, nicht nachweisbar. Es hinterlässt keine Spuren. Wir folgen einem Phantom, einem unsichtbaren Geist, dessen Gegenwart hier und da erahnt wurde.

Was sind das für *Orte*, an denen Kohlendioxid in großer Konzentration auftritt? – Neben Gärkellern sind es vor allem Vulkangebiete, sozusagen die natürlichen Gärkeller, wobei die Natur allerdings keine Trauben oder Gerstenmalz vergärt, sondern Steine. Bei jedem Vulkanausbruch tritt neben

Staub, Magma und vielen anderen Gasen auch eine große Menge Kohlendioxid aus. Und auch sonst gelangt an vielen Stellen in Vulkangebieten – auch dann, wenn der Vulkan gerade nicht aktiv ist – Kohlendioxid aus der Erde. Je tiefer man in der Erde gräbt, desto wahrscheinlicher ist es, dass man auf Kohlendioxid stößt, denn es steigt vielerorts durch Spalten aus heißeren Erdschichten nach oben.

Zudem kommt CO_2 oft in Höhlen in erhöhter Konzentration vor. Geologisch verdanken die meisten Höhlen, insbesondere fast alle Kalksteinhöhlen, ihre Existenz dem CO_2 (vgl. Herman 2005). Denn sie entstehen in der Regel, indem CO_2-reiches und damit saures und chemisch angriffslustiges Wasser einen Fels ausspült und Gänge darin anlegt. Dieses Sich-in-einen-Fels-Hinein-Ätzen wäre ohne einen kräftigen Gehalt an CO_2 so gut wie unmöglich. Auch wenn der Fluss irgendwann versiegt oder sich einen anderen Lauf sucht, bleibt die Höhlenluft oft CO_2-reich. Das liegt zum einen daran, dass das Gas aus der Tiefe nachgeliefert wird und über Spalten in die Höhle gelangt, zum anderen aber wird es, anders als im Freien, nicht abgebaut – denn in der Höhle gibt es keine Pflanzen, die es konsumieren und in Sauerstoff umwandeln. Deshalb sammelt sich CO_2 in Höhlen an – vor allem in den tieferen Kammern. CO_2-Vergiftungen sind bis heute eine der größten Gefahren für Höhlenforscher, Höhlenspaziergänger und auch für andere Menschen, die berufsmäßig unter Tage zu tun haben. In der Bergbausprache hat das Gas daher auch einen eigenen Namen erhalten: »Schwere Wetter«. Denn im Unterschied zu den bekannteren »Schlagenden Wettern« sammelt es sich in den tieferen Zonen an.

Quellen und Höhlen gelten in der antiken Literatur oft als Eingang ins Reich der Toten, das sich die Griechen wie auch die Römer als Unterwelt vorstellten, in der die Schatten leben, beherrscht vom dunklen Gott Hades, der auf einem goldenen Wagen fährt. Die Toten werden ihrerseits von einem Fährmann auf unterirdischen Flüssen in die Schattenwelt gebracht. Es ist der Todesdämon namens Charon, ein nach antiken Schilderungen unwirscher Geselle mit struppigem Haar und grünlicher Haut, der den Toten mit einem Hammer die Seele aus dem Leib prügelt.

Der klassische Eingang in die Unterwelt ist der Avernersee bei Neapel, ein ehemaliger Vulkankrater, gelegen im vulkanisch hochaktiven Gebiet um den Vesuv (Abbildung 2). In unmittelbarer Nähe dieses Sees trifft Aeneas, der römische Held, auf die Sibylle, um sie zu fragen, wie er in die Unterwelt gelangen könne, um seinen Vater zu sehen. Über die Begegnung schreibt Vergil (70 bis 19 v. Chr.): »Man war eben zum Tempel gekommen, als die Jungfrau ausrief: ›Weissagung zu fordern ist Zeit. Der Gott, seht doch, der Gott!‹ Während sie das vor dem Tor rief, blieb ihr Gesicht, ihre ganze Erscheinung nicht mehr dieselbe, nicht mehr geordnet ihr Haar, es keucht ihre Kehle, und in wildem Rasen schwillt ihr die Brust.« (Vergil, Aeneis, Sechster Gesang,

2 Der Avernersee bei Neapel galt in der Antike als Einstieg in die Unterwelt. Gemälde von Jacob Philipp Hackert (1794).

3 Die berühmteste Orakelstätte der Antike, das Orakel von Delphi, ist zugleich ein Topos in der Kulturgeschichte des CO_2. Forscher vermuten, dass sich manche hellseherische Fähigkeit einer CO_2-Vergiftung verdankt.

S. 45). Auf des Aeneas' Frage, wo der Eingang zur Unterwelt sich befinde, sagt sie: »Leicht ist vom Avernersee der Abstieg; bei Nacht und bei Tage steht des finsteren Pluto Pforte weit offen.« (Ebd., S. 125). Gemeinsam mit der Sibylle macht sich Aeneas daraufhin auf den Weg zum See. Vergil schreibt: »Eine weite Grotte war da, ungeheuer klaffte in schroffer Felswand ihr Rachen, und den Zutritt verwehrten der schreckliche See und finstere Wälder. Darüber vermochte kein Vogel ungestraft auf seinen Schwingen hinwegzufliegen: Ein solcher Gifthauch entquoll dem schwarzen Schlund (*talis sese halitus atris faucibus effundens*) und stieg auf zum Himmelsgewölbe. (Deswegen nannten die Griechen den Ort Aornos).« (Ebd., S. 240).

Vielfach ist im Sechsten Gesang der Aeneis von giftigen Dämpfen die Rede, auch in der Grotte der Sibylle scheinen diese zu wabern. War hier Kohlendioxid im Spiel? Könnte es mit der Begeisterung der Sibylle zusammenhängen? Es wird ja bei Vergil mehrfach darauf hingewiesen, dass sie keucht und rasch atmet – typische Symptome einer Kohlendioxidvergiftung. Im Text selbst wird das Phänomen allerdings ganz anders gedeutet, nämlich als Nähe des Gottes Apollon, der die Priesterin ergreift.

Auch bei einer anderen, noch älteren Orakelstätte, nämlich Delphi (Abbildung 3), legen wichtige Quellen es nahe, an Kohlendioxidvergiftungen zu denken. So berichten einige Quellen über das delphische Orakel, das berühmteste der ganzen Antike, es gehe auf die Entdeckung eines Hirten namens Koretas zurück. Dieser soll beobachtet haben, wie seine Ziegen ein seltsames Verhalten an den Tag legten, sobald sie sich einem Erdspalt genähert hatten. Sie sprangen herum und ließen ungewohnte Laute ertönen. Als der Hirte zu der Stelle trat, wurde er von prophetischem Geist erfüllt und konnte die Zukunft vorhersagen. Auch seinen Nachbarn erging es so, und schließlich kamen Pilger von überall her; manche aber fielen in ihrem prophetischen Wahnsinn in den Schacht und tauchten nicht wieder auf. Daraufhin beschlossen die Leute von Delphi, eine Frau aus ihrer Mitte als Prophetin für alle auszuwählen. Und sie verschlossen den Erdspalt, indem sie einen Dreifuß darüber stellten, auf dem die Prophetin thronte. Dies wurde auch beibehalten, als später der Tempel erbaut wurde. Seit dem 19. Jahrhundert wird vermutet, dass hier Kohlendioxid eine Rolle gespielt hat.

Der amerikanische Altphilologe Joseph Fontenrose jedoch weist solche Vermutungen in seinem Standardwerk über das delphische Orakel brüsk zurück. Nicht ganz ohne Grund: Als Ende des 19. Jahrhunderts unter einem Bauerndorf am Hang des Berges Parnassos der Apollontempel ausgegraben wurde, fand man eine rechtwinklige Anlage aus Säulengängen; Statuen und Mauern kamen zum Vorschein. Einen dampfenden Erdspalt jedoch suchte man vergebens. Andererseits gibt es bis heute mehrere Archäologen, die davon ausgehen, dass bei der Begeisterung der Pythia Kohlendioxid im Spiel war, zuletzt erschien hierzu 2008 eine ausführliche Studie von Luigi Piccardi.

Piccardi meint, dass es ein Gemisch aus Schwefelwasserstoff und CO_2 war, das eine Zeit lang, und zwar in der Folge eines Erdbebens, am Tempel des delphischen Apollons austrat. Er führt eine Vielzahl geologischer Indizien bei, die nicht unplausibel sind, aber auch nicht so eindeutig, dass man von einem Beweis sprechen möchte. Vielleicht war es ja doch der Gott selbst, und nicht das CO_2, das für die Weissagung verantwortlich war.

Wir haben nur wenige verlässliche Quellen über das, was in Delphi wirklich geschah. Die älteste Kunde ist der Homerische Hymnus auf Apollon, in dem beschrieben wird, wie Apollon in der Nähe von Delphi einen Drachen erschoss, den er anschließend in der Sonne verfaulen ließ. Daraufhin errichtete er mit einigen anderen den Tempel und weissagt seither an diesem Orte.

Unter den späteren Autoren wird nur Plutarch gemeinhin als verlässlicher Zeuge angesehen, da er selbst einige Jahre als Apollon-Priester in Delphi gewirkt hat. Und tatsächlich äußert sich Plutarch auch über ein merkwürdiges Phänomen, das in Zusammenhang mit dem Orakel steht, und das auf CO_2 hindeuten könnte. In seiner Schrift über den Niedergang der Orakel (*De defectu oraculorum*) spricht er gegen Ende (ab 443 E) über ein *mantikon pneuma*, einen prophetischen Hauch oder auch Rauch, der der Erde entsteige; auch spricht er von einer Ausdampfung (*anathymiasis*) oder einem Strom, Fluß (*rheuma*). Allerdings sind diese Worte nicht auf rein materielle Objekte in unserem Sinn bezogen, sie können auch für die Seele oder für den Geist verwendet werden (vgl. Fernández 1994). Sie bezeichnen jedenfalls kein Gas in unserem Sinne, sondern eher einen komplexen, gefühlsgeladenen Eindruck. Eine Ahnung von dem, worauf diese Wörter hindeuten, erhält auch der moderne Mensch, wenn er nachts plötzlich von einem Lufthauch unbekannter Herkunft gestreift wird und tief erschrickt.

Bleiben wir noch ein wenig bei den antiken Höhlenbeschreibungen. So berichtet der antike Reiseschriftsteller und Geograf Pausanias (circa 115 bis 180 n. Chr.) von der Trophonioshöhle (im Neunten Buch seiner Beschreibung Griechenlands, Kap. 9.39 ff.), die in einer Orakelstätte in Boiotien, einer gebirgigen Gegend in Griechenland liegt. Trophonios war ein Sohn des Apollon, ein Unterweltsgott. Er hatte, so erzählt die Sage, gemeinsam mit seinem Bruder den Tempel in Delphi erbaut, anschließend jedoch seinen Bruder erschlagen und sich dann in jene Höhle bei Lebadeia (heute Livadia) geflüchtet, wo er starb. Trophonios ist eine etwas entlegene Figur des altgriechischen Mythos, und abgesehen von Nietzsche, der sich im Vorwort zur Morgenröte als modernen Trophonios bezeichnet, spielt er in der Philosophie nur eine geringe Rolle.

Er gab aber jenen, die zu ihm kamen, die Fähigkeit, in die Zukunft zu sehen. Wer das Orakel besuchte, musste umfangreiche Vorbereitungen treffen: So hatte er sich zunächst mehrere Tage in einem Haus aufzuhalten, das dem Agathodaimon (guter Geist) und der Tyche (gutes Geschick) geweiht war. Während dieser Zeit unterzog er sich rituellen Reinigungen am Fluss Herkyna. Vor dem Hinabsteigen in die Höhle mussten mehrere Tiere geopfert werden, von deren Fleisch sich der Fragende ernährte. Bei jeder Opferung waren Priester zugegen, die eine Eingeweideschau vornahmen. Schließlich begab sich, nach weiteren Vorbereitungen, der Orakelsuchende in die Höhle, die auf einem Berg lag. Dort ließ er sich auf einer Leiter in einen Erdschlund hinab und zwängte sich schließlich in einen schmalen Felsspalt in das Allerheiligste. Hier hörten nun manche etwas, wie Pausanias berichtet, andere hingegen sahen etwas. Am Ende scheinen aber die meisten der Bewusstlosigkeit nahe gewesen sein. Hier lag eine akute Gefahr, denn der Orakelsuchende musste sich selbst aus dem engen Spalt wieder herauszwängen. Oben wurde er dann von Priestern in Empfang genommen, auf den Thron der Mnemosyne, der Erinnerungsgöttin, gesetzt und befragt. Anschließend wurde er seiner Familie übergeben und erlangte sein Bewusstsein erst nach und nach vollständig wieder. Auch hier kann man annehmen, dass die Orakelsuchenden eine Kohlendioxidvergiftung erlitten. Zu den bekannten Symptomen solcher Vergiftungen, die schon bei einem CO_2-Gehalt von vier Prozent auftreten können, zählt neben Delirien, Krämpfen, Schwindel und starker psychischer Erregung auch das Ohrensausen (vgl. Lehwess-Litzmann 1943).

Spiritus letalis – tödlicher Dunst

Einige der antiken Höhlen sind heute nicht mehr auffindbar, in anderen, deren Lage bekannt ist, lässt sich heute keine erhöhte Kohlendioxidkonzentration mehr messen. Das ist freilich nichts besonderes, denn ebenso wie viele Quellen, von denen die antike Literatur berichtet, mittlerweile versiegt und andere neu entstanden sind, so können erst recht auch Gasquellen verschwinden oder anderswo wieder auftauchen.

Eine Ausnahme ist die *Grotta del Cane*, die sogenannte Hundsgrotte, die sich in der Nähe von Neapel befindet, nicht weit von einem heute trockengelegten See, dem *Lago di Agnano*. Sie ist es vermutlich, von der Plinius im zweiten Band seiner Naturgeschichte (Kap. 95) spricht, in dem er unter den »Wundern der Natur« auch gewisse merkwürdige Höhlen aufzählt, die er folgendermaßen beschreibt: »Im Gebiet von Sinuessa [heute Ruinen bei Racco die Mondragone] und Puteoli [heute Pozzuoli] gibt es Höhlen, welche einen tödlichen Dunst (*spiritus letalis*) aushauchen – sie werden von den meisten Dunsthöhlen, von anderen als Grotten des Charon bezeichnet.« Er schließt seinen Bericht mit dem Ausruf: »Welcher Sterbliche könnte wohl in allen diesen Dingen andere Gründe angeben, als dass sich die göttliche Kraft der alles durchdringenden Natur hier so, dort wieder anders offenbart?«

Auch Seneca schreibt im Sechsten Buch seiner *Naturales Quaestiones*, das eigentlich den Erdbeben gewidmet ist, von Löchern, die einen giftigen Hauch ausströmen (*foramina pestilens exhalatur vapor*, ebd., Kap. 28).

Die Hundsgrotte, auf die Plinius vermutlich anspielt, gibt es bis heute. Die Bezeichnung als *spiritus letalis* oder *vapor pestilens* oder auch *spiritus motiferum* ist ein recht rationalisierter Name, in ihm kommt bereits eine gewisse Distanz zu dem unheimlichen Phänomen zum Ausdruck, das jedenfalls nicht mehr ohne Weiteres als göttlich aufgefasst wird. Auch ist das Phänomen mit diesem Namen schon viel weiter eingegrenzt auf etwas Luftartiges. Eine entscheidende Abstraktion ist damit vollzogen: *Spiritus letalis* ist ein Name, der nicht mehr dazu da ist, anzurufen, sondern zu bezeichnen. Der nächste Name des CO_2 ist ganz ähnlich gebaut, aber er vertieft diese Abstraktion und Vergegenständlichung, ohne den religiösen Bereich ganz zu verlassen. Es ist die Bezeichnung *spiritus sylvester*, die von Johann Baptist van Helmont eingeführt wurde.

Spiritus sylvester – der wilde Geist

Die Bezeichnung »Gas« wurde, wie bereits erwähnt, von dem flämischen Arzt, Alchemist und Mystiker Johann Baptist van Helmont (1579–1644) eingeführt (Abbildung 4); sie taucht erstmals in einer Sammlung seiner Schriften namens *Ortus Medicinae* auf, die in Amsterdam im Jahre 1648 erschien. Am ausführlichsten geht er auf seine neue Lehre in dem Traktat »Dass die Lehre von den Complexionen und Mischungen der Elemente ein Getichte seye« (19. Traktat in Rosenrots Ausgabe) ein. Hier beschreibt er seine Experimente, die er mit dem Erhitzen von Kohlen in einem verschlossenen Gefäß gemacht hatte, so: »So geben demnach die Kohlen und insgemein alle Coerper / welche nicht unmittelbarer Weise zu Wasser werden / und doch auch nicht fix sind / nothwendig einen wilden Geist und Dunst (*spiritus sylvester.*) Nemlich aus zwey- und sechzig Pfund eichenen Kohlen / bekommt man ein Pfund Aschen. So sind denn die übrigen ein- und sechtzig Pfund derselbige wilde Geist oder Dunst / (spiritus sylvester) welcher / wenn er gleich am glueen ist / gleichwohl nicht davon gehen kann / so das Gefaeß verschlossen ist. Diesen Geist / der bißanhero unbekandt gewesen / nenne ich mit einen neuen Namen Gas (und kann zu teutsch ein subtiler Dunst oder ein Klein-Dunst genannt werden:) Derselbige laest sich weder in Gefaesse einzwingen / noch auch wieder zu einem sichtbaren Coerper machen / es sey dann / dass zuvor sein Same gantz ausgetilget ist.« (van Helmont 1683, Bd. I., S. 145).

4 Johann Baptist van Helmont (1579–1644).

Die Bezeichnung »Gas« wirkt zunächst unscheinbar, tatsächlich ist sie aber eine der bedeutendsten naturwissenschaftlichen Begriffsbildungen der Neuzeit. Mit ihr wurde es möglich, die Luft zu erforschen, das Luftreich einzuteilen und wissenschaftlich zu bearbeiten.

Van Helmont hatte keinerlei Erfahrung mit erstickenden Höhlen, derlei gab es in den flämischen Niederlanden nicht. Aber er hatte sich intensiv mit Verbrennungsprozessen und mit Gärprozessen beschäftigt. Dabei war ihm aufgefallen, dass beim Verbrennen von Eichenholzkohle ein sehr großes Volumen eines unsichtbaren Stoffes frei wird – und dieses kann, wenn es sich in einem fest verschlossenen Gefäß befindet, beträchtliche Kräfte entfalten. Auch beim Gären von Wein wird etwas frei, das mit Macht gegen die Fassdauben drückt, wenn das Fass verschlossen wird. CO_2 hat ungeheure Kräfte! Das beweist jede Bombe, die hochgeht, aber auch jede gut geschüttelte Sektflasche. Van Helmont taufte das, was da frei wird, wegen dieser Energie auf den Namen *spiritus sylvester*, »wilder Geist«, und sagte verallgemeinernd, dass es sich um ein »Gas« handele. Dieses Wort leitet er vom griechischen Wort Chaos ab. Den Zusammenhang erkennt man, wenn man die Wörter richtig ausspricht – »gas« spricht sich auf niederländisch »chaas«, und ähnlich spricht sich auch das altgriechische »Chaos« aus, mit weichem »ch«, und nicht, wie es üblich geworden ist, »Kaos«. Vom Chaos spricht auch Paracelsus des Öfteren, und daher hat man verschiedentlich behauptet, dass van Helmont durch ihn zu der Begriffsbildung angeregt wurde, war doch van Helmont ein eifriger Paracelsus-Leser. Tatsächlich aber ist die Chaos-Terminologie bei Paracelsus zu unbestimmt, um wirklich als Vorläufer gelten zu können.

Van Helmont unterschied als Erster die beim Erhitzen oder Fermentieren freiwerdenden Substanzen scharf als etwas ganz Spezifisches von der umgebenden Luft und vom Wasserdampf. Andererseits waren seine Gase für ihn nicht nur neutrale Stoffe wie andere auch. Diese allgemeine Gleichschaltung aller chemischen Substanzen vollzog sich erst um die Wende vom 18. zum 19. Jahrhundert. Vielmehr glaubte van Helmont, dass er mit dem Gas sozusagen das innerste Prinzip des Körpers vor sich habe, so etwas, wie seinen Lebensgeist, das, was ihn von innen heraus antreibt. Gerade deshalb können auch die Gase dem Menschen besonders gefährlich werden, und van Helmont bringt hier auch die Beispiele der Hundsgrotte, aber auch die Gefahren in Braukellern und in Erzgruben. Ein eingeatmetes Gas vermag einen Menschen viel schneller umzubringen als Speisen oder Getränke. Es wirkt nämlich – in der Vorstellung von van Helmont – direkt auf seinen Lebensgeist. Etwas Numinoses blieb also seinem Gas, es ist noch immer ein Verwandter des klassischen *pneumas*. Deshalb kann man es auch nicht in Gefäße zwingen, und deshalb kann es nach Meinung van Helmonts auch nicht wieder zu einem festen Körper werden. Es greift deshalb zu kurz, wenn man in van Helmont einfach einen Vorläufer für unsere Begriffsbildung sieht. Was er unter Gas verstand, war wesentlich vorgeprägt durch die teilweise antiken Begriffsbildungen, von denen er selbst ausging. Zu einem naturwissenschaftlichen Objekt wurde das Gas erst unter seinem nächsten Rufnamen, der Bezeichnung »fixierte Luft«.

Die gefährliche Kraft, die in dem von ihm neu benannten Gas steckt, erfuhr van Helmont an sich selbst, wie er in seinem Tractat vom Stein im Menschen schreibt. Er stand damals in seinem 65. Jahr und dachte über ein medizinisches Problem nach: »In solcher Betrachtung war ich in meiner Studier-Stuben bey ziemlich kalter Zeit um das neue Jahr / und hatte eine Glut-Scherben von wenig gluenden Kohlen ziemlich weit von mir stehen / die gar hefftige Winters-Kaelte ein wenig dadurch zu lindern. Es kam aber einer von meinen Leuten eben zu rechte und sagte mir / dass die Kohlen einen Gestanck gäbe / und that den Scherben alsobald hinweg. (…) als ich nun aufstund und hinaus gehen wollte / fiel ich in einem Augenblick so lang als ich war / auf das steinerne Pflaster darnieder.« (van Helmont 1683, Bd. I, S. 506). Man stellt sich unwillkürlich jene kalte, dunstige Atmosphäre vor, die in den Niederlanden um diese Zeit, die ja auch kleine Eiszeit genannt wird, herrschte, und die auf so vielen Bildern der flämischen Maler festgehalten ist. Van Helmont trug von seiner Kohlendioxid-Kohlenmonoxid-Vergiftung monatelangen Schwindel, Ohrensausen und heftige Übelkeit davon.

Fixed Air – fixierte Luft

Van Helmont erschloss mit seinen Forschungen der aufstrebenden Naturwissenschaft ein ungeheuer weites, neues Terrain. Er beeinflusste, ja, er beflügelte die nachfolgenden Generationen maßgeblich. Besonders die Feststellung, dass die Gase in den festen Körpern irgendwie enthalten sind, als »zusammengesessener Geist«, wie van Helmont formulierte, inspirierte spätere Generationen von Forschern. Sie wiederholten van Helmonts Experimente und erfanden neue hinzu; andere, wie etwa der Prediger Stephen

Hales (1677–1761), der sich wie so viele englische Geistliche jener Zeit auch aufs Experimentieren verstand, entwickelten neue Namen. Hales schrieb in seinem 1727 erschienenen Werk *Vegetable Staticks*: »Aus einem Stück Kernholz der Eiche entwich das 216-fache seines Volumens an Luft. 216 Kubikzoll Luft, komprimiert auf den Raum eines Kubikzolls, würden, wenn sie darin verharrten, gegen die sechs Seiten des Kubus mit einer Kraft pressen, die 19.860 Pfund entspricht, einer Kraft, die ausreichen würde, die Eiche in einer ungeheuren Explosion zu zerreißen.« (Hales 1731, S. 215) Da nun aber Eichen normalerweise nicht explodieren, schloss Hales, dass die Luftsorte dort irgendwie fixiert sein müsse.

Joseph Black (1728–1799), ein anderer englischer Naturforscher, untersuchte jene Luftart noch näher und nannte sie schließlich, Hales zu Ehren, »fixierte Luft« (*fixed air*). Unter diesem Namen wurde das Kohlendioxid in den nächsten Jahrzehnten gerufen. Es war sozusagen sein Kindername. Erst später wurden die Verwandtschaftsverhältnisse jener neuen Luftart genauer erfasst.

Zu denjenigen, die sich besonders intensiv mit dieser »fixierten Luft« befassten, gehörte Joseph Priestley (1733–1804) (Abbildung 5). 1770 begann Priestley seine Arbeit mit Gasen, und betrat damit ein wissenschaftliches Gebiet, das ihm höchste Anerkennung bringen sollte. Priestley knüpfte an die Untersuchungen von Hales an und legte bereits 1772 seinen ersten ausführlichen Bericht der Royal Society vor, einer der ältesten und bedeutendsten Wissenschaftsorganisationen.

Priestley hatte festgestellt, dass jene »fixierte Luft« sowohl bei der Atmung, bei Verbrennungsprozessen wie auch bei vielen natürlichen Prozessen entsteht, zum Beispiel beim Bierbrauen. In der Nähe von Priestleys Wohnort befand sich eine Brauerei. Von dort bezog Priestley seine »fixierte Luft«. Ihn trieb eine bestimmte Frage um. Er hatte, wie schon viele andere vor ihm, festgestellt, dass seine »fixierte Luft« (*fixed air*; er sprach auch von *mephitic air*) nicht nur bei der Biergärung entsteht, sondern auch dort, wo viele Kerzen brennen oder viele Menschen atmen. Lässt man eine Kerze gar in einem abgeschlossenen Gefäß brennen, dann erlischt sie bald, genauso, wie eine Kerze, die mit Kohlendioxid begossen wird. Die Luft, in der die Kerze verlöscht ist, kann auch von keinem Tier mehr geatmet werden; Mäuse ersticken darin. Sie ist »verdorben« und zwar, wie Priestley meinte, durch ein Übermaß an Phlogiston, das diese Luft aufnehmen musste. Wie, so fragte sich Priestley, könnte man diese verdorbene Luft wiederherstellen? Konnte man die »fixierte Luft« wieder zu guter, atembarer Luft zurückverwandeln? Priestley war nicht der Erste, der sich diese Frage stellte. Zu seiner Zeit gab es zwar noch keine richtige universitäre Forschung, aber eine ganze Menge spleeniger Lords und Müßiggänger, die sich in ihrer reichlich vorhandenen freien Zeit mit allen möglichen und unmöglichen Fragen befassten und diese

5 Joseph Priestley (1733–1804).

natürlich nach Art der Adligen schnurstracks lösten. So meinte ein gewisser Graf von Saluce, dass man solche »verdorbene Luft« wiederherstellen könne, indem man sie entweder abkühle oder indem man sie in einer Schweinsblase gewissermaßen zärtlich massiert und sie so wieder zum Leben zurückbefördert. Allen diesen Hinweisen ging der sorgfältige Priestley nach. Aber nachdem er die Heilungsmethoden für die Luft bei seinen Versuchen nicht bestätigen konnte, versuchte er etwas Neues.

Und dabei kommt nun eine ganz besondere Pflanze ins Spiel, die Minze. Irgendwie muss sich Priestley gesagt haben: Wenn der Atem nach dem Genuss von Minze angenehm duftet, ja, wenn Minzblätter auf den Boden gestreut werden, um die Luft in einem Raum angenehmer zu machen, dann kann diese Pflanze vielleicht die verbrauchte, miefige, phlogistonübersättigte Luft wieder reparieren! Damals wuchs die Minze in vielen englischen Hausgärten. Zwar bekränzte man sich nicht mehr wie noch im antiken Griechenland mit Minzzweigen, aber sie wurde als Tee getrunken, als Gewürz verwendet und hatte damals wie auch heute noch viele Anwendungen als Heilmittel. Priestley setzte also in eines seiner Glasgefäße, das mit verdorbener Luft angereichert war, einen Stängel Minze und gab noch etwas Wasser dazu, damit die Pflanze nicht gleich eingehe. Die Minze und ihr zarter, verführerischer Duft wurden zur Muße seiner wissenschaftlichen Arbeit – und bescherten ihm eine der bedeutendsten Einsichten der modernen Naturwissenschaft. Ich zitiere aus der zeitgenössischen Übersetzung seiner Arbeiten, in der statt von der Minze von der Münze gesprochen wird: »Ich setzte hierauf am 17. August 1771 einen Stängel von der Münze in eine Menge Luft, in der ein Wachslicht ausgelöscht war, und fand am 27. eben dieses Monats, dass ein anderes Licht vollkommen gut darinne brannte.« (Priestley 1778, S. 50; vgl. Priestley 1774, S. 52)

Die Minze vermochte also eine erstickende, gefährliche Luft zu erneuern, wieder in eine atembare zu verwandeln! Der kleine grüne Stängel tut damit etwas noch viel Herrlicheres als das Mädchen im Märchen, das aus abgedroschenem Stroh lauter Gold spinnt. Neugierig, wie Priestley nun einmal war, versuchte er, ob es nur die duftende Minze ist, die die Kraft hat, die schlechte Luft wieder gut zu machen, oder ob nicht andere Kräuter denselben Dienst tun. Er erprobte den ganzen Kräutergarten, wobei er sich erst einmal an eine nahe, ebenfalls duftende Verwandte der Minze, die Melisse, hielt. Dann wurde er kühner und probierte es schließlich sogar mit einer stinkenden Pflanze – auch sie machte aus der totbringenden Luft eine lebensspendende. Auf den guten Geruch kam es also gar nicht an! Priestley verallgemeinerte kühn, dass alle Pflanzen beschädigte Luft erneuern können – solange sie wachsen. Das, was die Tiere und die Menschen verbrauchen, stellen sie stillschweigend wieder her – Stunde für Stunde.

Seine Zeitgenossen erkannten die ungeheure Tragweite seiner Entdeckung sofort. Und weil damals die Wissenschaftler noch fromm waren, erkannten sie in dieser Entdeckung einmal mehr die tiefe Weisheit des Schöpfers, der in seiner unergründlichen Güte von vornherein Vorkehrungen getroffen hatte, damit den Tieren und Menschen nicht irgendwann die Luft ausgeht. Extra dafür also hatte er die Pflanzen geschaffen, damit immer genügend Luft zum Atmen vorhanden sei! Welch glückliches Jahrhundert, in dem die Wissenschaft noch in der Lage war, den Glauben zu fördern, statt ihn aus den Angeln zu heben.

Als die Royal Society in London Priestley eine ehrende Medaille verlieh, hielt deren Präsident, der sonst sehr bärbeißige und überhaupt nicht lyrische John Pringle (1707–1782), der sich sogar mit dem englischen König einen erbitterten Streit über die richtige Form von Blitzableitern geliefert hatte, eine ergreifende, und für die CO_2-Geschichte höchst aufschlussreiche, Rede über die Arbeiten Priestleys: »Diese Entdeckungen überzeugen uns, dass keine Pflanze umsonst wächst. Von der Eiche des Waldes bis zu den Gräsern des Feldes ist jede Pflanze dem Menschen nützlich. Kann man auch nicht immer den besonderen Nutzen jedes einzelnen Gewächses einsehen, so ist es doch gewiss ein Teil des Ganzen und trägt zur Reinigung der Atmosphäre das seine bei. Hierin sind die duftende Rose und der tödliche Nachtschatten vereint: Weder diese Pflanzen, noch die Pflanzen in entfernten und menschenleeren Gegenden sind nutzlos für uns, noch sind wir nutzlos für sie, wenn wir bedenken, dass die Winde ihnen unsere verbrauchte Luft senden, zu unserer Erleichterung und zu ihrer Ernährung.« (Pringle 1783, S. 34 f.). Sogar der giftige Nachtschatten ist nicht nur giftig, ist nicht nur ein Werk des Teufels, sondern hat einen Platz in Gottes Plan! Denn auch er verrichtet eine unsichtbare, aber notwendige Arbeit, indem er die todbringende, verbrauchte Luft in neue, lebensspendende verwandelt.

Nun war Priestley nicht nur ein Gelehrter, sondern hatte auch Sinn für technische Entwicklungen. Da er wusste, dass das Gas, welches für die Heilwirkung mancher Mineralquellen verantwortlich gemacht worden war, nichts anderes als seine »fixierte Luft« war, versuchte er, wie man solches Mineralwasser künstlich herstellen könnte. Und es gelang ihm, mehr oder weniger durch einfaches Schütteln, »fixierte Luft« in Wasser zu pressen und somit den ersten künstlichen Sprudel herzustellen. Er wurde damit zu einem Pionier der Getränkeindustrie. Sein Werk über das künstliche »Spa-Wasser«

widmete er John Montagu, dem Earl of Sandwich (1718–1792), dem Erfinder des nach ihm benannten Sandwichs. Es ist ein merkwürdiger Umstand, dass in dieser Widmung zwei Erfindungen in eine Nähe gebracht wurden, die unsere heutigen Ernährungsgewohnheiten so stark prägen – das belegte Brot (beziehungsweise der Hamburger) und der Sprudel (beziehungsweise der Softdrink). In ihrer modernen Gestalt, als Cola und Hamburger, sind sie Symbole des industriellen Massenkonsums, und die mit der Herstellung dieser Produkte befassten Unternehmen sind berühmt-berüchtigt als extrem mächtige und aggressive Pioniere der Globalisierung.

Für Priestley war der Earl allerdings nicht als Erfinder des belegten Brötchens von Bedeutung – zweifellos wusste er von dieser Entwicklung ihrer Lordschaft überhaupt nichts. Vielmehr war es des Earls Rolle als Chef der britischen Navy, die ihm diesen Widmungstitel eingab. Denn Priestley war überzeugt, dass sein künstliches Sodawasser die Lösung für das ernsteste Problem sei, dem sich die britische Hochseeschiffahrt damals ausgesetzt sah, nämlich die Skorbut-Krankheit. Priestley glaubte allen Ernstes, sein künstliches Sodawasser könne der Krankheit vorbeugen. Nun ist zwar Kohlendioxid in der Tat ein sinnvoller Wasserzusatz, weil es Keime abtötet und das Wasser daher haltbarer und gesünder macht. Gegen Skorbut vermag es allerdings nichts auszurichten. Aber es muss ja auch nicht jede nützliche Erfindung gleich ein Wundermittel sein. Priestley selbst machte übrigens wenig Anstalten, seine Erfindung kommerziell auszuschlachten. Vielmehr verließ er wenig später England, in dem er aufgrund seines Glaubens zunehmend unter Druck gesetzt wurde, um in Amerika ein neues Leben zu beginnen.

Die drei bislang genannten Namen des CO_2 – *spiritus letalis, spiritus sylvestris* und *fixed air* haben eines gemeinsam: Sie haben einen Verankerungspunkt in der normalen Lebenserfahrung. Es wird in diesen Namen ein Sachverhalt aufgerufen, der noch nicht eindeutig in die Sphäre der Labors gehört.

Diese Anker in der Lebenswelt wurden allerdings an der Wende zum 19. Jahrhundert eingeholt; der neue Name des CO_2 – ich lasse hier die Deutung des CO_2 im Rahmen der Phlogistontheorie beiseite – war einer, der ganz woanders, nämlich in einer professionellen, quantitativen Theorie verankert war. *Acide carbonique, carbonic acid* ist ein Name, der nicht nur die Kenntnis von Laborerfahrungen voraussetzt, sondern die Kenntnis einer Theorie, welche zahllose Tatsachen koordiniert und daher eigentlich nur noch von Spezialisten verstanden werden kann. Namen sind Wege, die einen vor ein Ding führen. Aber wie eine Stadt kann man ein und dasselbe Ding von ganz verschiedenen Ausgangspunkten erreichen und je nachdem kann die Stadt auch ganz anders aussehen und geradezu nicht wiederzuerkennen sein. Wie kam es zu dieser Bezeichnung?

Acide carbonique – CO_2

Wie alle anderen Stoffe geriet auch die fixierte Luft Priestleys bald ins Mahlwerk der »antiphlogistischen Chemie« des französischen Chemikers Antoine Laurent de Lavoisier (1743–1794). In dieser neuen, von den Zeitgenossen zurecht als revolutionär angesehenen Chemie erklärte der wohlhabende Bürger und Steuerpächter Lavoisier die Verbrennungsprozesse nicht mehr, wie es zuvor geschah, mithilfe eines unsichtbaren Stoffes namens Phlogiston, der bei Verbrennungen entweiche, sondern als chemische Verbindung, bei der Sauerstoff hinzukommt. Bereits 1777 hatte Lavoisier diese neue Theorie publiziert.

Durchgesetzt wurde sie dann aber erst mit dem berühmten Werk *Méthode de Nomenclature chimique*, das Lavoisier gemeinsam mit seinen Kollegen Fourcroy und Berthollet veröffentlichte, die sich seiner neuen Lehre schon verschrieben hatten. Das Werk erschien zwei Jahre vor dem Revolutionsjahr 1789. Es führte für sehr viele chemische Substanzen neue Namen ein – Namen, die nicht einfach nur neue Bezeichnungen waren, sondern die vielmehr die chemischen Erfahrungen zum Ausdruck brachten, die mit einer bestimmten Substanz gemacht wurden (Ströker 1982, S. 271–281). Mit diesem Buch, das in der Geschichte der Chemie eine singuläre Stellung einnimmt, wurde nicht zuletzt Schluss gemacht mit den bunten, klangreichen Namen, unter denen das unsichtbare Gas angerufen wurde; an ihrer Stelle trat ein rein chemischer, der nur die chemische Konstitution berücksichtigte: *l'acide carbonique*, die Kohlensäure, wobei nicht streng zwischen dem Gas und seiner wässrigen Lösung unterschieden wurde (Abbildung 6) (Lavoisier 1787, S. 149; vgl. auch Lavoisier 1789, S. 251, in der 1796 erschienenen englischen Ausgabe spricht er von »carbonic acid assuming the state of gas« – Lavoisier 1796, S. 300). Ein Kollege von Lavoisier, ein gewisser Monsieur Hassenfratz, schuf dazu auch ein Formelsymbol, das aber Episode blieb. Priestley lehnte übrigens die »Neue Chemie« zeitlebens ab. Vielleicht spürte er, dass es gerade die simple Phlogistontheorie war, die ihn zu seinen epochalen Experimenten inspiriert hatte. Als Oxidationstheoretiker wäre er vielleicht auf keine einzige jener großen Experimentalideen gekommen.

Als es Jöns Jakob Berzelius (1779–1848) Anfang des 19. Jahrhunderts gelang, eine chemische Formelsprache zu erfinden, die sich den Bedürfnissen der Forschung so elastisch anpasste, dass sie sich schließlich international durchsetzte, verwandelte er auch die Kohlensäure. Er schrieb: »The chemical sign expresses always one volume of the substance. When it is necessary to indicate several volumes, it is done by adding the number of volumes … the sign … for carbonic acid [is] C + 2O«. Da diese Schreibweise manchmal unbequem sei, ließ er zu, dass man dies auch kürzer schreiben könne, nämlich $\overset{2}{C}O$. Berzelius' Vorschlag wurde zunächst nicht beachtet, setzte sich im

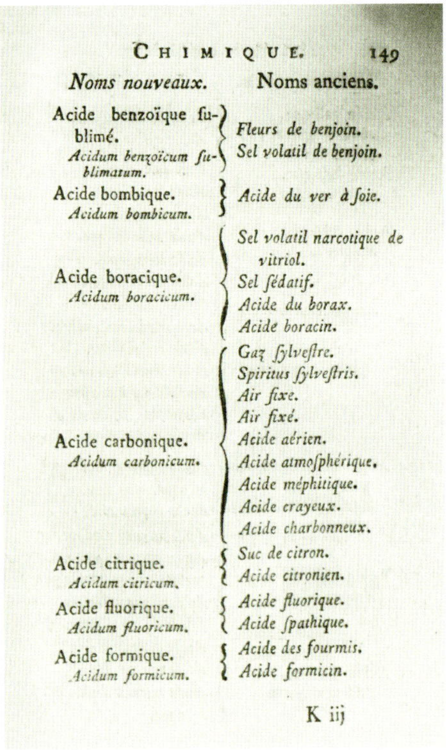

CHIMIQUE. 149

Noms nouveaux.	Noms anciens.
Acide benzoïque sublimé. *Acidum benzoïcum ſublimatum.*	*Fleurs de benjoin.* *Sel volatil de benjoin.*
Acide bombique. *Acidum bombicum.*	*Acide du ver à ſoie.*
Acide boracique. *Acidum boracicum.*	*Sel volatil narcotique de vitriol.* *Sel ſédatif.* *Acide du borax.* *Acide boracin.*
Acide carbonique. *Acidum carbonicum.*	*Gaz ſylveſtre.* *Spiritus ſylveſtris.* *Air fixe.* *Air fixé.* *Acide aérien.* *Acide atmoſphérique.* *Acide méphitique.* *Acide crayeux.* *Acide charbonneux.*
Acide citrique. *Acidum citricum.*	*Suc de citron.* *Acide citronien.*
Acide fluorique. *Acidum fluoricum.*	*Acide fluorique.* *Acide ſpathique.*
Acide formique. *Acidum formicum.*	*Acide des fourmis.* *Acide formicin.*

K iij

6 Auszug aus der 1789 erschienenen *Méthode de Nomenclature chimique:* Aus vielen Namen wird einer – Kohlensäure.

Laufe des 19. Jahrhunderts dann aber durch (Klein 2003, S. 14 f.). Justus von Liebig verwendete in seinen Schriften die Berzeliusschen Formeln, stellte den Exponenten aber nach unten (vgl. Klein 2003, S. 178) – und diese Schreibweise wurde schließlich zur gängigen. So entstand nach unzähligen Häutungen schließlich die einprägsame symbolische Gestalt, in der wir das Kohlendioxid heute kennen: als CO_2. Es ist neben H_2O eine der wenigen chemischen Formeln, die weltbekannt sind.

Mit diesem Zeichen war der unsichtbare, schwer zu fassende und ein wenig unheimliche Gast der Laboratorien endlich mit einem international gültigen Pass versehen, der ihn auswies als ganz normalen Stoff im modernen System chemischer Stoffe. Er hat also nicht länger einen Sonderstatus, sondern ist ein Stoff unter Stoffen. Man kann mit einer gewissen Zuspitzung sagen, CO_2 ist das, was in der Chemie vom delphischen Apollon übrigblieb. Aus dem göttlichen, vielsagenden Hauch wurde erst ein *spiritus*, ein halb natürlicher, halb übernatürlicher Geist, und schließlich ein gasförmiger Stoff, den man zwar mit Respekt behandelte, der sich aber prinzipiell nicht von anderen Stoffen unterschied.

Die Formel sprach seine Herkunft aus, legte gewissermaßen sein Stammbuch offen und erklärte, woraus das Gas gewonnen war: aus Kohlenstoff und

Sauerstoff. CO_2 ist nicht nur ein Name, sondern eine präzise Aussage über den Stoff. Mit diesem Namen und der hinter ihm stehenden Theorie war die Standfläche gewonnen, von der aus alle weiteren Untersuchungen des Stoffes durchgeführt wurden. Die tiefgestellte Ziffer »2« wies dabei auf das quantitative Element der hinter dem Namen stehenden experimentellen Praxis hin. Für jeden Außenstehenden, der nicht weiß, was das »C«, das »O« und die »2« in diesem Namen bedeuten, bleibt der Name eine undurchschaubare Hieroglyphe.

So markiert die Bezeichnung nicht nur ein Gas, sondern auch eine Trennlinie – die zwischen den Chemikern, jenen Schriftkundigen, die wissen, was da gemeint ist und warum es so bezeichnet wird, und den Laien. Die Formel markiert deshalb auch die zunehmende soziale Ausdifferenzierung der Chemiker, die nicht nur die Dinge unter ganz anderen Aspekten betrachten als die Normalsterblichen, sondern die auch ihre eigene Sprache entwickelt haben, die allen anderen vorerst unverständlich ist.

Gerade weil sie aber unverständlich ist, kann sie auch wieder mit mythischen Inhalten aufgeladen werden. Sie kann wieder zu einem numinosen Namen werden, mit dem eine schwer greifbare Bedrohung gebannt wird. Und in einer so umgedeuteten Form wird der Name auch in der heutigen öffentlichen Diskussion oft verwendet.

Klimakiller

Wann das CO_2 erstmals als »Klimakiller« bezeichnet wurde und wer sich diese seither notorische Bezeichnung ausdachte, lässt sich nicht feststellen. Sie haftet dem CO_2 vor allem in Deutschland derart an, dass es von den meisten Menschen für etwas insgesamt Schädliches und oft auch für etwas Unnatürliches gehalten wird. Man meint, es werde von der Industrie hergestellt: Wenn wir am Wissenschaftszentrum Umwelt der Universität Augsburg in unserer Ausstellung *CO_2 – Ein Stoff und seine Geschichte* ein Glas Leitungswasser herumreichen, das vor den Augen der Besucher mit CO_2 versetzt wurde, erleben wir es oft, dass niemand zugreifen will. Offenbar denken viele, der Stoff sei giftig.

CO_2 ist inzwischen zu einer Art Chiffre geworden, in der sich die Probleme unserer Risikogesellschaft verdichten. Zwar geht mittlerweile die überwiegende Mehrheit der Klimaforscher davon aus, dass das vom Mensch gemachte CO_2 entscheidend zur Klimaerwärmung beiträgt. Aber ebenso klar ist auch, dass die Bezeichnung »Klimakiller« vollkommen inadäquat ist, denn das natürliche CO_2 der Luft sorgt ja auch dafür, dass die Temperatur in einem angenehmen Bereich bleibt. CO_2 ist und bleibt ein lebensnotwendiges Gas, auch wenn es wahr ist, dass wir mit unserer Umwelt sorgsamer umgehen müssen. Aber öffentliche Kommunikation kann solche Ambivalenzen nicht mit transportieren. Sie muss zuspitzen und dramatisieren und sie muss mythische Schwarzweißformulare aufrufen, wenn sie überhaupt Gehör finden will. Deshalb ist der neueste und wirkmächtigste Name des Kohlendioxids wieder ein numinoser Name, mit dem ein Dämon angerufen werden soll. Fast ist es vom Gas wieder zu einem Pneuma im antiken, religiösen Sinne geworden. Und wie alle numinosen Namen macht auch dieser nur Sinn im Kontext einer ausgreifenden Geschichte, der apokalyptischen Geschichte des vom Menschen gemachten Klimawandels und den Katastrophen, die er auslösen wird. Das soll nicht heißen, dass diese Geschichte ohne wissenschaftliche Grundlage wäre. Aber es ist als solche nicht nur eine wissenschaftliche, sondern in ihrer Vereinfachung und Fokussierung auf die Schuldfrage auch eine typisch mythische Geschichte.

Namen sind Schall und Rauch, sagen die einen, Namen haften, sagen die anderen; sie sind Schicksale. Daher kann man davon ausgehen, dass die zukünftige Geschichte des CO_2 nicht unwesentlich von diesem letzten Namen geprägt werden wird.

Literatur

Amelung, Walther; Evers, Arrien (1962): Handbuch der Bäder- und Klimaheilkunde. Stuttgart: Friedrich-Karl Schattauer-Verlag.

Arrhenius, Savante (1896): On the Influence of Carbonic Acid in the Air Upon the Temperature of the Ground. In: The London, Edinburgh, and Dublin philosophical magazine and jounal of science, London, Heft 41, S. 237–276.

Arrhenius, Savante (1901): Über die Wärmeabsorption durch Kohlensäure und ihren Einfluss auf die Temperatur der Erdoberfläche. In: Öfversigt af Kongliga Vetenskaps-Akademiens förhandlingar. Stockholm: Heft 58. S. 25–48.

Asong, Linus T. (1987): Bole Butake's Lake God. A prototypical mythoeic drama. In: Cameroon Tribune, 02.06.1987, S. 15.

Barney Stephen A. et al. (2006): The Etymologies of Isidore of Seville. Cambridge: Cambridge University Press.

Berzelius, Jöns Jacob (1814): Essay on the cause of chemical proportions, and on some curcumstances relating to them; together with a short and easy method of expressing them. Annals of Philosophy 3, S. 51–62, 93–106, 244–257, 353–364.

Butake, Bole (1986): Lake God. Yaounde: Bet & Co (Pub.) Ltd.

Crawford, Elisabeth (1996): Arrhenius. From Ionic Theory to the Greenhouse Effect. USA: Science History Publications.

Ekholm, Nils (1901): On the variations of climate. In: Quarterly journal of the Royal Meteorological Society, Reading: Heft 27, S. 1–62.

Etiope, Guiseppe et al. (2006): The geological links of the ancient Delphic Oracle (Greece): A reappraisal of natural gas occurence and origin. Geology 34, 10 , S. 821–824.

Fernandez, Rosa Maria Aguilar Fernández (1994): El concepto de anathymíasis en Plutarco. In: Manuela García Valdés (ed.): Estudios sobre Plutarco: Ideas Religiosas. Actas del III Simpoio International sobre Plutarco. Madrid: Ediciones Clásicas, S. 25–31.

Fontenrose, Joseph (1978): The Delphic Oracle. Its Responses and Operations. Berkeley, Los Angeles: University of California Press.

Frech, Fritz (1902): Studien über das Klima der geologischen Vergangenheit. In: Zeitschrift der Gesellschaft für Erdkunde. Berlin, Band 1902, S. 611–693.
Frech, Fritz (1908): Über das Klima der Geologischen Perioden. In: Neues Jahrbuch für Mineralogie, Geologie und Paläontologie. Stuttgart, Band 1908, S. 74–86.
Gehler, Johann Samuel Traugott (1790): Physicalisches Wörterbuch oder Versuch einer Erklärung der vornehmsten Begriffe und Kunstwörter der Naturlehre. Leipzig: Schwickertscher Verlag. Darin: Artikel Gas, mephitisches; Gas, atmosphärisches; Gas, phlogistisiertes; Gas, dephlogistisiertes; Kohlenstoff; Parkerische Maschine.
Golas, Peter J. (1984): Mining. In: Joseph Needham: Science and Civilisation in China. Cambridge: Cambridge Univeristity Press, Vol. 5 Chemistry and Chemical Technology, Part 13, S. 186–203.
Hales, Stephen (1731): Statical essays: containing vegetable staticks; or, an account of some statical experiments on the sap in vegetables. Vol. I. By Stephen Hales. The second edition, with amendments London. Eingesehen als gescannte Onlineressource unter Eigteenth Century Collections Onlilne, www.galenet.galegroup.com.
Hartmann, Bernd (2005): Natürliche Kohlensäurequellen und Mofetten: Evidente Kurmittel – CO_2: Schulmedizinisches Heilmittel und Arzneimittel. In: Heilbad und Kurort, Zeitschrift des Deutschen Heilbäderverbandes e.V., Bonn: 57. Jahrgang, Heft 11–12/2005, S. 193–194.
Fourier, Jean-Baptiste Joseph (1890): Mémoire sur les températures du globe terrestre. In: M. Gaston Darboux: Oevres de Fourier. Paris: Gauthier-Villars et fils, S. 97–111.
Fourier, Jean-Baptiste Joseph (1890): Extrait d'un mémoire sur le refroidissement séculaire du globe terrestre. In: M. Gaston Darboux: Oevres de Fourier. Paris: Gauthier-Villars et fils, S. 271–273.
van Helmont, Johann Baptist und Knorr von Rosenroth, Christian (Übersetzer und Herausgeber) 1971 (1683): Aufgang der Artzney-Kunst. Bd 1. München: Kösel-Verlag.
van Helmont, Johann Baptist und Knorr von Rosenroth, Christian (Übersetzer und Herausgeber) 1971 (1683): Aufgang der Artzney-Kunst. Bd 2. München: Kösel-Verlag.
Klein, Ursula (2003): Experiments, Models, Paper Tools. Cultures of Organic Chemistry in the Ninetheenth Century. Stanford University Press, Stanford, California 2003.
Lehwess-Litzmann, Ingeborg (1943): Kohlensäure-Vergiftungen. In: Archives of Toxicology. Berlin: Springer, Vol. 12, Nr. 1, S. 29–57.
Lersch, Bernhard Maximilian (1863): Der Kultus des Wassers. In: Geschichte der Balneologie, Hydroposie und Pegologie oder des Gebrauches des Wassers zu religiösen, diätetischen und medicinischen Zwecken. Würzburg: Verlag der Stahel'schen Buch- und Kunsthandlung.
Lavoisier, Antoine Laurent de (1796): Elements of chemistry, in a new systematic order, containig all the modern discoveries. Third edition, with notes, tables, and considerable additions Edinburgh. Zitiert nach Eighteenth Century Collections Online. Gale Group.
Morveau, Lavoisier, Bertholet & de Fourcroy (1787): Méthode de Nomenclature chimique. Paris: Cuchet.
Ndzana, Vianney Ombe (1986): Catastrophe de Wum: Le Message de Ngumba. In: Afrique Asie, 21.09.1986, S. 38–40.
Nordack, W. (1937): Der Kohlenstoff im Haushalt der Natur. In: Angewandte Chemie, 50. Jahrgang, Nr. 28, S. 505–510.
Norton, Trevor (2001): In unbekannte Tiefen. Taucher, Abenteurer, Pioniere. Berlin: Rütten & Loening.
Pagel, Walter (1962): The wild spirit (Gas) of John Baptist von Helmont and Paracelsus. In: Ambix, Cambridge: Heft. 10, S. 1–13.
Pagel, Walter (1982): Paracelsus. An Introduction to Philosophical Medicine in the Era of the Renaissance. Basel, New York: Krager.
Pansegrau, Petra (2000): »Klimaszenarien, die einem apokalyptischen Bilderbogen gleichen« oder »Leck im Raumschiff Erde«. Eine Untersuchung der kommunikativen und kognitiven

Funktionen von Metaphorik im Wissenschaftsjournalismus anhand der Spiegelberichterstattung zum »Anthropogenen Klimawandel«. Bielefeld: Dissertation zur Erlangung der Doktorwürde.

Paracelsus, Theophrastus (1976): Theophrastus Paracelsus Werke. Band 2. Medizinische Schriften. Basel, Stuttgart: Schabe & CO AG.

Pausanias (2004): Beschreibung Griechenlands. Hg. und übersetzt von Jacques Laager. Zürich: Manesse.

Pettenkofer, Max (1858): Über den Luftwechsel in Wohngebäuden. München: J.G. Cotta'sche Buchhandlung.

Piccardi, Luigi; Masse, W. Bruce (eds.) (2007): Myth and Geology. London: The Geological Society.

Piccardi, Luigi et al. (2008): Scent of a myth: tectonics, geochemistry and geomythology at Delphi (Greece). In: Journal of the Geological Society, London, Vol. 165, 2008, S. 5–18.

Plinius Secundus, Gaius (1993): Naturkunde. Lateinisch-deutsch. Buch 23: Medizin und Pharmakologie. Heilmittel aus Kulturpflanzen. München und Zürich: Artemis & Winkler.

Plinius Secundus, Gaius (1994): Naturkunde. Lateinisch-deutsch. Buch 31: Medizin und Pharmakologie. Heilmittel aus dem Wasser. München und Zürich: Artemis & Winkler.

Priestley, Joseph (1774): Experiments and Observations on Different Kinds of Air. Ldon, J. Johnsonn. Digitalisiert unter: http://echo.mpiwg-berlin.mpg.de/home.

Priestley, Joseph (1778): Versuche und Beobachtungen über verschiedene Gattungen der Luft. Theil 1. Aus dem Englischen. Wien, Leipzig: Rudolph Gräffer. Digitalisiert unter: http://echo.mpiwg-berlin.mpg.de/home.

Pringle, John, Sir (1773): A discourse on the different kinds of air, delivered at the Anniversary Meeting of the Royal Society, November 30, 1773. In: Six discourses, delivered by Sir John Pringle, Bart. when president of the Royal Society; on occasion of six annual assignments of Sir Godfrey Copley's medal. To which is prefixed The life of the author. By Andrew Kippis, London, 1783, S. 1–41. Eighteenth Century Collections Online. Gale Group. http://galenet.galegroup.com/servlet/ECCO.

Reuter, Karl (1914): Über Kohlensäurevergiftung, insbesondere als Mittel zum Selbstmord. In: Friedreichs' Blätter für gerichtliche Medizin und Sanitätspolizei. Nürnberg: Heft 65, S. 161–202.

Seneca, Lucius Annaeus (1990): Naturwissenschaftliche Untersuchungen in acht Büchern. Eingeleitet, übersetzt und erläutert von Otto und Eva Schönberger. Würzburg: Königshausen und Neumann.

Shanklin, Eugenia (1988): Beautiful deadly lake nyos. In: Anthropology today. Oxford: Heft 1, S. 12–14.

Sinjoh, Nestor Kimbe (1997): Ten Years after the Lake Nyos Kisaster. Its Causes and Effects from the Bum Survivors' Perspective. Buea: University of Buea.

Soloviechik, Samuel (1962): The Last Fight for Phlogiston and the Death of Priestley. In: Journal of Chemical Education, Vol. 39, Nr. 12, S. 644–646.

Ströker, Elisabeth (1982): Theoriewandel in der Wissenschaftsgeschichte. Chemie im 18. Jahrhundert. Frankfurt am Main: Klostermann.

Tyndall, John (1898): Die Gletscher der Alpen. Braunschweig: Friedrich Vieweg und Sohn.

P. Vergilius Maro: Aeneis (2005): Lateinisch-deutsch. Herausgegeben und übersetzt von Gerhard Fink. Düsseldorf: Artemis und Winkler.

Weart, Spencer R. (2003): The Discovery of Global Warming. Cambridge, London: Harvard University Press.

Petra Pansegrau

Treibhausgas, Klimakiller, CO_2-Keule – Die mediale Karriere des CO_2

CO_2 ist ein Medienstar – ja, die meisten Zeitgenossen kennen das CO_2 überhaupt nur als Medienthema, nicht aber als wirklichen Stoff. Nun könnte man sagen: »Macht doch nichts, wenn ich das CO_2 nicht wirklich kenne, die Medien berichten mir ja, was darüber wissenswert ist.« Nur berichten die Medien nicht alles, was über das CO_2 wissenswert wäre, sondern nur das, was medientauglich ist. Und medientauglich sind Nachrichten bekanntlich besonders dann, wenn sie sensationell, negativ und eindeutig sind. Daher wird auch CO_2 immer nur in ganz bestimmter Weise in den Medien präsentiert. Seine erstaunliche Medienkarriere hat die Linguistin Petra Pansegrau nachgezeichnet.

Im Jahr 1994 schreibt das Nachrichtenmagazin *Der Spiegel*: »Das Klimagift CO_2 verpestet die Umwelt« und »CO_2 heizt die Atmosphäre über dem Erdball auf« (*Der Spiegel* 41/1994, S. 122 f.). Das Magazin greift in dem Artikel eine schon seinerzeit engagiert geführte Diskussion um die Auswirkungen von erhöhten Kohlendioxidemissionen auf die Entwicklung des globalen Klimas auf. Aus den beiden Zitaten wird zweierlei deutlich: Zum Einen wird das wissenschaftliche Problem des anthropogenen Klimawandels auf einen primären Hauptverursacher verkürzt. Zum Anderen geben die Textbeispiele einen ersten Einblick in die äußerst kreative Verwendung unterschiedlicher metaphorischer Bezüge in den journalistischen Produkten (vgl. Pansegrau 2000). In diesem Beitrag wird es darum gehen nachzuzeichnen, in welcher Weise die Medien CO_2 thematisieren und kontextualisieren.

Die Eigenständigkeit der Medien

Noch immer hat die Annahme Gültigkeit, dass die primäre Aufgabe von Massenmedien darin besteht, die Realität oder das reale Geschehen in möglichst relevanten Ausschnitten abzubilden, damit es so den nicht unmittelbar am Geschehen beteiligten Rezipienten zugänglich gemacht werden kann. Entsprechend werden auch weiterhin in der Medienforschung Studien veröffentlicht, die die reale Wirklichkeit mit der in den Medien abgebildeten

Wirklichkeit vergleichen und auf ihren Wahrheitsgehalt hin untersuchen. Die Idee, die diese Studien leitet, ist, dass insbesondere Nachrichtenmedien die Realität möglichst angemessen abbilden (sollen) und dass »falsche« Abbilder die Menschen, die sich an ihnen orientieren (müssen), fehlleiten (Marcinkowski 1993).

Inzwischen gehen Sozialwissenschaftler zunehmend davon aus, dass die Wirklichkeit nicht etwas »objektiv Vorliegendes« ist, das lediglich noch beschrieben werden muss, sondern von der gesamten Gesellschaft in einem sozialen Konstruktionsprozess immer wieder »geschaffen« werden muss. Dies bedeutet freilich nicht, dass es keine äußere tatsächlich existierende Realität gibt. Es wird jedoch behauptet, dass Menschen sie nicht ungefiltert erkennen können, sondern Individuen ihre jeweils eigenen Wirklichkeitskonstruktionen entwickeln. Die Aufgabe der Medien ist dabei, die Gesellschaft zu beobachten und unterschiedliche Themen zu sammeln, auszuwählen und zu bearbeiten, damit sie anderen als Kommunikationsangebote zur Verfügung stehen. Das heißt, Massenmedien wählen aus einer unüberschaubaren Anzahl von möglichen Nachrichten diejenigen aus, von denen sie glauben, dass sie einen hohen Nachrichtenwert besitzen. Nachrichten haben aber einen hohen Nachrichtenwert, wenn sie eindeutig, negativ und/oder sensationell sind. Diese Nachrichten werden dann in einer Weise präsentiert, die gewährleisten soll, dass man sich einerseits auf dem schier unüberschaubaren Medienmarkt von anderen Produkten abheben und die Aufmerksamkeit des Publikums erregen kann. Andererseits müssen die Präsentationsformen aber auch in einer Art und Weise gewählt werden, dass sie dem Erfahrungshorizont der Rezipienten angepasst sind und so ihre Aufmerksamkeit über einen längeren Zeitraum sichern. Zeitungen müssen zunächst gekauft, dann aber auch gelesen und »verstanden« werden, um sich auf dem umkämpften Medienmarkt behaupten zu können.

Im Fall des anthropogenen Klimawandels kommt den Medien eine besondere Rolle zu. Sie kommunizieren die Nachrichten aus Wissenschaft und Politik an die Öffentlichkeit. Die Nachrichten, die den Klimawandel betreffen, sind jedoch oftmals nur als wissenschaftliche oder politische Konstrukte vorhanden, da sowohl Wissenschaft wie auch Politik immer wieder unter verschiedenen Ungewissheiten handeln müssen. Es existiert in der Klimaforschung zwar ein weitgehender Konsens, dass der Mensch an einem globalen Temperaturanstieg beteiligt ist, doch es bleibt nach wie vor ungewiss, welche Folgen zu erwarten sind. Sowohl die Eintrittswahrscheinlichkeit als auch das Ausmaß und die regionale Verteilung von Folgen eines Temperaturanstiegs bleiben unklar. Die zahlreichen Versuche, das künftige Klima im Modell zu rekonstruieren, sind bis heute nur in Teilaspekten gelungen.

Für die Politik bedeutet das, dass sie vor komplizierte Entscheidungsprozesse gestellt wird. Zum einen muss sie aufgrund der wissenschaftlichen

Ungewissheiten entscheiden, zum anderen mussten zuständige Entscheidungsgremien und -kompetenzen erst noch geschaffen werden, und dies wiederum auch unter der Perspektive der Unsicherheit (vgl. Pansegrau 2000). Trotzdem müssen die medialen Nachrichten so aufbereitet werden, dass das Publikum sie für relevant erachtet. In den folgenden Abschnitten wird dargestellt, wie dies den deutschen Medien gelungen ist und welche Rolle CO_2 dabei gespielt hat. Im Rahmen einer umfangreichen Diskursanalyse wurden die Kommunikationen zum anthropogenen Klimawandel zwischen Wissenschaft, Politik und Medien zwischen 1975 und 2007 analysiert. Für die Analyse des Mediendiskurses wurden dabei die Berichterstattungen des Nachrichtenmagazins *Der Spiegel* sowie der Tageszeitungen *Frankfurter Allgemeine Zeitung* (FAZ) und *Süddeutsche Zeitung* (SZ) ausgewertet.

Klimawandel im Diskurs der deutschen Massenmedien

Dem Problem des anthropogen verursachten Klimawandels ist seit mindestens den 1980er-Jahren eine erhebliche mediale und öffentliche Aufmerksamkeit zuteilgeworden. 1986 trat der Arbeitskreis Energie (AKE) der Deutschen Physikalischen Gesellschaft (DPG) mit einer »Warnung vor der drohenden Klimakatastrophe« an die Öffentlichkeit und kündigte die »vollständige Unbewohnbarkeit der Erde« an. Diesem Aufruf waren zahlreiche wissenschaftliche Ereignisse und Publikationen vorausgegangen, die vereinzelt auch zu politischen Reaktionen oder medialem Interesse geführt hatten; kontinuierliche Aufmerksamkeit hatte das Thema Klimawandel allerdings bis zu dem Zeitpunkt noch nicht erreichen können. Ungewöhnlich war an dem Aufruf vor allem, dass er konkrete Folgen und Zeiträume der globalen Klimaproblematik aufzeigte und dies in drastischer und extremer Weise formuliert wurde. Ein Anstieg der mittleren Oberflächentemperatur um neun Grad Celsius in Polnähe könnte laut DPG-Aufruf einen Anstieg des Meeresspiegels um »bis zu zehn Metern«

1 Titelbild des *Spiegels* aus dem Jahr 1986.

und damit ein Überschwemmungsszenario bedeuten (Abbildung 1). Dies war mit der relativ expliziten Zeitangabe »unwiderruflich in den nächsten 50 Jahren« verbunden. Insbesondere die im Aufruf signalisierte Dringlichkeit ließ sofortiges Handeln notwendig erscheinen. Die Forderung nach einer veränderten Energiepolitik mündete unverhohlen in die Forderung nach langfristigem Ausbau der Kernenergie, die in den Monaten nach dem Tschernobyl-Unfall auf dem Tiefpunkt ihrer Akzeptanz in Deutschland angekommen war (vgl. ausführlicher Weingart et al. 2002/2008).

Die deutschen Medien reagierten in spezifischer Weise. Sie griffen die in der Wissenschaft geborene Metapher von der »Klimakatastrophe« auf und machten sie gleichermaßen zum Orientierungs- und Bezugspunkt ihrer Kommunikation; entsprechend liegen auch die Berichterstattungen zur Klimakatastrophe seit Mitte der 1980er-Jahre auf quantitativ ungewöhnlich hohem Niveau. Die zu diesem Zeitpunkt noch immer vorhandenen wissenschaftlichen Ungewissheiten in der Erforschung der Ursachen und Folgen des anthropogen verursachten Klimawandels wurden von den Medien bis weit in die 1990er-Jahre hinein nahezu vollständig ausgeblendet. Das markanteste Merkmal des Mediendiskurses ist also eine Transformation des hypothetischen Charakters wissenschaftlicher Prognosen und damit der Unsicherheit des Wissens in mediale Gewissheiten. Nach der Veröffentlichung des DPG-Aufrufs entwickelt sich in den deutschen Medien ein Katastrophendiskurs, der sich unter anderem darin äußert, dass die Medien sich in der dramatischen Darstellung künftiger Bedrohungen durch den Klimawandel gegenseitig überbieten: »*Überraschend war die Katastrophe nicht gekommen. Wissenschaftler hatten beizeiten gewarnt. (…) Das Desaster, der weltweite Klima-Gau ist nicht mehr aufzuhalten.*« (*Der Spiegel* 33/1986, S. 122 f.) »*(…) ist eine oft gestellt Frage gerade auch angesichts der nun drohenden Klima-Katastrophe. Zu resignieren wäre tödlich, führte letztlich zum Untergang der Menschheit.*« (SZ 30./31. Juli 1988, S. 86)

Durch die Beibehaltung der metaphorischen Konstruktion »Klimakatastrophe« gelingt es den Medien, einerseits die öffentliche Aufmerksamkeit und andererseits den Druck auf die Politik zu erhöhen. Aus Sicht der untersuchten Massenmedien hätte ein schnelles und deutlicher verantwortungsvolles Handeln, das aufgrund der frühen wissenschaftlichen Warnungen vor der Klimakatastrophe auch möglich gewesen wäre, die gefürchteten Ausmaße der Katastrophe positiv beeinflussen können. Den Politikern wird – zum Teil sehr direkt und offen – vorgeworfen, die vielfältigen wissenschaftlichen Warnungen in den Wind geschlagen und sich zu lange auf die Unsicherheiten berufen zu haben. Die Wege zu einem wirksamen Handeln hat sich die Politik dadurch aus Sicht der Medien selbst verbaut. »*In den Konzernzentralen der Auto-, Energie- und Chemieproduzenten und natürlich auf den Chefsesseln der Politik der neunziger Jahre treiben obskure Gestalten ihr Unwesen, die die Zukunft unserer Kinder ruinieren.«* (FAZ 6. Mai 1994, S. 32) »*Nur noch Katastrophen-Management (...) bleibt als Gesetz des Handelns übrig.«* (*Der Spiegel* 12/1995, S. 19/21).

Katastrophendiskurse in den Medien sind durch Überbietungen gekennzeichnet und geraten irgendwann an ihre Grenzen. Inzwischen spricht vieles dafür, dass die Entwicklung von immer konkreteren und immer dramatischeren Untergangsszenarien die Glaubwürdigkeit der Medienberichterstattung gefährdet und zu Übersättigungstendenzen führt. Eine gewisse »Katastrophenmüdigkeit« auch bei einer durchaus an ökologischen Themen interessierten Leserschaft ist nicht zu übersehen. Damit gefährden die Medien die Aufmerksamkeit für ihre eigenen Produkte. Mit sinkender Aufmerksamkeit ist aber auch das Risiko des Verlusts von Marktchancen verbunden. Seit Mitte der 1990er-Jahre bröckelt das Medieninteresse ab. *Die Zeit* schlussfolgerte am 25. Juli 1997 dann auch »*Den Meteorologen ist die Katastrophe abhanden gekommen*«. Immer häufiger las man nun von Skepsis gegenüber der eigenen ursprünglichen Position. Aufmerksamkeitsrelevant wurde zunehmend die Gegenposition. Auf diese Weise gelingt es den Medien dann letztlich doch noch, dem Risiko des Verlusts der Aufmerksamkeit zu begegnen. Für die Medien stellt das wirtschaftliche Risiko des Aufmerksamkeitsverlusts eine größere Bedrohung als die mögliche Gefährdung der eigenen Glaubwürdigkeit dar. Dieses Muster geht auch einher mit den Erkenntnissen der Nachrichtenwertforschung. Für die Medien ist es unerheblich, wer die Kontroverse zwischen den Wissenschaftler, die den Klimawandel für erwiesen halten, und den Skeptikern, die ihn anzweifeln, dominiert. Der Konflikt als solcher ist berichtenswert und entspricht dem Nachrichtenwert der Polarisierung.

Zu Beginn des neuen Jahrtausends dominierten andere Themen die Berichterstattung der deutschen Medien. Die steigende Arbeitslosigkeit und die Gefahr durch eine neue Phase des internationalen Terrorismus schienen allemal eine größere Bedrohung darzustellen als ein künftiger Klimawandel. Auch wenn die Forschung bereits seit längerem von einem breiten Konsens in der wissenschaftlichen Klimadebatte ausging und zu der Aussage übergegangen war, dass der Klimawandel bereits begonnen habe, konnte das Thema keine mit den 1990er-Jahren vergleichbare öffentliche Aufmerksamkeit erlangen. Seit Anfang 2007 ist allerdings wieder Bewegung in die öffentliche Debatte um den anthropogenen Klimawandel geraten. Das Intergovernmental Panel on Climate Change (IPCC) hat in drei Etappen im Februar, April und Mai 2007 seinen vierten Bericht veröffentlicht. Die nationale und internationale Politik äußert sich regelmäßig zu Einschätzungen über Dramatik und Folgen des Klimawandels; im April 2007 beschäftigte sich erstmalig der Sicherheitsrat der Vereinten Nationen auf Druck Großbritanniens mit der Frage, welche Gefahren für den Weltfrieden durch die zunehmende Erwärmung der Erde entstehen. Selbst die bis dato überwiegend skeptische amerikanische Regierung stellt während des G8-Gipfels Anfang Juli 2007 die Unterzeichnung des Kyoto-Protokolls in Aussicht.

Die Medienaufmerksamkeit zeigt für das erste Quartal des Jahres 2007 einen enormen Anstieg in der Häufigkeit ihrer Berichterstattung zum Klimawandel. Dies wurde unter anderem ausgelöst durch die medienwirksam inszenierte Veröffentlichung des IPCC-Berichts an wechselnden Orten (Paris, Brüssel, Bangkok) mit jeweils einigen Wochen Abstand und in groß angekündigten Pressekonferenzen. Hinzu kam quasi zeitgleich ein ungewöhnlich warmes Winter- und Frühjahrswetter in Deutschland. Extreme Wettersituationen und Naturkatastrophen haben zu vielen Zeitpunkten zu einem Anstieg der Medienberichterstattung zum anthropogenen Klimawandel geführt. Begleitet wurde diese Intensität von einer Parallelität der warnenden und skeptischen Stimmen. War die Formulierung von Klimaskepsis in den früheren Jahren noch eine Randerscheinung, so wurde sie jetzt zu einer sehr viel sichtbareren Variante der Berichterstattung. *Der Spiegel* berichtete in der Woche, in der der dritte Teil des IPCC-Berichts erschien, aus distanzierter Beobachterperspektive über die Verhandlungen des Weltklimarats und stellt die rivalisierenden Positionen unter der Überschrift »Sirenen des Weltgewissens« dar (*Der Spiegel* 18/2007, S. 80). Nur eine Woche später – und damit drei Tage nach Veröffentlichung des IPCC-Berichts – wechselte das Nachrichtenmagazin dann vollends die Seiten, indem es die Comic-Zeichnung eines schwitzenden Frauenkopfs mit der Sprechblase »Hilfe … die Erde schmilzt« sowie den Untertitel »Die große Klimahysterie« auf das Titelblatt nahm (Abbildung 2). Im Heft selbst erschien der Leitartikel »Abschied vom Weltuntergang«, der in ungewöhnlich deutlicher Weise die Abkehr von der bisherigen Position zeigte (*Der Spiegel* 19/2007). In der FAZ fanden sich schon im März 2007 Überschriften wie »Ist der Klimawandel nichts als Schwindel?« (23. März 2007) und »Klimawandel ist die natürlichste Sache der Welt« (30. März 2007). Das bedeutet aber noch nicht zwangsläufig, dass ein sogenannter Backlash eingesetzt hat, sondern zunächst lediglich, dass die Diskussion differenzierter und polarisierter geworden und wieder offen ist.

2 Titelbild des *Spiegels* aus dem Jahr 2007.

Durch die Anbindung der Klimafrage an die Metapher von der Klimakatastrophe ist es den Medien gelungen, das Thema über einen langen Zeitraum auf der Agenda zu halten und die Aufmerksamkeit des Publikums über einen langen Zeitraum mit jeweils unterschiedlichen Konnotationen zu erhalten. Die enge Zuspitzung eines wissenschaftlichen Themas auf eine metaphorische Konstruktion ist ein Mittel, das die Medien häufig einsetzen, um komplexe Zusammenhänge für ein überwiegend nichtwissenschaftliches Publikum aufzubereiten. Die Umwandlung wissenschaftlicher Thesen in Meldungen führt oft zu extremen Vereinfachungen oder zu dramatischen und reißerischen Berichten in den Medien, die durch die Verengung einer vielschichtigen Thematik auf einen Begriff entsteht. Für die Bedeutung und Bewertung des unsichtbaren Gases Kohlendioxid lassen sich ähnliche Bedeutungswandel aufzeigen (1).

CO_2 in der Berichterstattung des *Spiegels*

Die Klimawissenschaft hat bereits zu einem frühen Zeitpunkt in den 1970er-Jahren davor gewarnt, dass die durch Industrialisierung, gesteigerten Energieverbrauch und massiv erhöhtes Verkehrsaufkommen deutlich gestiegenen Emissionen an Kohlendioxid Einfluss auf die Entwicklung des globalen Klimas haben. Der wissenschaftliche Diskurs entwickelte sich dahin gehend, dass CO_2 zwar als wichtiger Verursacher galt, die Rolle und Bedeutung anderer Faktoren aber weiterhin im Mittelpunkt des Forschungsinteresses stand. Die Kommunikation der Faktoren, die das Klima bestimmen, stellt die Medien vor erhebliche Probleme, da es sich um ein äußerst abstraktes und höchst komplexes Gebilde handelt, das zunächst keinerlei Nachrichtenwert besitzt. Darüber hinaus verfügen die meisten Rezipienten über gar keine oder nur geringe Vorkenntnisse geophysikalischer Prozesse, die Vermittlung dessen stellt jedoch keine unmittelbare Aufgabe der Massenmedien dar.

Die Medien sehen sich also der Schwierigkeit ausgesetzt, zwischen kaum vorhandenen Vorkenntnissen und der Notwendigkeit, die zahlreichen Faktoren des Klimageschehens zu thematisieren, einen Weg zu finden, der für einen weiten Teil des Publikums nachvollziehbar ist. Die Lösung lag offenbar in der Zuspitzung der komplexen Thematik auf das »CO_2-Problem«. Klimawandel wird in dieser Lesart vor allem durch Kohlendioxid verursacht, die schwer verständlichen Rollen anderer Faktoren (Bewölkung, Wasserdampf, Veränderungen der Landoberfläche, Veränderungen der Strahlung der Sonne und so weiter) können auf diese Weise vernachlässigt werden. Kohlendioxid hingegen wird nicht nur als wichtiger Verursacher kommuniziert, sondern darüber hinaus als ein »künstliches« Gas, das durch modernen Lebensstil und Wohlstandsgesellschaften erst produziert und dann emittiert wird. Die Emission ist in dieser Auslegung ein Prozess, der mit menschlichen Eigenschaften und menschlichem Handeln gleichgesetzt wird. Folgende Beispiele entstammen (wenn nicht anders kenntlich gemacht) der Berichterstattung zum anthropogenen Klimawandel aus dem Nachrichtenmagazin *Der Spiegel* seit 1985.

CO_2 als »künstliches Gas« und »Schadgas«

CO_2 hat zwei wesentliche Quellen: Zum einen entsteht es aus der Verbrennung von fossilen Energieträgern, zum anderen entsteht es auf natürlichem Wege durch Freisetzung bei der menschlichen oder tierischen Atmung sowie durch natürliche Vorkommen wie vulkanische Gase. Der Anteil des natürlich erzeugten CO_2 liegt dabei um weit mehr als das 15-fache über dem Anteil des durch zum Beispiel Verbrennungsprozesse erzeugten CO_2. Darüber hinaus ist Kohlendioxid ein Gas, das zu einem hohen Prozentsatz in der Erdatmosphäre vorhanden und notwendig ist, um deren Funktionen zu sichern. Man kann es geradezu, ähnlich wie das Wasser, als Lebenselexier bezeichnen, denn aus Kohlendioxid bauen sich die Pflanzen im Zuge der Photosynthese letztlich auf.

Die natürlichen Vorkommen und Funktionen von CO_2 wurden im medialen Diskurs zu den Klimaänderungen jedoch nahezu vollständig ausgeblendet; es fand stattdessen eine Zuspitzung auf CO_2 als ein »*künstliches Gas*« statt, das durch Wohlstandsgesellschaft und modernen Lebenswandel (Mobilität, Energieverbrauch etc.) erst hervorgerufen wird. Formulierungen wie »*(...) blasen die Industriezentren in Europa Kohlendioxid in die Atmosphäre*«, »*der durch CO_2 erzeugte klimatische Heizeffekt*«, »*Kohlendioxid strömt herein*«, zeigen die implizite Vorstellung, dass CO_2 als reines Abfallprodukt entsteht und emittiert wird. Auch eher abschwächende Medienäußerungen, die darauf hindeuten, dass das natürliche Vorkommen existiert, wie »*folgenreichstes Treibhausgas in der irdischen Lufthülle*« oder »*CO_2-Aufwärtstrend ist nicht länger naturgegeben, sondern Menschenwerk*« zeigen, dass dessen Bedeutung eher gering eingeschätzt wird. Kohlendioxid stellt in der Medienkommunikation ein »*klimabedrohendes Gas*« dar, der »*Pegel des Treibhausgases steigt unaufhörlich*« und dies vor allem, weil es einen »*gigantischen CO_2-Schub*« gibt und »*Kohlendioxid in die Luft geblasen*« wird. Besonders deutlich wird dies in sehr plakativen Äußerungen, wie »*Schadgas wird in die Umwelt geblasen*«. Mit der Metapher »Schadgas« wird das natürliche Vorkommen und die atmosphärenstabilisierende Funktion von Kohlendioxid vollständig ignoriert, es wird vielmehr der Eindruck vermittelt, dass die Produktion von CO_2 möglichst vollständig vermieden werden sollte.

Vom Spurengas zum Klimakiller – Der Schuldige wird ausgemacht

Indem die natürlichen Quellen des Gases ausgeblendet werden, ist es für die Berichterstattung des Magazins *Der Spiegel* nur ein kleiner Schritt, um CO_2

die Rolle des Hauptverursachers oder Schuldigen zuzuweisen. Dies beginnt in den frühen Phasen der Medienberichterstattung noch mit vorsichtigen Einschätzungen und Abwägungen wie »*Kohlendioxid der vordringlichste Kandidat, das besorgniserregende CO_2 spielt entscheidende Rolle*« und wir als Menschheit »*dürfen auf keinen Fall riskieren, das Klimasystem durch Ausstoß von Treibhausgasen in instabilen Zustand zu treiben*«. Schon durch diese vergleichsweise vorsichtigen Äußerungen wird der Weg bereitet, der dann vor allem ab den 1990er-Jahren beschritten wird: CO_2 wird zum Hauptverantwortlichen der Bedrohung durch einen globalen Klimawandel.

Während in den 1980er-Jahren noch vereinzelt vom »*klassischen Treibhausgas CO_2*« oder auch schon erheblich vieldeutiger vom »*potenten Treibhausgas*« die Rede ist, findet ab den 1990-Jahren eine Hinwendung zu einer sehr starken Metaphorisierung statt, die sich in zahlreichen metaphorischen Szenarien ausdrückt. Das »*klimabedrohende Gas CO_2 heizt die Atmosphäre über dem Erdball an*«, »*das Klimagift CO_2 verpestet die Umwelt*« und die »*Treibhausgase treiben den Planeten in Wärmestau*«. In all diesen Konstruktionen lassen sich zahlreiche Hinweise auf Hauptverursacher und Schuldige finden. Vollständig »kriminalisiert« wird Kohlendioxid dann durch die Metapher »*Klimakiller*«, die Anfang der 1990er-Jahre im Mediendiskurs auftaucht und fortan in unterschiedlichen Kontexten Verwendung findet: »*Eine hungrige schnell wachsende Menschheit könnte dafür sorgen, dass ebenso gefährliche Klimakiller an die Stelle treten. Der gefährliche Klimakiller CO_2*«. Dazu passend findet im kriminalisierten Diskurs das CO_2 sein Pendant im Menschen, der durch sein Verhalten CO_2 produziert: »*Bei seiner Tat hat der Klimaverbrecher Mensch eine Reihe deutlicher Spuren hinterlassen, der Angeklagte hat die Aufheizung der Atmosphäre (aber) nicht gestanden*«.

Das Szenarium, das bereits durch die diskursive Zuspitzung auf das CO_2-Problem, das eher ein künstlich hergestelltes Abfallprodukt als ein natürlich vorkommendes Gas ist, vorbereitet wurde, wird durch diese Ausweitung auf einen Hauptschuldigen ergänzt. Die komplexen Prozesse, die die Zusammensetzung und Stabilität der Erdatmosphäre gewährleisten, werden auf ein begreifbares Phänomen heruntergebrochen und dadurch für das Publikum nachvollziehbar.

CO_2-Emissionen als aktive Handlung

Metaphern funktionieren nur oder zumindest erheblich besser, wenn sie nicht als isolierte Einzelmetaphern, sondern als gesamte Bedeutungszusammenhänge transportiert werden. Diese sogenannte Kohärenz wird im medialen Diskurs zur Rolle des CO_2 dadurch abgerundet, dass die Freisetzung nicht als natürlicher biologischer Vorgang geschildert wird, sondern als aktive Handlung, die durch massiven menschlichen Einsatz möglich wird. Die Freisetzung erfolgt also nicht im Rahmen eines biochemischen Prozesses, sondern wird einer intentionalen Handlung gleichgesetzt, die zum Teil auch die Attribute einer menschlichen Handlung beinhaltet.

Zahlreiche Beispiele belegen, dass CO_2 in die Atmosphäre aktiv eingebracht wird. Die Bedeutungsverschiebung von einer natürlichen Freisetzung hin zu einer intentionalen Handlung wird dabei mit metaphorischen Konstruktionen, die aus dem Bereich der menschlichen Atmung stammen, erreicht: »*Schadgas wurde in die Umwelt geblasen / Gase in die Atmosphäre geblasen / blasen die Industriezentren in Europa Kohlendioxid in die Atmosphäre / Kohlendioxid in die Luft geblasen / in Deutschland ausgeblasene CO_2-Mengen / USA pusten jährlich fünf Millionen CO_2 in die Atmosphäre / CO_2 in die Atmosphäre pusten / Treibhausgase in die Atmosphäre geblasen / ein geschlossener Kreislauf aus CO_2, das nach getaner Arbeit durch die Auspuffrohre in die Luft gepustet wird.*«

Der Transfer des Abstrakten und Komplexen in alltagsrelevante Kontexte scheint ein genuin medienspezifisches Charakteristikum in der Wissenschaftsvermittlung zu sein und ermöglicht neben der Stabilisierung der medieneigenen Präsentationsformen auch, dass an den Erfahrungshorizont der Rezipienten angeknüpft werden kann. Wir alle haben eine Vorstellung davon, was unter den Begriffen »*ausblasen*« oder »*pusten*« zu verstehen ist und so verstehen wir auch, wenn biochemische Prozesse in diesen Begriffen beschrieben werden.

Die gleiche Funktion der Vereinfachung des Abstrakten erfüllen auch besonders bildhafte Umschreibungen wie »*CO_2 würde wie bei einer entkorkten Champagnerflasche heraussprudeln*«, die ebenfalls auf eine aktive menschliche Handlung hindeuten oder die aus dem begrifflichen Feld des Kriegs entlehnte Metapher der Invasion: »*Fortgesetzte Gasinvasionen verändern das Antlitz der Erde*«, »*Gasinvasion ohne Ende*«.

Neben der begrifflichen Anleihe aus dem Bereich der menschlichen Atmungsvorgänge oder Invasion bedienen sich die Medien in ihrer Berichterstattung zum Kohlendioxidgehalt in der Atmosphäre aus dem begrifflichen Gebiet der Maschinensteuerung (»*pumpt der Mensch zusätzliche Mengen des Treibhausgases / CO_2-Gehalt hochgeschraubt / jährlicher CO_2-Ausstoß, hat CO_2-Zunahme hochschnellen lassen*«) sowie aus dem Herkunftsbereich der Maschinenkontrolle (»*Steigerung von Treibhausgasen in Kauf nehmen / einzelne Schadgasfahnen gesondert in Augenschein genommen / beim CO_2-Ausstoß alles beim alten belassen / CO_2-Wolken steigen zum Himmel / Spurengase, die wie ein Thermostat die Temperatur regulieren*«).

Die Maschinenmetapher suggeriert eine schwierige Gratwanderung zwischen Beherrschung und Unbeherrschbarkeit. Die atmosphärenphysikalischen Vorgänge werden durch diese Metaphorik im wahrsten Sinne des Wortes »begreifbar«. Die unterschiedlich konkreten Anwendungen (pumpen, schrauben, in Augenschein nehmen) beziehen sich dabei zum Teil auf gleiche, zum

Teil auf unterschiedliche Vorgänge, das behindert jedoch nicht die grundsätzliche Verstehbarkeit der Kontextualisierungen. Die Bedienbarkeit einer Maschine suggeriert allerdings möglicherweise auch, dass die Konstruktions- und Produktionsprozesse den unkontrollierten Wechsel in »einen anderen Betriebszustand« vollziehen und damit einen Verlust der Kontrolle bedeuten.

CO_2 liegt über dem Land

Der Treibhauseffekt bezeichnet zunächst eine positive – weil lebenserhaltende – Funktion der Atmosphäre. In der frühen Auseinandersetzung der Medien mit der wissenschaftlichen Thematik Klimawandel werden die problematischen, anthropogen verursachten Klimaveränderungen auch folgerichtig als zusätzlicher Treibhauseffekt definiert. Im Verlauf der medialen Auseinandersetzung wird dies jedoch zunehmend ausgeblendet, und es findet eine Umkehrung der positiven Bedeutung statt. Der bedrohliche Charakter des Klimawandels, der erst durch den *zusätzlichen* Treibhauseffekt entsteht, wird als *Treibhauseffekt* bezeichnet und bleibt über den ganzen Zeitraum die gültige Deutung der Treibhausmetapher.

Aus diesem Grunde kommt es im Verlauf der Berichterstattung auch immer wieder zu geradezu paradoxen Äußerungen wie »*Planet verwandelt sich in ein gigantisches Treibhaus*«, »*jenen Pfad beschreiten, der ins gefürchtete Treibhaus führt*« oder »*Treibhauseffekt bereits Realität*«. Das Treibhaus wird im positiven Sinne verstanden als Hülle, die die Erde umgibt und wie ein Schutzpanzer wirkt. Im negativen Sinne und in der medialen Berichterstattung zum Klimawandel verwandelt sich die schützende Hülle in eine bedrohliche und abgeschlossene Schicht, die Undurchdringbarkeit suggeriert. Der Stoff, der diese Schicht ausmacht, ist – wen wundert's noch – wiederum CO_2, das die Erde wie ein gefährliches Polster oder eine bedrohliche Wolke umgibt: »*Abgaswolke / dichter werdende Schicht aus Spurengasen / gigantische Gasschwaden wirken wie Treibhausfenster / Gase absorbieren Wärmeabstrahlung, heizen sich auf und umschließen Planeten mit Wärmepolster / CO_2 legt sich über Täler und verdrängt Atemluft / unter Volldampf, umwölkt von Treibhausgasen, rauscht das Raumschiff Erde durchs All / Gase bilden Wärmepolster*«. Und dabei wirkt die »*Atmosphäre als Abgasdeponie*«.

Die positive Konnotation der schützenden Hülle wird also aufgegeben zugunsten der bedrohlichen Schicht, die sich um die Erde legt. Damit wird ein weiteres Mal die natürliche und lebensnotwendige Funktion von CO_2 im Stoffkreislauf negiert und das Gefährdungspotenzial besonders betont. Interessant ist an diesen Beispielen, dass die Treibhausmetapher in der eigentlichen Bedeutung zwar auf der einen Seite auch den Eindruck eines abgeschlossenen, dichten Systems vermittelt. Auf der anderen Seite bestehen Treibhäuser zumeist aus Glas. Das Konzept des *gläsernen Treibhauses* betont primär die *Fragilität des Ökosystems*. Die natürliche Umwelt stellt ein äußerst gebrechliches Gebäude dar, das vor äußeren Einwirkungen geschützt werden muss und ist ebenso wie ein gläsernes Treibhaus in hohem Maße Gefährdungen ausgesetzt. Die gleiche Hüllenmetaphorik, die auch bei den unterschiedlichen Bezeichnungen und Kommunikationen zu CO_2 deutlich wird, verwandelt die Fragilität jedoch in die Undurchdringbarkeit. Die Erde ist nicht mehr von einem schützenden Treibhaus umgeben, sondern wird von einer gigantischen Wolke aus Kohlendioxid umschlossen.

Ausblick

Sprache ist ein extrem dynamisches System und stets hohen Anpassungsanforderungen unterworfen. Seit jeher hinkt die Sprachentwicklung den Entwicklungen der Welt- und Menschheitsgeschichte hinterher. Insofern ist Sprache in jedweder Form von metaphorischen Bezügen durchsetzt. Anders wäre es nicht denkbar, dass unser relativ begrenzter Wortschatz mit all den Entwicklungen und Neuerungen mithält, die sich permanent und zunehmend schneller ergeben. Die Analogiebildungen prägen das Sprachverhalten aller und nicht nur das der Medien. Die Medien vollziehen dies jedoch auf eine besonders augenfällige und kreative Weise. Sie leisten damit nicht nur das Verstehen eines unbekannten Sachverhalts in der Sprache eines bekannten, sondern sie vereinfachen und verdeutlichen das Komplexe und Abstrakte. Dadurch wird die wissenschaftsjournalistische Berichterstattung zum anthropogenen Klimawandel für das Publikum nachvollziehbar.

Eingangs wurde argumentiert, dass die Massenmedien eigene Wahrnehmungen eines Themas und eigene Selektionskriterien entwickeln, die sich von den Wahrnehmungen anderer Systems unterscheiden können. Trotzdem bleiben die anderen Systeme und damit die Quellen der Nachrichten wichtige Orientierungspunkte. Die Medien haben keine Klima- oder Kohlendioxidmetaphern »geschaffen«, die nicht auch auf eine »Karriere« im wissenschaftlichen Diskurs zurückzuführen sind. Sie konkretisieren jedoch die sprachlichen Szenarien in kreativer Weise und erreichen damit auch bei komplizierten und eher schwer zugänglichen Sachverhalten das Publikum.

Im Jahr 2007 schien sich die Wahrnehmung des Klimawandels vorübergehend zu ändern. Wie oben gezeigt, berichteten die großen deutschen Massenmedien von einem geänderten Standpunkt. *Der Spiegel* nahm »Die große Klimahysterie« auf das Titelblatt (Der Spiegel 19/2007) und die FAZ fragte im März 2007, »Ist der Klimawandel nichts als Schwindel?« (FAZ, 23. März 2007). Man kann sich unschwer denken, dass von einer sich wandelnden Betrachtung der Klimaproblematik auch die Wahrnehmung des Kohlendioxids nicht unberührt bleibt: *»Die CO_2-Keule wird dazu benutzt, uns ein schlechtes Gewissen einzureden, und sie wird als Alibi von den Politikern ver-*

wendet, um nicht nur den Steuerzahler immer höher zu belasten, sondern auch die unsinnigsten Projekte zu fördern.« (FAZ, 24. Juli 2007, S. 169) Ähnlich äußert sich *Die Welt* 2008: »*Kurz vor Weihnachten schwang die EU-Kommission erneut die ›CO_2-Keule‹, diesmal mit saftigen Strafandrohungen gespickt*« (*Die Welt*, 23. März 2008).

Die öffentliche Diskussion des anthropogenen Klimawandels wird sicher nicht eher beendet sein, als eine Lösung vorliegt und diese glaubwürdig kommuniziert werden wird. Schließlich handelt es sich um die ultimative, die größte und zugleich auch die letzte denkbare Katastrophe, die durch die Sorglosigkeit im Umgang mit Ressourcen vom Menschen selbst verursacht zu werden droht. Die Menschen und mit ihnen die Medien werden weiterhin eine Sprache finden müssen, die die intendierte Botschaft und trotzdem einen gewissen Neuigkeitsgehalt transportiert. Dies schließt die Beschreibung und Wahrnehmung des CO_2 ein und es bleibt abzuwarten, welche Bedeutungen dem Gas noch zugeschrieben werden.

Anmerkung

[1] Teile des vorangegangenen Textabschnittes wurden bereits ausführlicher in Weingart et al. (2002/2008) und Pansegrau (2007) veröffentlicht.

Literatur

Marcinkowski, Frank (1993): Publizistik als autopoietisches System. Politik und Massenmedien. Eine systemtheoretische Analyse. Opladen: Westdeutscher Verlag.

Pansegrau, Petra (2000): »Klimaszenarien, die einem apokalyptischen Bilderbogen gleichen« oder »Leck im Raumschiff Erde«. Eine Untersuchung der kommunikativen und kognitiven Funktionen von Metaphorik im Wissenschaftsjournalismus anhand der Spiegelberichterstattung zum ›Anthropogen Klimawandel‹. Dissertation Universität Bielefeld, Fakultät für Linguistik und Literaturwissenschaft (http://bieson.ub.uni-bielefeld.de/volltexte/2005/648/pdf/Dissertation_Klimametaphern_Pansegrau.pdf).

Pansegrau, Petra (2007): »Winds of Change«. Der globale Klimawandel im Spannungsfeld zwischen Wissenschaft, Politik und Medien. In: Vorgänge – Zeitschrift für Bürgerrechte und Gesellschaftspolitik 179, S. 102–109.

Weingart, Peter; Engels, Anita; Pansegrau, Petra (2002/2008): Von der Hypothese zur Katastrophe. Der anthropogene Klimawandel im Diskurs zwischen Wissenschaft, Politik und Massenmedien. Opladen: Barbara Budrich Verlag 2002 (2. Auflage 2008).

Die hohe Aufmerksamkeit, die dem CO_2 derzeit zuteil wird, beruht darauf, dass die durch die Menschen verursachten CO_2-Einträge in die Atmosphäre als Grund für die globale Klimaerwärmung gelten. Zwar konzentriert sich unser Buch auf den Stoff CO_2. Ohne einen Ausblick auf das aktuelle Klimathema wäre unsere Darstellung aber lückenhaft. Daher sollen die folgenden vier aufeinander aufbauenden Beiträge darstellen, welche Rolle dem CO_2 im Rahmen der Klimadiskussion zukommt.

KAPITEL 3

CO_2 und Klimawandel

Heidi Escher-Vetter im Gespräch mit Jens Soentgen

Warum sind Gletscher Schnee von gestern?

Die Klimaerwärmung ist mit wissenschaftlichen Methoden messbar – aber ist sie deshalb bereits real? »Ist das denn wirklich sicher?«, fragen einige Skeptiker. »Beruht diese sogenannte Erwärmung des Klimas nicht vielleicht nur auf neuen Messmethoden?« Die Antwort kann sich jeder selbst geben. Denn die Klimaerwärmung kann man nicht nur messen, man kann sie mittlerweile auch sehen und erfahren: Es sind vor allem die schmelzenden Alpengletscher, die bezeugen, dass der Klimawandel eine bedrohliche Realität ist. Die Glaziologin Heidi Escher-Vetter beschreibt eindrucksvoll, wie dramatisch der Klimawandel im Hochgebirge voranschreitet und welche nicht minder dramatischen Folgen dies für uns alle haben kann.

Leben wir eigentlich noch in einer Eiszeit?

Das kommt darauf an, was man unter einer Eiszeit versteht. Wenn man eine ganz einfache Definition verwendet und sagt, dass eine Eiszeit so lange herrscht, wie es Eis auf der Erde gibt, dann ist die Antwort ja. Seit dem Ende der sogenannten »kleinen Eiszeit«, das heißt seit 1850, nähern wir uns aber eigentlich eher einer Warmzeit, obwohl es ja noch Eis auf der Erde gibt, nämlich an beiden Polkappen und in den großen Gebirgen der Erde. Das ist schon etwas Besonderes, denn in nur ganz wenigen Epochen der Erdgeschichte gab es überhaupt Eis auf der Erde. Und gerade in einem solchen Zeitabschnitt hat sich die Menschheit entwickelt! Allerdings ist das Eis dabei, zu verschwinden. Weltweit gehen die Gebirgsgletscher zurück (Abbildungen 1 und 2).

Was versteht man unter einem Gletscher?

Ein Gletscher entsteht primär aus Schnee, so gesehen ist er immer »Schnee von gestern«. Allerdings findet man, wenn man genauer hinsieht, in jedem Gletscher nicht nur Eis, Firn und Schnee, sondern auch Wasser, Luft, Steine und sogar ein bisschen Fauna und Flora. Als nächstes gehört zu einem Gletscher, dass er einen Massenhaushalt hat, dass also ein Austausch mit der Atmosphäre stattfindet: Niederschlag, das heißt Schneefall, zum Aufbau des Gletschers im Winter, Sonnenstrahlung und Wärme zum Abbau von Schnee und Eis im Sommer. Außerdem sollte ein Gletscher eine Bewegung haben, wobei dieser Teil der Gletscherdefinition schon etwas mehr Probleme in sich birgt. Durch die immer stärkere Abschmelzung bei gleichbleibender Ernährung über die letzten Jahre und Jahrzehnte wird nämlich das Material, das vom Winter übrigbleibt, immer weniger und damit die Fließgeschwindigkeit der Gletscher auch immer geringer. Man kann sich einen Gletscher vorstellen wie einen zähen Honigkuchen, der an einem Berg oder an einem Hang entsteht. Als solcher folgt er der Schwerkraft, und je dicker der Gletscher ist, desto größer wird der Druck. Diesem Druck folgt der Gletscher und fließt den Berg hinunter.

Wie viele Gletscher gibt es in Deutschland?

Fünf, und die liegen alle in Bayern. Das sind der Nördliche und Südliche Schneeferner und der Höllentalferner, alle drei an der Zugspitze. Dann gibt es das Blaueis am Hochkalter und den Watzmanngletscher am Watzmann, beide im Berchtesgadener Land. Diese fünf Gletscher sind die nördlichsten der Alpen, die Großzahl der Gletscher liegt aber in den anderen Alpenländern.

Welche Rolle spielen Gletscher im Wasserhaushalt?

Gletscher haben hier eine wichtige Pufferfunktion, denn sie speichern einerseits Wasser in Form von Schnee im Winter und geben genau dann Wasser ab, wenn es wenig regnet, nämlich in sommerlichen Schönwetterperioden. Diese Ausgleichsfunktion ist zum Beispiel für den Rhein ganz wichtig, der Gletscherwasser aus dem Berner Oberland über die Aare erhält, die zwischen dem Bodensee und Basel in ihn fließt. Dieses Wasser strömt auch dann, wenn es sonst ganz trocken ist, zumindest solange es im Einzugsgebiet noch Gletscher gibt. Zum Beispiel in dem berühmten Hitzesommer von 1976, als es zwischen Mai und Juli in West- und Teilen von Zentraleuropa nicht ein einziges Mal geregnet hat – da bestand das (wenige!) Rheinwasser im Juli zu 90 Prozent aus Schnee- und Eisschmelzwasser, das den Strom sogar bis in den Mündungsbereich versorgte. Wenn dieses Wasser nicht gewesen wäre, dann wäre der Rhein nahezu trocken gefallen.

Worauf müssen wir uns einstellen, wenn die Gletscher verschwunden sind?

Schifffahrt wird auf Flüssen, die vormals auch von Gletscherwasser gespeist wurden, nur noch eingeschränkt möglich sein, Kraftwerke können das Wasser nicht mehr zur Kühlung verwenden und die Industrie hätte Probleme, weil ihr das Prozesswasser fehlt. In den alpinen Regionen selbst verschwindet mit den Gletschern nicht nur eine wichtige Einnahmequelle, zum Beispiel durch die Bergsteiger in den Gletscherregionen, sondern auch der Untergrund wird verändert, weil sich der Permafrost auflöst. Das ist ein ganz

1 + 2 Vergleich der Vergletscherung auf dem Zugspitzplatt für die Jahre 1890 und 2007. Vom Südlichen Schneeferner (linker Bildteil) sind 2007 nur noch Eisreste vorhanden, am Nördlichen sind die Folienauflagen zu erkennen (siehe Abbildung 3).

großes Problem, nicht nur, aber auch in den Alpen. Bislang hält Permafrost den Boden durch sein Eis zusammen und die Gletscher stabilisieren die Hänge; wenn sie aber nicht mehr da sind, entfällt diese stabilisierende Wirkung. Heute schon bekommen wir einen Vorgeschmack auf das, was da kommen kann. Kollegen aus der Schweiz haben mir erzählt, dass sie allmählich massiv Beton zu Hilfe nehmen müssen, um ihre Bergbahnstationen zu sichern, die in Permafrostboden gebaut wurden.

Wie sieht es anderswo aus mit der Abhängigkeit von Gletschern?

Mancherorts ist die Abhängigkeit noch viel größer als bei uns. So habe ich eine Region in Westchina besucht, die fast vollständig vom Gletscherwasser abhängt. Die Millionenstadt Urumchi in der autonomen Republik Xinjiang in China benutzt als hauptsächliche Trinkwasserquelle den Abfluss von Gletschern im Tienshan-Gebirge. Und die Stadt verbraucht diesen Abfluss auch nahezu vollständig, hinter Urumchi versiegt der Fluss. Die Bevölkerung ist also dort in sehr hohem Maße vom Gletscherschmelzwasser abhängig, auch unter dem Aspekt der Landwirtschaft, und trotzdem gehen sie manchmal leichtfertig mit ihm um! Man hat früher beispielsweise versucht, den Abfluss zu steigern, indem man Ruß auf die Gletscheroberfläche streute, wodurch die Abschmelzung erhöht werden sollte. Man ist dabei davon ausgegangen, dass eine schwarze Rußschicht die Sonnenstrahlung stärker absorbiert als helles Gletschereis, sodass dadurch die Schmelze verstärkt wird. Das hat aber nicht wirklich funktioniert, denn wenn die Schicht zu dick ist, dann tritt genau der umgekehrte Effekt ein: Der Gletscher schmilzt nicht schneller, sondern langsamer, weil die dicke Auflage dann das Eis vor der Sonnenstrahlung schützt.

Gibt es noch andere Gegenden, die stark von Gletscherwasser abhängen?

Eine solche Abhängigkeit findet man in weiten Teilen Zentralasiens. So würden auch die Flüsse Brahmaputra oder Ganges im Sommer ohne den Gletscherwasserzufluss aus dem Himalaya viel weniger Wasser führen, und die Baumwollproduktion in Kasachstan oder Usbekistan wäre ohne Gletscherschmelzwasser nicht möglich. Aber auch der Colorado im Mittelwesten der Vereinigten Staaten von Amerika ist ein Beispiel, wie Wasser aus Gebirgen und damit teilweise auch von Gletschern im Flachland genutzt (und übernutzt) wird.

Sind Gletscher die größten Süßwasserreserven?

Nein, global betrachtet machen sie nur einen kleinen Anteil aus, denn mit 99 Prozent liegt das meiste Eis und damit auch der größte Süßwasservorrat in den Polargebieten. In den Gletschern außerhalb der Polargebiete ist verglichen damit also nur rund ein Prozent des globalen Süßwassers gebunden. Absolut gesehen ist das natürlich immer noch sehr viel, etwa 30 Millionen Kubikkilometer, wenn man die Schneebedeckung dazurechnet.

Wo gibt es denn heute die größten Gebirgsgletscher?

Die liegen vor allem in Zentralasien und Alaska. Dort sind die Gletscher mit einer Fläche von mehr als 1.000 Quadratkilometern um eine Größenordnung größer als etwa der größte Alpengletscher. Das ist der Aletschgletscher in der Schweiz, der im Jahr 2000 eine Fläche von 82 Quadratkilometern hatte. Der Vernagtferner in den Ötztaler Alpen, den wir von der Kommission für Glaziologie der Bayerischen Akademie der Wissenschaften erforschen, ist mit acht Quadratkilometern trotzdem noch ein mittelgroßer Gletscher, weil die Hälfte der Gletscher in den Alpen kleiner als ein Quadratkilometer ist.

Warum erforscht man denn nicht eher einen größeren Gletscher?

Das hat zum Teil logistische, zum Teil auch geologische, zum Teil sogar historische Gründe. Der Vernagtferner wird schon seit etwa 400 Jahren beobachtet; die erste genaue Karte von ihm wurde 1889 angefertigt von Professor Sebastian Finsterwalder von der Technischen Universität München. Seither wird der Gletscher in regelmäßigen Abständen kartiert, seit 1964 werden Massengewinne und -verluste jährlich bestimmt, und seit 1974 wird auch noch der Abfluss registriert. Es werden also alle drei Methoden der Gletscherforschung angewendet, was nur bei ganz wenigen Gletschern möglich ist. Wir haben also eine einzigartige Beobachtungsdauer und ein sehr breites Methodenspektrum, und das ist schon einmalig bei einem Gletscher. Vielleicht ist der Vernagtferner der am besten erforschte Gletscher überhaupt, aber bestimmt ist er der am besten erforschte Alpengletscher.

Wie viele Gletscher gibt es insgesamt in den Alpen?

Derzeit sind es etwa 5.000 Gletscher. Und es werden immer mehr!

Ich dachte, die Gletscher schmelzen?

Eben – sie schmelzen dahin – und dabei werden aus einem großen Gletscher mehrere kleine, weil sich die großen aufspalten.

Und diese kleineren Gletscher tauen jetzt umso schneller ab?

So ist es in der Regel, auch wenn man stellenweise versucht, das Abtauen aufzuhalten. Beim Nördlichen Schneeferner etwa wird ein kleiner Teil der Fläche schon mit Folie abgedeckt, um so die Sonneneinstrahlung und damit die zugeführte Schmelzenergie zu reduzieren (Abbildung 3). Man kann aber natürlich nicht den ganzen Gletscher abdecken, sondern legt über einzelne Bereiche im Frühjahr oder Frühsommer eine Folie, zum Beispiel da, wo man im nächsten Winter für die Snowboarder eine Halfpipe bauen will. Anderswo bringen große Räumfahrzeuge, sogenannte »Pistenbullis«, im Winter Schnee vom Umfeld auf den Gletscher, oder der Gletscher wird mit Schneekanonen künstlich beschneit. Mittelfristig sind aber alle diese Maßnahmen ziemlich wirkungslos, denn mit dem Anstieg der Null-Grad-Grenze schmilzt auch der Kunstschnee und der natürliche Schneefall beschränkt sich auf Regionen weit oberhalb von 3.000 Metern Meereshöhe.

Die Menschen versuchen, den Abschied der Gletscher hinauszuzögern, könnte denn durch rasch wirksame Maßnahmen gegen den Klimawandel der Hebel nicht noch umgeworfen werden? Können die Gletscher nicht gerettet werden?

Dazu kann man eine einfache Milchmädchenrechnung machen: Wenn in einem ganzen Winter ein Meter Neuschnee auf einen Alpengletscher fällt,

3 Blick über den Nördlichen Schneeferner in Richtung Schneefernerkopf; neben der Kapelle »Maria Heimsuchung« erkennt man folienbedecktes Eis.

dann ergibt das einen Eisdickenzuwachs von zehn Zentimetern, weil Neuschnee nur etwa ein Zehntel der Dichte von Eis hat. Diese zehn Zentimeter können unter Umständen an einem einzigen heißen Sommertag abschmelzen! Das bedeutet, dass man sich viele niederschlagsreiche Winter und zusätzlich nasse, sonnenscheinarme und kalte Sommer wünschen müsste, um den Gletschern wenigstens ein bisschen zu helfen.

Wie sollte man sich auf die Zeit nach den Gletschern vorbereiten? Kann man ihre Pufferfunktion nicht irgendwie nachbauen?

Es gibt in der Tat Menschen, die sagen: »Wenn die Gletscher nicht mehr da sind, dann bauen wir eben eine Talsperre.« Damit könnte man zwar die Pufferfunktion der Gletscher sozusagen künstlich simulieren. Aber viele andere Funktionen der Gletscher kann man überhaupt nicht oder nur sehr schwer technisch ersetzen, wie die bereits angesprochene Stabilisierungsfunktion oder der touristische Aspekt zeigen.

Schmelzen die Gletscher kontinuierlich oder haben sie sich zwischenzeitlich auch mal wieder erholt?

Wie schon gesagt gehen bereits seit etwa 1850, also seit dem Ende der kleinen Eiszeit, die Gletscher weltweit zurück. Zwar gab es in den letzten 150 Jahren in den Alpen und auch in anderen Regionen der Erde Phasen, in denen Gletscher Masse gewonnen haben und dadurch gewachsen sind.

Das war zum Beispiel um 1900, dann teilweise noch mal um 1920 und sogar noch einmal zwischen 1965 und 1980. In diesem letzten Zeitabschnitt hatte das Wachstum der Gletscher einen seltsamen Grund, nämlich das sogenannte »global dimming«, das heißt die globale Eintrübung. Gemeint ist damit, dass durch die steigende Industrieproduktion viel Staub und Abgase in die Atmosphäre gelangten, das Sonnenlicht dadurch global abgeschirmt wurde und folglich die Temperatur zurückging. So kam es, dass die Gletscher in dieser Phase wirklich den Niederschlag, den sie im Winter erhielten, nicht durch Schmelze im Sommer wieder verloren haben, sondern überwiegend festhalten konnten und dadurch Masse gewonnen haben. In den 1980er-Jahren wurde deshalb in den Medien ja auch hier und da die angebliche Gefahr einer neuen Eiszeit heraufbeschworen! Aber seit die Luftreinhaltegesetze greifen, ist es damit vorbei, weil zum Beispiel in Deutschland die Technische Anleitung zur Reinhaltung der Luft dafür sorgt, dass die Luft sauberer wurde.

Somit waren die Gletscher die Verlierer der Luftreinhaltegesetze?
Das kann man so sagen.

Was fasziniert Sie selbst an den Gletschern?
Das ist eine gute Frage! Ich sehe sie vor mir, wie soll ich sie beschreiben? Es fängt an mit den Farben und Formen des Eises, die ich wunderschön finde. Je nachdem, wie dick das Eis ist, entdeckt man ganz unterschiedliche Blau- und Grüntöne, und wenn ein Gletscherbach über das Eis fließt, sieht man wunderschöne Mäander. Wenn man durch eine Höhle in den Gletscher hineingeht und beobachtet, wie das Licht durch das Eis hindurch scheint, das hat etwas ganz Faszinierendes für mich. Worauf ich mich auch bei jeder Feldbegehung freue, ist die Weite, die ein großer Gletscher bietet, seine Ruhe, seine Beständigkeit. Das bedeutet für mich, dass man als einzelner Mensch einen Gletscher nicht beherrschen kann! Aber man kann sich mit ihm beschäftigen und versuchen, ihn zu verstehen.

Aber aktuell werden doch viele Gletscher ziemlich intensiv behandelt? Da sie ja davonschmelzen, versuchen die Anrainer doch, sie daran zu hindern?
Tatsächlich wird gerade in den Alpen immer mehr versucht, Gletscher weiträumig mit Kunstschnee zu beschneien. Am Nördlichen Schneeferner auf der Zugspitze, dem letzten Rest des einstmals viel größeren Plattachferners, wird seit 13 Jahren etwa ein Prozent der Fläche mit Folien zugedeckt, und die Zugspitzbahn AG schippt auch den Schnee aus dem Umfeld auf den Gletscher drauf. Diesem Gletscher wird tatsächlich ein menschlicher Wille aufgezwungen. Aber viel bringt das nicht. Gletscher kann man nicht machen,

und wenn sie schmelzen, kann man das allenfalls für kurze Zeit und räumlich sehr begrenzt aufhalten.

Gibt es eine Prognose, wann es keine Gletscher mehr gibt?

Je sicherer die Klimaprognosen werden, desto sicherer kann man etwas zur Entwicklung der Gletscher sagen. Im Gegensatz zu den riesigen Eismassen in der Arktis und Antarktis, die das Wetter regional und global beeinflussen, können Gletscher nur auf das Klima reagieren, es aber nicht selbst steuern. Insofern sind die Gletscher eigentlich immer nur die Leidtragenden, und wenn es global gesehen wärmer wird, dann verschwinden irgendwann die Gebirgsgletscher – die einen schneller, die anderen langsamer. Wann sie nicht mehr da sein werden, ist allerdings von Region zu Region auf der Erde verschieden.

Wie werden sich die Gletscher der Alpen entwickeln?

Für die Alpen geht man davon aus, dass von derzeit rund 5.000 Gletschern im Jahr 2050 noch maximal die Hälfte da sein wird, wenn es mit der Klimaentwicklung so weiter geht wie bisher. Im Jahr 2100 werden vielleicht noch Teile von zehn großen Gletschern existieren. Man kann aber nicht ausschließen, dass ein paar kleine Gletscher sich länger halten können, etwa wenn sie in Karmulden liegen, in welche die Sonne nicht hineinscheint und Lawinen als zusätzliche Nahrungsquelle nutzen – natürlich nur solange in den jeweiligen Höhenlagen noch hinreichend viel Schnee fällt. Ein typisches Beispiel hierfür ist derzeit der Höllentalferner, der kann unter Umständen sehr zäh sein.

Wie wird es dem Vernagtferner gehen?

Der war einmal ein sehr »lebendiger« Gletscher, deshalb hat man ja auch so früh begonnen, ihn zu untersuchen, denn seine Vitalität hatte damals etwas durchaus Bedrohliches. Vom 17. bis ins 19. Jahrhundert hat er mehrfach schnelle Vorstöße gemacht, wobei zunächst Masse im oberen Teil des Gletschers angehäuft und dann mit Spitzengeschwindigkeit ins Tal geschickt wurde. Heute ist der Vernagtferner praktisch zum Stillstand gekommen, allenfalls bewegt er sich noch einige Meter im Jahr. Deshalb entstehen jetzt auch Höhlen in beziehungsweise unter ihm, die aber leider eher als Krankheitssymptome anzusehen sind, auch wenn sie innen unglaublich schön sind (Abbildung 4). Sie bilden sich, wenn sich der Gletscher nicht mehr bewegt und damit kleine Wölbungen im Eis, die durch Bäche am Gletschergrund ausgespült wurden, nicht mehr alljährlich vom Eis überschoben und damit gefüllt werden. Zunächst können die Höhlen von Jahr zu Jahr größer werden, aber natürlich nur, bis das Eis über ihnen zu dünn wird. Dann stürzen die Decken ein, was ziemlich gefährlich ist, wenn man gerade in der

Höhle herumläuft! Dass sich aber ein Gletscher nicht mehr bewegt, liegt eben daran, dass er zu schlecht ernährt wird und damit der Bewegungsantrieb fehlt. Und wenn keine Bewegung mehr erfolgt, liegt der Gletscher da und wird immer kleiner. Und wir sind dabei und können nur traurig zuschauen, wie er stirbt.

4 Eishöhle am Vernagtferner.
Sie wird gebildet durch einen seitlich unter das Eis fließenden Bach, der den Gletscher von unten her erodiert; infolge der geringen Fließgeschwindigkeit des Gletschers wird die Höhlung nicht mehr aufgefüllt.

Jucundus Jacobeit und Jens Soentgen

Das Klima von morgen – Methoden und Resultate der Klimaforschung

Klimaforscher verwenden ihre Modelle nicht nur, um festzustellen, was die Ursache für die beobachtete globale Erwärmung ist, sondern auch, um herauszufinden, wie das Klima in Zukunft voraussichtlich aussehen wird. Solche Aussagen sind zwar immer von bestimmten Annahmen abhängig und insofern keine reinen Prognosen. Sie sind aber wichtig, damit wir wissen, worauf wir uns einstellen müssen. Der Geograph und Klimaforscher Jucundus Jacobeit und Jens Soentgen geben Antworten auf die wichtigsten Fragen zum Klima von morgen.

Die Aussagen von Klimaforschern finden in den letzten Jahren eine immer stärkere Resonanz in den öffentlichen Arenen. Vor allem die Feststellung, dass von Menschen freigesetztes CO_2 und weitere sogenannte Treibhausgase die Hauptursache der gegenwärtig beobachteten globalen Erwärmung sind, bewegt viele Diskussionen. Zurecht, denn daraus können sich einschneidende praktische Konsequenzen ergeben. Andererseits ist das Klimasystem überaus komplex, und manche Wissenschaftler schreiben auch anderen Faktoren, insbesondere der Sonne oder internen Schwankungen innerhalb des Klimasystems, eine größere Rolle zu.

Welchen Weg gehen die Klimaforscher, um mögliche Verursachungsanteile verschiedener Faktoren zu differenzieren? Modelle spielen dabei eine zentrale Rolle. Sie sind vereinfachte Abbilder realer Systeme und simulieren deren Zustandsformen, gegebenenfalls auch in zeitlichen Abfolgen bei Änderungen in den Antriebsfaktoren oder Randbedingungen. In unserem Fall wird das irdische Klimasystem simuliert (Paeth 2007), das neben der Atmosphäre auch weitere Komponenten wie den Ozean, die Landoberfläche, die Biosphäre und die Kryosphäre (Land-, Schelf- und Meereis) umfasst. Ist dieses komplexe System überhaupt modellhaft zu erfassen, und woher nehmen wir die Zuversicht, dass die Modelle auch richtige Antworten auf klimatologische Fragestellungen geben? Dies soll zunächst in groben Zügen geklärt werden, bevor auf einige der wichtigsten Erkenntnisse zur aktuellen Klimaentwicklung eingegangen wird.

Komponenten heutiger Klimamodelle

Ursprünglich hatte man sich ganz auf die Atmosphäre konzentriert, deren allgemeine Zirkulation seit Mitte der 1950er-Jahre in sogenannten GCMs (General Circulation Models) simuliert worden ist (zum Prinzip derartiger GCMs siehe den Beitrag von Gramelsberger in diesem Buch oder von Storch et al. 1999). Im Unterschied zu kurzfristig eingesetzten Wettervorhersagemodellen, bei denen langsam variierende Randbedingungen wie Meeresoberflächentemperaturen, Meereis, die Tiefenzirkulation im Ozean oder der Zustand der Biosphäre als konstant betrachtet werden können, bekommen diese Größen bei den längerfristig ausgerichteten Klimamodellen entscheidende Bedeutung, resultiert das Klima neben externen Antrieben (Solaraktivität, Vulkanismus, menschliche Einflüsse) doch erst aus den komplexen Wechselwirkungen zwischen allen genannten Komponenten des Klimasystems. Also stand man vor der Aufgabe, auch diese Komponenten modellhaft zu erfassen und mit den GCMs in Verbindung zu bringen. Beispielsweise entstanden so um die Mitte der 1960er-Jahre erste dreidimensionale Ozeanmodelle.

Die Integration einer immer größer werdenden Anzahl von Teilmodellen in gekoppelte Klimamodelle verlief dann in mehreren Phasen: Nach der Einbindung von Landoberfläche, Ozean und Meereis in den 1980er-Jahren folgten im anschließenden Jahrzehnt die Aerosole und der CO_2 Zyklus, nochmals später Vegetationsmodelle und biogeochemische Kreisläufe. Heute arbeitet man bereits an der Entwicklung sogenannter Erdsystemmodelle, die auch die Verflechtungen mit marinen und terrestrischen Ökosystemen sowie der menschlichen Gesellschaft darstellen sollen.

Die heutigen Klimamodelle erfassen also bereits einen respektablen Teil der Komplexität unseres Klimasystems und reproduzieren das heutige und teils auch das vergangene Klima trotz verbleibender Unsicherheiten mit zunehmender Genauigkeit. Dies hängt auch mit neueren Entwicklungen zusammen, die kurz angesprochen werden sollen.

Fortschritte in der Klimamodellierung

Hier kann man drei wichtige Gesichtspunkte nennen. *Zum Ersten* hat sich die Repräsentanz zahlreicher Klimasystemprozesse in den Modellen erheblich verbessert; genannt seien hier Austauschvorgänge zwischen Land und Atmosphäre, die Dynamik des Meereises und das Verhalten von Aerosolen.

Zum Zweiten können mit der gestiegenen Anzahl verschiedener Modelle und der erheblich angewachsenen Rechnerkapazität Multimodell-Ensemble-Simulationen erzeugt werden, die eine mehrfache Quantifizierung von

Modellunsicherheiten erlauben: einerseits für jedes einzelne Modell anhand der Ensemble-Spannbreite (mehrfache Rechnerläufe mit variierenden Anfangsbedingungen), andererseits im Ergebnisvergleich über verschiedene Modelle, die sich teilweise voneinander unterscheiden. Solche Unterschiede kann es zum Beispiel darin geben, wie Prozesse parametrisiert werden, die zu kleinräumig sind für die Maschen des Modells, aber indirekt dennoch einbezogen werden müssen. Dabei lässt sich generell feststellen, dass die Ergebnisse der Modellsimulationen zunehmend konvergieren, womit eine gesteigerte Verlässlichkeit in den Aussagen zur Klimaentwicklung erreicht worden ist.

Zum Dritten hat es beachtliche Fortschritte bei der räumlichen Auflösung gegeben: Abbildung 1 zeigt, dass diese Auflösung im Ersten Sachstandsbericht des IPCC von 1990 bei den globalen Modellen horizontal noch bei rund 500 Kilometern gelegen hat, wohingegen sie sich im vierten IPCC-Report von 2007 schon nahe an 100 Kilometer bewegt. Ergänzt wird dieser Fortschritt durch die regionale Klimamodellierung, bei der mit »genesteten« Modellen, die nur einen regionalen Raumausschnitt abdecken und von einem globalen Modell angetrieben werden, teils bereits Auflösungen von unter zehn Kilometer erreicht werden. Allerdings sind diese Regionalmodelle noch mit erheblichen Unsicherheiten behaftet (Werner/Gerstengarbe 2007).

Der Einfluss des Menschen

Menschen sorgen dafür, dass immer mehr Kohlendioxid in die Atmosphäre gelangt. Das geschieht vor allem durch Verbrennungsprozesse, aber auch zum Beispiel durch Abholzen von Wäldern und Landnutzung. In der Klimaforschung spricht man oft auch abkürzend vom anthropogen emittierten Kohlenstoff, man betrachtet also nur das »C« im CO_2. Dies geschieht, damit man die Bilanzen der Kohlenstoffkreisläufe einfacher darstellen kann.

Tatsächlich verbleibt nicht der gesamte von Menschen freigesetzte Kohlenstoff als CO_2 in der Atmosphäre, erhebliche Teile werden von Ozean und Land-Biosphäre aufgenommen und verändern damit das Klima nicht unmittelbar. Nach dem jüngsten Sachstandsbericht des IPCC (2007) hat das System Land-Biosphäre in den ersten fünf Jahren dieses Jahrhunderts sogar rund 0,9 Gigatonnen Kohlenstoff pro Jahr mehr aufgenommen, als durch anthropogene Landnutzung (Waldrodungen, Bodenbearbeitung, spezielle Nutzungsformen) freigesetzt worden ist. In den Ozean wandern netto 2,2 Gigatonnen pro Jahr, sodass von den fossilen Kohlenstoffemissionen von 7,2 Gigatonnen pro Jahr nur circa 57 Prozent in der Atmosphäre verbleiben.

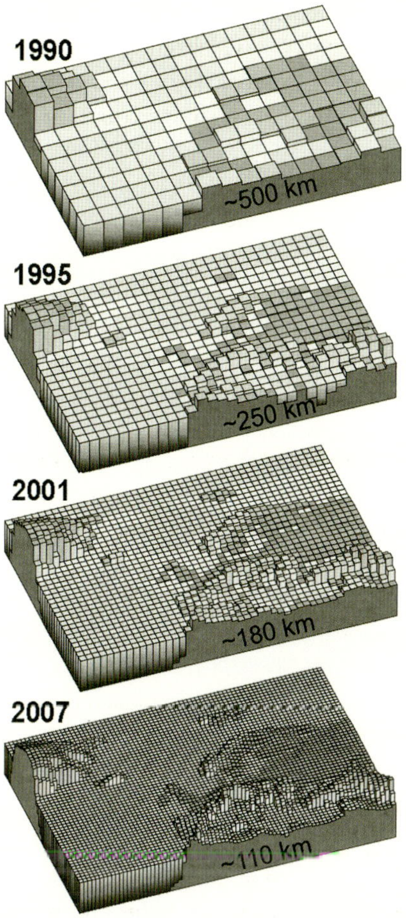

1 Horizontale räumliche Auflösung verschiedener Generationen globaler Klimamodelle (die Jahreszahlen entsprechen den Erscheinungsjahren der bisherigen IPCC-Sachstandsberichte 1-4) (nach IPCC 2007).

Dies hat jedoch bereits ausgereicht, um die atmosphärische CO_2-Konzentration mit heute über 380 ppm (parts per million) etwa 100 ppm über das vorindustrielle Niveau und damit auf den höchsten Wert zumindest in den letzten 650.000 Jahren ansteigen zu lassen (Latif 2007). Über die verstärkte Absorption infraroter Erdausstrahlung durch CO_2 und weitere Treibhausgase in der Atmosphäre sowie die zugehörige Erhöhung der atmosphärischen Gegenstrahlung ergibt sich damit die bekannte Konsequenz des anthropogen verstärkten Treibhauseffektes (Cubasch/Kasang 2000; Endlicher/Gerstengarbe 2007).

Es stellt sich jedoch die Frage, ob es nicht auch sein könnte, dass weitere anthropogene Aktivitäten den verstärkten Treibhauseffekt kompensieren? Wie man schon länger weiß, rufen zum Beispiel landnutzungsbedingte

Zunahmen der Erdoberflächen-Albedo (Anteil der reflektierten an der einfallenden Strahlung) und vor allem anthropogen emittierte Aerosole (ausgenommen Rußpartikel) einen relativen Abkühlungseffekt hervor. Wird zum Beispiel ein Wald in eine Steppe oder gar in eine Wüste verwandelt, wird das einfallende Sonnenlicht stärker zurückgeworfen und weniger Energie kann an der Oberfläche aufgenommen werden (beim Wald wird ein großer Teil der Energie allerdings zur Verdunstung und nicht zur direkten Erwärmung eingesetzt). Eine relative Abkühlung in Bodennähe tritt insbesondere auf, wenn feine Staubpartikel in der Atmosphäre Teile des Sonnenlichtes zurückwerfen.

Das Ausmaß dieser Effekte ist jedoch mit erheblichen Unsicherheiten behaftet, wie die großen Schwankungsintervalle bei den Aerosolkomponenten des mittleren globalen Strahlungsantriebs zeigen. Der Abkühlungseffekt der meisten Aerosole geht einerseits auf die partielle Reflexion einfallender Strahlung (direkter Effekt), andererseits auf die Beeinflussung optischer Eigenschaften von Wolken mit resultierender Albedo-Erhöhung zurück. In der Gesamtbilanz aller anthropogenen Komponenten im Strahlungshaushalt ergibt sich jedoch wieder ein positiver Strahlungsantrieb, das heißt, die abkühlende Wirkung von Aerosolen und Landnutzung wird eindeutig überkompensiert von der erwärmenden Wirkung vor allem der langlebigen Treibhausgase. Zudem sind unsere Kenntnisse über die Treibhausgase wesentlich genauer als unsere Daten über die Aerosole in der Atmosphäre. Deshalb kann mit sehr hoher Verlässlichkeit von einer Gesamtwirkung menschlicher Einflüsse in Richtung einer globalen Erwärmung ausgegangen werden.

Anteil der Sonne am Klimawandel

Aus Satellitenmessungen wissen wir, dass die Energieabgabe der Sonne derzeit nur im Größenordnungsbereich von 0,1 Prozent schwankt. Sie ist dabei signifikant positiv mit der Sonnenfleckenhäufigkeit korreliert, genau umgekehrt, wie man es angesichts der kühleren Flecken erwarten würde. Wenn es aber viele Sonnenflecken gibt, ist die Energieabgabe der Sonne deswegen besonders groß, weil die Wirkung der kühleren Fleckenflächen durch die Zunahme von heißeren Sonnenfackeln und sonstigen Eruptionen strahlungsenergetisch überkompensiert wird. Die Fleckenhäufigkeit zeigt aber auch längerfristige Schwankungen, etwa den 80- bis 90-jährigen Gleissberg-Zyklus, der durch variierende Fleckenmaxima und auf niedrigeres Niveau abfallende Amplituden nach hohen Maxima wie 1787, 1871 und 1957 gekennzeichnet ist.

Parallel zur ersten Phase der rezenten Erwärmung in den ersten vierzig Jahren des 20. Jahrhunderts hat es auch eine Zunahme der mittleren Sonnenfleckenhäufigkeit und damit der integrierten Gesamtsolarenergie gegeben. Nach bisherigen Abschätzungen war sie für bis zu 50 Prozent dieser ersten Erwärmung verantwortlich, während der Solaranteil an der forcierten Erwärmung seit 1970 auf höchstens ein Drittel geschätzt worden ist (Lean/Rind 1998). Nach dem letzten Sachstandsbericht des IPCC (2007) sind sogar wesentlich geringere Werte des zusätzlichen solaren Strahlungsantriebs zu veranschlagen: Zwischen 1750 und 2005 habe er mit nur 0,12 Watt/Quadratmeter nicht einmal ein Zehntel des integrierten anthropogenen Strahlungsantriebs von 1,6 Watt/Quadratmeter betragen. Die relativ kleinen Änderungen gegenüber der mittleren Strahlungsleistung der Sonne reichen aus, um Änderungen des Klimas auf der Erde anzutreiben. Allerdings wird gerade beim Antriebsfaktor Solaraktivität das Niveau des wissenschaftlichen Verständnisses vom Vierten Sachstandsbericht des IPCC (2007) immer noch als niedrig eingestuft.

Gleichwohl bleibt es wichtig, bei der Beurteilung der Klimaentwicklung alle wesentlichen Antriebskomponenten einzubeziehen. Abbildung 2 zeigt dies anhand verschiedener Modellsimulationen der global gemittelten Temperatur: Bei alleiniger Berücksichtigung des anthropogen verstärkten Treibhauseffekts erhält man ab etwa 1960 eine wesentlich massivere Erwärmung, als tatsächlich beobachtet; bei zusätzlicher Berücksichtigung des gegenläufigen Aerosoleffekts landet man dagegen bereits unterhalb der beobachteten Temperaturreihe. Erst die zusätzliche Einbeziehung des solaren Antriebs trifft das generelle Niveau der tatsächlich festgestellten globalen Erwärmung, weitere überlagerte Fluktuationen weisen auf zusätzliche klimasysteminterne Prozesse hin.

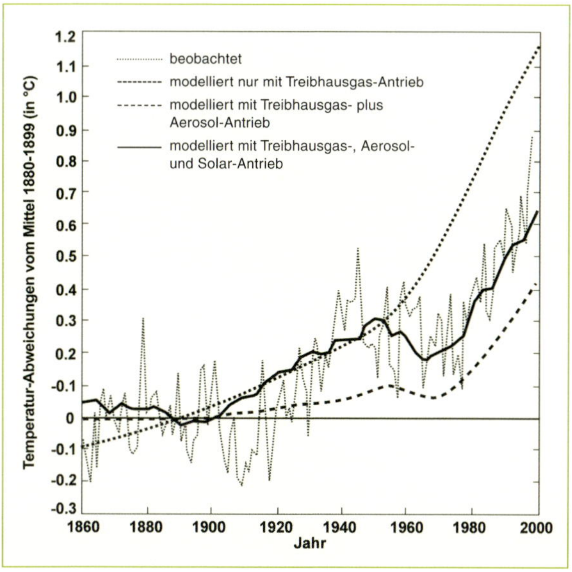

2 Globale Temperaturabweichungen vom Mittel 1880 bis 1899 (bei den modellierten Zeitreihen jeweils mit einer Klimasensitivität von 2,5 Grad Celsius) (verändert nach Wigley 2001).

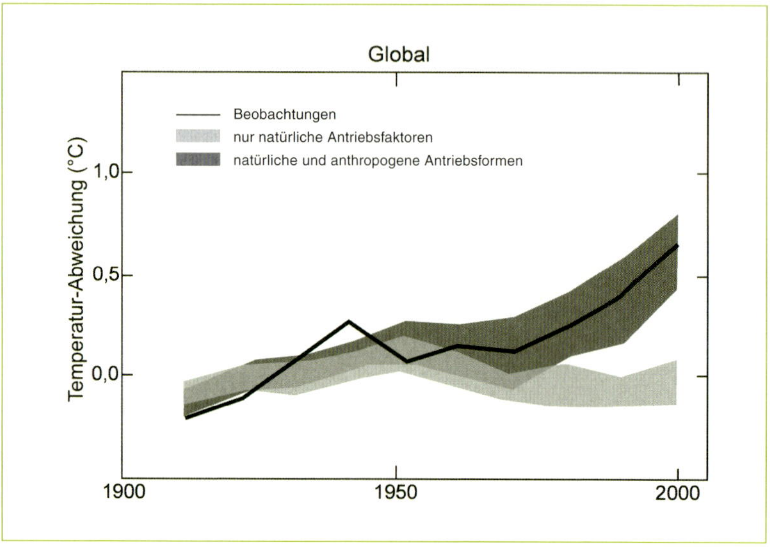

3 Dekadische Mittelwerte der beobachteten bodennahen Temperaturabweichungen vom Mittel 1901 bis 1950 (schwarze Linie) sowie 5 bis 95 Prozent-Bandbreiten für verschiedene Klimamodellsimulationen. Hellgrau: aus 19 Simulationen von fünf Modellen mit lediglich solarem und vulkanogenem Antrieb; dunkelgrau: aus 58 Simulationen von 14 Modellen mit natürlichem und anthropogenem Antrieb (nach IPCC 2007).

Bei einer direkten Gegenüberstellung von Modellensembles, die die globale Temperaturentwicklung einerseits nur aus natürlichem Antrieb, andererseits aus der Gesamtheit von natürlichem und anthropogenem Antrieb berechnen (Abbildung 3), wird nochmals der unterschiedliche Charakter der beiden rezenten Haupterwärmungsphasen verdeutlicht: Während in der ersten Hälfte des 20. Jahrhunderts noch kein klarer Unterschied zwischen diesen Modellensembles zu erkennen ist, zeigen die letzten Jahrzehnte sehr deutlich, dass die nun markant forcierte Erwärmung rein natürlich gar nicht stattgefunden hätte. Die Verursachungsanteile von Mensch und Natur scheinen sich also drastisch verschoben zu haben!

Wie geht es weiter mit der globalen Erwärmung?

Diese Frage ist nicht eindeutig zu beantworten, da die natürlichen Antriebsfaktoren des Klimasystems (vgl. Jacobeit 2002, 2007) nicht streng zu prognostizieren sind (abgesehen von den astronomischen Parametern, die beim rezenten Klimawandel aber nicht ins Gewicht fallen) und der anthropogene Einfluss von Größen wie Bevölkerungsdynamik, Weltwirtschaftsentwicklung, Umfang und Art des Energieverbrauchs sowie Formen und Intensitäten der Landnutzung abhängt. Stattdessen lassen sich aber unterschiedliche Szenarien der Weiterentwicklung unserer Weltgemeinschaft formulieren, darauf basierend künftige Freisetzungen klimawirksamer Substanzen abschätzen und damit Klimamodellsimulationen der resultierenden Klimaentwicklung berechnen. Es handelt sich dabei also nicht um Realprognosen wie etwa beim täglichen Wetterbericht, sondern um Projektionen auf der Basis unterschiedlicher Szenarioannahmen, also um bedingte Aussagen, die entscheidend von diesen Annahmen abhängen. Im Special Report on Emission Scenarios (SRES) des IPCC sind zahlreiche derartige Szenarien entwickelt worden (Nakicenovic/Swart 2000), die sich zu bestimmten Gruppen zusammenfassen lassen: eher ökonomisch- (A-Szenarien) oder umweltorientierte Varianten der Weiterentwicklung unserer Weltgemeinschaft (B-Szenarien), eher globalisierungs- (1-Szenarien) oder regionalisierungsbetonte Varianten (2-Szenarien).

In Abhängigkeit von diesen unterschiedlichen Szenarien ist mit einer steigenden Zahl von Klimamodellen die zugehörige Temperaturentwicklung bis Ende dieses Jahrhunderts simuliert worden (IPCC 2007). Der höchste Erwärmungswert von 6,4 Grad Celsius im globalen Mittel stellt dabei die unter Berücksichtigung der Modellunsicherheiten abgeschätzte wahrscheinliche Obergrenze für ein extremes Szenario (A1FI – fossil intensive) dar, bei dem von einem ungebremsten Wachstum des Energiebedarfs bei sogar noch intensivierter Nutzung fossiler Energieträger ausgegangen wird. Der Mittelwert aller Modelle selbst für dieses Extremszenario liegt dagegen bei vier Grad Celsius. Unterstellt man ein mittleres Szenario (zum Beispiel A1B – ausbalancierte Verteilung über alle Energieressourcen), liegt man im Modellmittel schon deutlich niedriger: bei 2,8 Grad Celsius. Bemerkenswert an den jüngsten Modellrechnungen ist weiterhin, dass selbst bei hypothetisch auf dem Niveau des Jahres 2000 eingefrorener Konzentration an Treibhausgasen die globale Temperatur aufgrund der Trägheit des Klimasystems immer noch um mehr als ein halbes Grad bis Ende des Jahrhunderts ansteigt.

Räumlich und saisonal aufgelöst wird die zu erwartende Erwärmung für das mittlere Szenario A1B in Abbildung 4 wiedergegeben. Man erkennt das Maximum im Winter in hohen Breiten der Nordhemisphäre mit Werten, die beträchtlich über dem zuvor genannten globalen Jahresmittel liegen.

Diese Zukunftsprojektion berücksichtigt allerdings nur den mutmaßlichen menschlichen Einfluss (hier gemäß Szenario A1B), nicht aber natürliche Fluktuationen innerhalb des Klimasystems, wie sie sich etwa aus der Wechselwirkung zwischen Atmosphäre und Ozean auf dekadischer Zeitskala ergeben. Eine neue Modellstudie, die auch diese Schwankungen in einfacher Form mit einbezieht (Keenlyside et al. 2008), kommt zu der be-

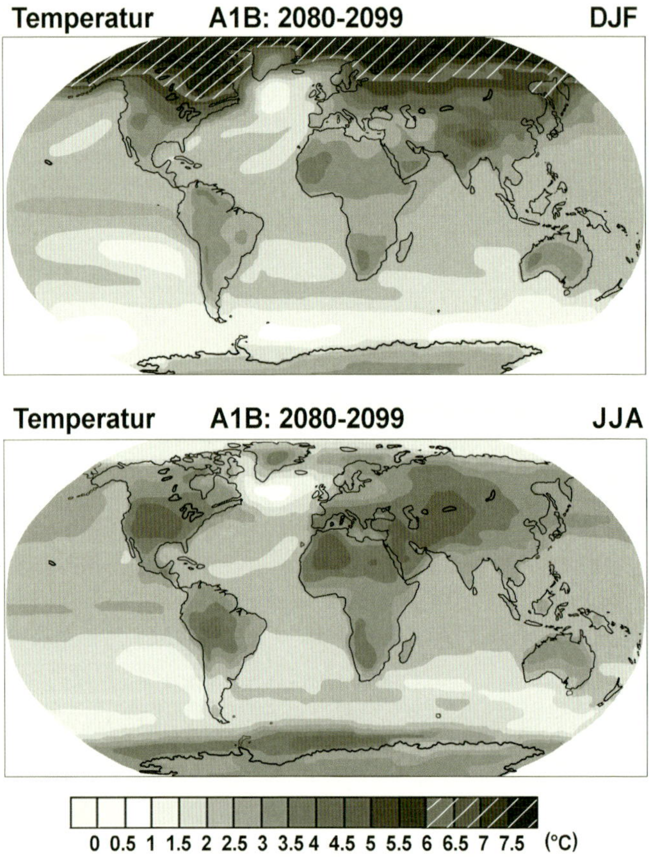

4 Temperaturänderungen 2080 bis 2099 gegenüber 1980 bis 1999 im Mittel über verschiedene Klimamodellsimulationen nach dem A1B-Szenario, oben für die Wintermonate Dezember, Januar und Februar (DJF), unten für die Sommermonate Juni, Juli, August (JJA) (nach IPCC 2007).

merkenswerten Schlussfolgerung, dass sich im nächsten Jahrzehnt durch die Abschwächung der Ozeanzirkulation im Nordatlantik eine kleine Temperaturdelle im benachbarten Großraum ergeben könnte, welche die anthropogene Erwärmung zwischenzeitlich aufwiegen und damit die Temperaturentwicklung in eine veränderte Verlaufsform bringen würde. Nach vorübergehender Unterbrechung könnte sich die globale Erwärmung in späteren Phasen bei wieder erstarkter Ozeanzirkulation sogar beschleunigt fortsetzen.

Steigt der Meeresspiegel an?

Beginnen wir beim Meereis, dessen Änderungen allerdings meeresspiegelneutral bleiben (ähnlich wie ein schmelzender Eiswürfel in einem Wasserglas dessen Wasserstand nicht ändert). Die arktische Meereisfläche ist bereits seit Mitte der 1970er-Jahre deutlich zurückgegangen, was sich bei anhaltender Erwärmung auch weiter fortsetzen wird. Nach manchen Szenarien könnte das Meereis der Arktis bis Ende des 21. Jahrhunderts im Spätsommer sogar gänzlich verschwunden sein. Beim antarktischen Meereis zeigt sich dagegen in den letzten Jahrzehnten eher wieder eine leichte Zunahme (Lemke 2003), die durch ergiebigere Schneefälle bei steigenden Temperaturen erklärt werden kann.

Im Unterschied zum Meereis wirken sich Volumenänderungen beim Landeis auch auf das Meeresspiegelniveau aus. Für das 20. Jahrhundert war hier im globalen Mittel ein Anstieg um etwa 15 Zentimeter festzustellen (das heißt im Schnitt 1,5 Millimeter pro Jahr), der sich im Zeitabschnitt 1993 bis 2003 sogar auf 3,1 Millimeter pro Jahr beschleunigt hat. Nach den Zukunftsprojektionen des IPCC (2007) wird sich dies für das mittlere Szenario A1B bis zur letzten Dekade des 21. Jahrhunderts zu einem Anstieg zwischen 21 und 48 Zentimeter gegenüber 1980 bis 1999 fortsetzen (die maximale Spanne für alle Szenarien liegt zwischen 18 und 59 Zentimeter).

Fragt man nach den Ursachen für diesen Anstieg, erkennt man aus Abbildung 5 zunächst den dominanten Anteil der thermischen Ausdehnung des Ozeanwasserkörpers: Wenn Wasser sich erwärmt, dehnt es sich aus. An zweiter Stelle folgt der Beitrag durch schmelzende Gletscher und Eiskappen. Bemerkenswert ist die Rolle der beiden Inlandeisschilde: Das Grönlandeis trägt durch leichten Rückgang etwas zum höheren Meeresspiegelniveau bei, das antarktische Inlandeis wächst hingegen an und wirkt damit dem Meeresspiegelanstieg entgegen. Zwei Gesichtspunkte sind dafür maßgeblich: Zum einen bleiben in der Antarktis auch bei fortschreitender Erwärmung die Temperaturen deutlich zu niedrig, um ein generelles Abschmelzen einzuleiten; zum anderen ist in diesem Bereich bei höheren Temperaturen auch mit steigenden Niederschlägen in fester Form zu rechnen (Lemke 2003), sodass sich eine positive Massenbilanz ergibt.

Nach Abbildung 5 verbleibt als ein weiterer Einflussfaktor das dynamische Ungleichgewicht der Inlandeisschilde: Seit Mitte der 1990er-Jahre beobachtet man sowohl in Grönland als auch in der Antarktis eine erhöhte Fließdynamik bei mehreren Auslassgletschern, die Anlass zu Vermutungen eines beschleunigten Eisverlustes gegeben hat. Allerdings besteht keine Einigkeit darüber, ob es sich dabei nur um ein vorübergehendes zyklisches Phänomen handelt oder um den Beginn eines langfristigen Trends verstärkter Eisverluste (IPCC 2007). In letzterem Falle wird für das A1B-Szenario der in Abbil-

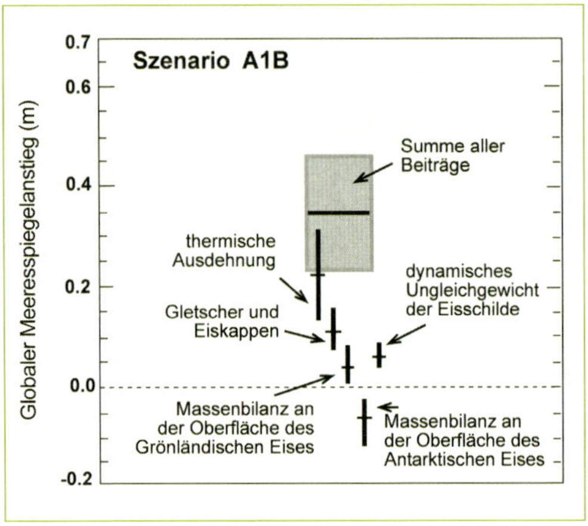

5 Global gemittelter Meeresspiegelanstieg 2090 bis 2099 gegenüber 1980 bis 1999 mit 90 Prozent-Konfidenzintervall für das A1B-Emissionsszenario einschließlich der Beiträge verschiedener Einflussfaktoren. Die Angaben für dynamisches Ungleichgewicht der Eisschilde sind aufgrund zu großer Unsicherheit in der Gesamtsumme nicht enthalten (nach IPCC 2007).

dung 5 gezeigte Zusatzbetrag zum Meeresspiegelanstieg aus dynamischem Ungleichgewicht veranschlagt, der allerdings im Summenbalken nicht enthalten ist und lediglich den Eisverlusten aufgrund der jüngst beobachteten Fließdynamik entspricht (rund 0,3 Millimeter pro Jahr). Insgesamt herrscht also über das Ausmaß des Meeresspiegelanstiegs bis Ende des 21. Jahrhunderts noch erhebliche Unklarheit.

Wie ändern sich die Niederschläge?

Bereits im 20. Jahrhundert hat es bemerkenswerte Änderungen gegeben (Gerstengarbe/Werner 2007), wobei die Gebiete mit Zunahmen deutlich überwiegen. Die weniger verbreiteten Gebiete mit Abnahmen sind jedoch insofern bedeutsam, als sie neben immer noch niederschlagsreichen Regionen wie in Teilen Indiens und Südostasiens insbesondere auch Gebiete umfassen, die bereits von einer angespannten Wasserhaushaltssituation gekennzeichnet sind wie die Sahelzone, Teile des südlichen Afrikas, der Nordosten Brasiliens und der mediterrane Großraum.

Die saisonal differenzierten Zukunftsprojektionen für das mittlere Emissionsszenario A1B zeigen gegen Ende des 21. Jahrhunderts ein generell vergleichbares Bild (Abbildung 6) mit dominierenden Niederschlagszunahmen, die vor allem in den inneren Tropen am stärksten ausfallen, aber auch mit Gebieten abnehmender Niederschläge, die sich von den Rand- und Subtropen im jeweiligen Sommer noch weiter bis in mittlere Breiten ausdehnen. Unter Verwendung der regionalen Klimamodellierung, die allerdings noch mit erheblichen Unsicherheiten behaftet ist, lässt sich speziell für Deutschland eine jahreszeitlich unterschiedliche Niederschlagsentwicklung ausmachen, mit Zunahmen im Winter und Abnahmen im Sommer (Jacob 2007).

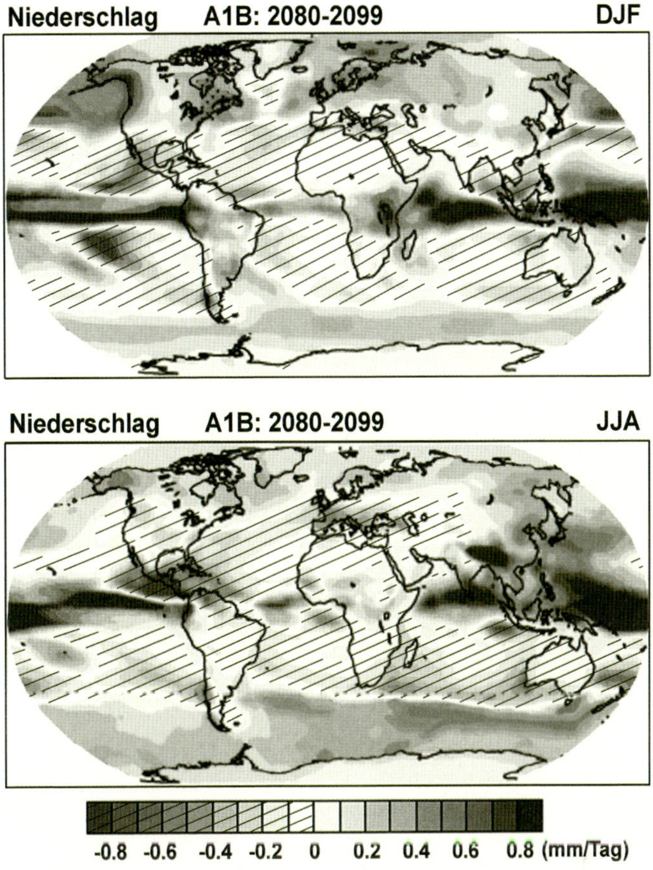

6 Niederschlagsänderungen 2080–2099 gegenüber 1980–1999 im Mittel über verschiedene Klimamodellsimulationen nach dem A1B-Szenario, oben für die Wintermonate Dezember, Januar und Februar (DJF), unten für die Sommermonate Juni, Juli, August (JJA) (nach IPCC 2007).

Betrachtet man speziell die Entwicklung von Starkniederschlagsereignissen, so dominiert weltweit (mit Ausnahme einiger tropischer Gebiete) eine Steigerung ihres Anteils an den Gesamtniederschlägen (IPCC 2007). Auch in Deutschland lässt sich in den letzten Jahrzehnten eine weit verbreitete Zunahme sommerlicher Starkniederschläge mit Mengen von mehr als dreißig Litern pro Quadratmeter feststellen (Kusch 2007). Dies birgt ein erhöhtes Hochwasserrisiko vor allem für kleine Flusseinzugsgebiete, die einem rasch anschwellenden Wasseraufkommen zum Teil nicht mehr gewachsen sind.

Prominente Beispiele extremer Hitzeereignisse waren in jüngerer Zeit etwa der Juli 2006 (heißester Monat in Deutschland seit Beginn der systematischen Instrumentenaufzeichnungen) oder der Sommer 2003, für dessen Temperaturanomalie (bezogen auf Deutschland) noch in der ersten Hälfte des 20. Jahrhunderts eine extrem geringe Eintrittswahrscheinlichkeit von weniger als einmal in 10.000 Jahren bestanden hat (Schönwiese et al. 2004). Aufgrund der anhaltenden Erwärmung hat sich diese Eintrittswahrscheinlichkeit in den letzten Jahrzehnten jedoch drastisch erhöht und im Jahr 2003 bereits einen Wert von einmal in 455 Jahren erreicht (Schönwiese et al. 2004). Mit überarbeiteten Datensätzen aus der westlichen Hälfte Europas haben Della-Marta et al. (2007) zudem gezeigt, dass sich seit 1880 sowohl der Prozentsatz sommerlicher Hitzetage als auch die maximale Andauer von Hitzewellen bereits mehr als verdoppelt haben. Mit einer regionalen Klimasimulation kommen Schär et al. (2004) zu dem Ergebnis, dass bei Fortgang der globalen Erwärmung bis Ende dieses Jahrhunderts Hitzesommer wie 2003 in Mitteleuropa durchschnittlich sogar jedes zweite Jahr auftreten könnten. Dies wäre vor allem für ältere und kranke Menschen eine enorme Belastung, die geeignete Präventivmaßnahmen erfordert (effektive Raumklimatisierung, möglichst CO_2-neutral).

Aber auch die Winter werden sich ändern. Beschränken wir uns auf Mitteleuropa, so dürfte sich der bereits jetzt beobachtete Trend zu wärmeren und feuchteren Wintern weiter fortsetzen. Die Erwärmung nimmt dabei von Norden nach Süden zu, differiert aber betragsmäßig zwischen verschiedenen regionalen Abschätzungen (Werner/Gerstengarbe 2007). In jedem Fall wird es einen Rückgang beim Anteil der Schneefälle an den Winterniederschlägen geben, schneesichere Gebiete in den Alpen werden erst in größeren Höhenlagen anzutreffen sein. Die Gesamtmenge der Niederschläge im Winter wird aber weiter zunehmen, wobei das Ausmaß erneut zwischen verschiedenen Abschätzungen differiert und damit unklar bleibt, ob dadurch die mutmaßlichen Niederschlagseinbußen des Sommers in der Jahresbilanz ausgeglichen werden können oder nicht (Werner/Gerstengarbe 2007).

Und wie entwickeln sich die Sturmereignisse? – Blicken wir zunächst auf die außertropischen Stürme, so kommen verschiedene Autoren hier teils zu unterschiedlichen Ergebnissen. Dementsprechend fassen Schönwiese (2007) oder Kusch (2007) zusammen, dass gegenwärtig beim Wind in Mitteleuropa noch kein eindeutiger Trend festgestellt werden kann. Aber die Intensität tropischer Sturmsysteme, die bereits jetzt eine Umverteilung von schwächeren zu stärkeren Windgeschwindigkeitsklassen erfahren haben, dürfte wohl weiter zunehmen, da mit langfristig ansteigenden Meeresoberflächentemperaturen auch der Energieumsatz tropischer Wirbelstürme größer werden wird, wie es für die letzten Jahrzehnte bereits beobachtet worden ist (Emanuel 2005).

Hinsichtlich der Hurrikan-Häufigkeit ist dagegen festzustellen, dass sie eher einer multidekadischen Schwankung der Meeresoberflächentemperaturen folgt, der Atlantic Multidecadal Oscillation (Knight et al. 2005), die sich zwar seit Mitte der 1990er-Jahre in einer überdurchschnittlichen Phase befindet, in den kommenden Jahrzehnten aber wieder von einer gegenläufigen Phase abgelöst werden wird. Auch längerfristig ist im Zuge der globalen Erwärmung nicht mit einer generellen Häufigkeitszunahme tropischer Wirbelstürme zu rechnen, da sich bei verschärften Druckgegensätzen in der höheren Atmosphäre größere Windscherungen ergeben, welche die Ausbildung geschlossener Wirbel beeinträchtigen.

Langsamer Wandel oder abrupter Wechsel?

Hintergrund dieser Fragestellung ist die Erkenntnis, dass es unter bestimmten Bedingungen nicht nur zu einem allmählichen Klimawandel kommen kann, bei dem sich klimatische Mittel- und Streuungswerte langsam verschieben, sondern das System auch an kritische Schwellenwerte (»tipping points«) gelangen kann, an denen ein markanter und abrupt verlaufender Zustandswechsel einsetzt (Stocker 1999).

Ein besonders wichtiges konkretes Beispiel in diesem Zusammenhang ist die thermohaline Zirkulation im Ozean, die häufig auch als »globales Förderband« (Broecker 1991) bezeichnet wird und ihren Antrieb durch die variablen Temperatur- und Salzkonzentrationsverhältnisse im Ozean erfährt. Dabei gelten Gebiete, in denen abgekühltes oder relativ salzreiches Wasser aufgrund seiner erhöhten Dichte absinkt und dadurch Tiefenwasser gebildet wird, als Schlüsselregionen dieses ozeanischen Zirkulationssystems. Sie sind zu finden einerseits in subantarktischen Gewässern (Weddell-Meer und Ross-Meer), andererseits in Teilen des subpolaren Nordatlantiks (östlich und südwestlich von Grönland). Hier wird das zuströmende Oberflächenwasser wirkungsvoll abgekühlt und durch Ausfrieren von Meereis zusätzlich verdichtet (beim Gefrierprozess verbleibt fast der gesamte Salzgehalt im Umgebungswasser).

Im nordpazifischen Ozean findet dagegen keine Tiefenwasserbildung statt, da hier der mittlere Salzgehalt nur einige Promille niedrigere Werte als im Nordatlantik erreicht. Nach dem Absinken von hinreichend dichtem Oberflächenwasser in den genannten Schlüsselregionen breitet es sich als Tiefenwasser oder Bodenwasser langsam über das Weltmeer aus, gelangt an bevorzugten Stellen (etwa in Teilen des Indischen und Pazifischen Ozeans) wieder an die Oberfläche und fließt in große Warmwasser-

Transportsysteme ein, von denen auch der Nordatlantik (»Golfstrom«) und damit große Teile Europas profitieren.

Die fundamentale Bedeutsamkeit dieses Zirkulationssystems liegt zusätzlich auch noch darin, dass bei Überschreiten kritischer Dichteschwellenwerte ein gegebenenfalls abrupter Übergang in andere Systemzustände eintritt, bei denen mit abgeschwächter oder zusammengebrochener Tiefenwasserbildung der Energietransport (Beispiel Golfstrom) signifikant reduziert oder ganz unterbunden wird. Auch der rezente Klimawandel beeinflusst wichtige Größen in dieser Richtung: So kann die Dichte in den Gebieten der Tiefenwasserbildung sowohl durch weitere Erwärmung als auch durch abnehmende Salzkonzentration herabgesetzt werden, die sich bei erhöhten Niederschlägen, steigender Frischwasserzufuhr von den Kontinenten und schmelzendem Meereis einstellt.

Tatsächlich wird von den meisten Modellen bis gegen Ende dieses Jahrhunderts eine Abschwächung der thermohalinen Zirkulation im Nordatlantik prognostiziert, laut jüngstem IPCC-Report (2007) im Schwankungsbereich zwischen 0 und 50 Prozent mit Bestwert der Schätzung bei 25 Prozent. Allerdings sagt kein einziges Modell für die nächsten hundert Jahre einen kompletten Zusammenbruch der thermohalinen Zirkulation im Nordatlantik vorher, ein abrupter Systemzustandswechsel scheint also absehbar nicht bevorzustehen. Für Europa bedeutet die wahrscheinliche Abschwächung um 25 Prozent auch keine Vorzeichenumkehr in der Temperaturentwicklung, sondern lediglich eine gewisse Dämpfung bei der fortschreitenden Erwärmung.

Unbeherrschbares vermeiden – Unvermeidbares beherrschen

Klimamodelle im Verein mit Beobachtungsdaten und statistischen Analyseverfahren liefern uns immer weitergehende Erkenntnisse über das Funktionieren des komplexen Klimasystems und die resultierende Klimaentwicklung aus der Überlagerung von natürlichen und anthropogenen Prozessen, wobei hier nur einige Aspekte kurz beleuchtet werden konnten (ausführlicher dargestellt zum Beispiel in Jacobeit 2008). Die Bedeutung der ganzen Problematik erhöht sich auch noch dadurch, dass jeder Klimawandel wiederum zahlreiche Folgewirkungen in weiten Bereichen von Natur und Gesellschaft nach sich zieht (vgl. IPCC 2007 oder Endlicher/Gerstengarbe 2007). Damit gelangt man auch auf die politische Handlungsebene, für die der Direktor des Potsdam-Instituts für Klimafolgenforschung, Hans-Joachim Schellnhuber, die Maxime ausgegeben hat: das Unbeherrschbare vermeiden und das Unvermeidbare beherrschen. Beides wird uns große Kraftanstrengungen abverlangen.

Literatur

Broecker, Wallace S. (1991): The great ocean conveyor. In: Oceanography 4, S. 79–91.

Cubasch, Ulich; Kasang, Dieter (2000): Anthropogener Klimawandel. Stuttgart: Gotha.

Della-Marta, Paul M. et al. (2007): Doubled lenght of western european summer heat waves since 1880. In: Journal of Geophysical Research, 112, D15103, doi:10.1029/2007JD008510.

Emanuel, Kerry (2005): Increasing destructiveness of tropical cyclones over the past 30 years. In: Nature, 436, S. 686–688.

Endlicher, Wilfried; Gerstengarbe, Friedrich-Wilhelm (Hrsg.) (2007): Der Klimawandel – Einblicke, Rückblicke und Ausblicke. Potsdam.

Endlicher, Wilfried (2007): Das Unbeherrschbare vermeiden und das Unvermeidbare beherrschen – Strategien gegen die gefährlichen Auswirkungen des Klimawandels. In: Endlicher, Wilfried; Gerstengarbe, Friedrich-Wilhelm (Hrsg.): Der Klimawandel – Einblicke, Rückblicke und Ausblicke. Potsdam, S. 119–131.

Gerstengarbe, Friedrich-Wilhelm; Werner, Peter C. (2007): Der rezente Klimawandel. In: Endlicher, Wilfried; Gerstengarbe, Friedrich-Wilhelm (Hrsg.): Der Klimawandel – Einblicke, Rückblicke und Ausblicke. Potsdam, S. 34–43.

IPCC (Intergovernmental Panel on Climate Change) (2007): Climate Change 2007 – The Physical Science Basis.

Jacob, Daniela (2007): Regionale Folgen des globalen Klimawandels. In: Müller, Michael et al. (Hrsg.): Der UN-Weltklimareport. Köln: Kiepenheuer & Witsch, S. 229–232.

Jacobeit, Jucundus (1993): Möglichkeiten und Probleme der Abschätzung zukünftiger Klimaänderungen. In: Würzburger Geographische Arbeiten, 87, S. 419–430.

Jacobeit, Jucundus (2002): Klimawandel – natürlich bedingt, vom Menschen beeinflusst. In: Löffler, Günter; Voßmerbäumer, Herbert (Hrsg.): Mit unserer Erde leben. Würzburg: Königshausen & Neumann, S. 165–184.

Jacobeit, Jucundus (2007): Zusammenhänge und Wechselwirkungen im Klimasystem. In: Endlicher, Wilfried; Gerstengarbe, Friedrich-Wilhelm (Hrsg.): Der Klimawandel – Einblicke, Rückblicke und Ausblicke. Potsdam, S. 1–16.

Jacobeit, Jucundus (2008): Neuere Perspektiven des Klimawandels. In: Kulke, Elmar; Popp, Herbert (Hrsg.): Umgang mit Risiken – Katastrophen, Destabilisierung, Sicherheit. Bayreuth/Berlin, S. 115–155.

Keenlyside, Noel S. et al. (2008): Advancing decadal-scale climate prediction in the North Atlantic sector. In: Nature, 453, S. 84–88.

Knight, Jeff R. et al. (2005): A signature of persistent natural thermohaline circulation cycles in observed climate. In: Geophysical Research Letters, 32, L20708.

Kusch, Wolfgang (2007): Der Klimawandel ist bei uns angekommen. In: Müller, Michael et al. (Hrsg.): Der UN-Weltklimareport. Köln: Kiepenheuer & Witsch, S. 132–137.

Latif, Mojib (2007): Wie stark ist der anthropogene Klimawandel? In: Müller, Michael et al. (Hrsg.): Der UN-Weltklimareport. Köln: Kiepenheuer & Witsch, S. 186–189.

Lean, Judith; Rind, David (1998): Climate forcing by changing solar radiation. In: Journal of Climate, 11, S. 3069–3094.

Lemke, Peter (2003): Was unser Klima bestimmt: Einsichten in das System Klima. In: Hauser, Walter (Hrsg.): Klima. Das Experiment mit dem Planeten Erde, S. 160–179.

Lorenz, Edward N. (1976): Nondeterministic theories of climatic change. In: Quaternary Research, 6, S. 495–506.
Nakicenovic, Nebojsa; Swart, Rob (eds). (2000): Emissions Scenarios 2000. Special Report of the Intergovernmental Panel on Climate Change. Cambridge University Press, Cambridge.
Paeth, Heiko (2007): Klimamodellsimulationen. In: Endlicher, Wilfried; Gerstengarbe, Friedrich-Wilhelm (Hrsg.): Der Klimawandel – Einblicke, Rückblicke und Ausblicke. Potsdam, S. 44–55.
Schär, Christoph et al. (2004): The role of increasing temperature variability in European summer heatwaves. In: Nature, 427, S. 332–336.
Schönwiese, Christian-D.; Staeger, Tim; Trömel, Silke (2004): The hot summer of 2003 in Germany. Some preliminary results of a statistical time series analysis. In: Meteorologische Zeitschrift, 13(4), S. 323–327.
Schönwiese, Christian-D. (2007): Wird das Klima extremer? Eine statistische Perspektive. In: Endlicher, Wilfried; Gerstengarbe, Friedrich-Wilhelm (Hrsg.): Der Klimawandel – Einblicke, Rückblicke und Ausblicke. Potsdam, S. 60–66.
Stocker, Thomas F. (1999): Abrupt climate changes: from the past to the future – a review. In: International Journal of Earth Sciences, 88, S. 365–374.
von Storch, Hans; Güss, Stefan; Heimann, Martin (1999): Das Klimasystem und seine Modellierung. Geesthacht/Hamburg/Jena: Springer.
Werner, Peter C.; Gerstengarbe, Friedrich-Wilhelm (2007): Welche Klimaänderungen sind in Deutschland zu erwarten? In: Endlicher, Wilfried; Gerstengarbe, Friedrich-Wilhelm (Hrsg.): Der Klimawandel – Einblicke, Rückblicke und Ausblicke. Potsdam, S. 56–59.
Wigley, Tom (2001): The Science of Climate Change. In: Claussen, Eileen (ed.): Climate Change – Science, Strategies, & Solutions. Leiden/Boston/Köln: Brill Academic Publishers, S. 6–24.

Gabriele Gramelsberger

CO_2, Fische und das Klima in Computermodellen

Dass CO_2 in der Luft als Treibhausgas wirkt und dazu führt, dass die Atmosphäre mehr Wärme speichert, lässt sich experimentell nachweisen. Dass aber die von Menschen in die Luft entlassenen CO_2-Mengen tatsächlich das globale Klima verändern, das kann nicht so ohne Weiteres experimentell belegt werden. Man müsste hierzu zwei genau identische Vergleichserden untersuchen, von denen der eine Planet eine Atmosphäre mit einem erhöhten CO_2-Spiegel aufweist, der andere nicht. Da dies nicht möglich ist, hat die Wissenschaft den Ausweg über Computermodelle ersonnen. Mit solchen Modellen wird unter anderem nachgewiesen, dass das von Menschen erzeugte beziehungsweise emittierte CO_2 tatsächlich die Ursache der derzeitigen Klimaerwärmung ist. Wie solche Modelle funktionieren, was sie können und nicht können und welche Rolle das CO_2 darin spielt, erläutert die Wissenschaftsphilosophin Gabriele Gramelsberger in ihrem Beitrag.

Wie viel Kohlendioxid verträgt die Atmosphäre, ohne uns in Form hässlicher Treibhauseffekte die Quittung für hemmungslose Emissionen zu servieren? Das ist die Frage, die uns umtreibt. Gerne würden wir uns mit dem Wissen beruhigen, dass nicht anthropogene, sondern natürliche Ursachen die Wetterkapriolen verursachen, die wir als Klimawandel interpretieren. Allerdings lässt uns die verinnerlichte Rationalität von Ursache und Wirkung kaum die Möglichkeit, auf ein Wunder zu hoffen; wir ahnen, dass diese Emissionen Wirkungen haben werden. Um daher Näheres darüber zu erfahren, welche Folgen unser Experiment mit dem Klima zeitigen wird, generieren Klimaforscher seit gut vierzig Jahren Modelle des Klimas, um mit ihnen alle erdenklichen Szenarien durchzuspielen: von moderaten Folgen bis Dantes Inferno.

Diesem Bedürfnis, einen Blick in die Zukunft zu werfen, werden Klimamodelle gerecht, insofern sie seit etwa zwanzig Jahren dazu genutzt werden, die möglichen Auswirkungen des Klimawandels für spezifische CO_2-Emissionsszenarien zu berechnen. Bei genauer Betrachtung zeigt sich, dass Wissenschaft hier ein interessantes und relativ neues Geschäft betreibt: Auf Basis simulierter Welten, approximativer Verfahren und Unsicherheiten werden präventive Vorhersagen – beispielsweise zu Veränderungen im globalen Kohlenstoffkreislauf und damit zur Erderwärmung – im Sinne von

Futur-II-Aussagen erstellt (»es wird gewesen sein«), ohne dabei Gefahr laufen zu dürfen, ins Fiktive abzudriften. Wie dies möglich ist, ist Thema des vorliegenden Beitrags, mit dem ein Blick in das Computerlabor der Klimamodellierer geworfen wird.

Simulierte Welten

Grundlage der in diesem Sinne »experimentellen Klimaforschung« sind die mathematisierten, auf Großrechnern zum Laufen gebrachten Modelle. In diesen Modellen gibt es Wolken, Ozeane und Fische, Wälder, Vulkane und Gebirge. Seit gut vierzig Jahren arbeitet mittlerweile die dritte Generation von Klimamodellierern an der Ausgestaltung dieser simulierten Welten zu Erdsystemen, und ein Ende der Entwicklung ist vorerst nicht in Sicht. Klimamodelle sind gewachsene, sich ständig verändernde Softwarestrukturen: »in-silico«-Organismen, die schließlich in Computerexperimenten »zum Leben erweckt« werden. Sie sind kollaborativ erstellte Texturen, die simulierte Welten generieren, indem sie in wissenschaftlichem Stil von der realen Welt erzählen. Die epistemische Verfasstheit dieser Texturen basiert auf ihrer charakteristischen Art, Welthaltiges zu produzieren: als Spiel quantifizierter Veränderungsraten von Parametern, Prozessabläufen und Dynamiken.

Dynamik

Kern eines jeden Klimamodells ist das Zirkulationsmodell der Atmosphäre. Es stellt den »Motor« der Wetterentwicklung dar. 1904 beschrieb der Meteorologe Vilhelm Bjerknes (Abbildung 1) in einem Aufsatz das *Problem der Wettervorhersage betrachtet vom Standpunkt der Physik und Mechanik* und revolutionierte damit die Meteorologie. Indem er Wetterphänomene klassisch mechanistisch als ein wechselwirkendes System sich verändernder Fluide konzipierte, gelang es ihm, die atmosphärischen Veränderung »berechenbar« zu machen. Bjerknes sah den Zustand der Atmosphären dann für ausreichend bestimmt, wenn wir »in jedem Punkte die Geschwindigkeit (in drei Richtungen), die Dichte, den Druck, die Temperatur und die Feuchtigkeit der Luft berechnen können« (Bjerknes 1904, S. 2). Dazu seien als mathematisches Modell die drei hydrodynamischen Bewegungsgleichungen, die Kontinuitätsgleichung (Erhaltung der Masse), die Zustandsgleichung der Luft sowie die Berücksichtigung der beiden Hauptsätze der mechanischen Wärmetheorie für Energieerhaltung und Entropie zu lösen. Mit diesem Modell, so Bjerknes, sollten sich »gesetzmäßig« die sieben, oben genannten Zustandsvariablen der Atmosphäre berechnen und damit das Wetter der kommenden Tage vorhersagen lassen.

1 Vilhelm Bjerknes (1862–1951).

Bis heute ist Bjerknes' mathematisches Modell die Grundlage aller Wetter- und Klimamodelle, die in ihrer Konzeption in der mechanistischen Tradition eines Isaac Newton und Pierre de Laplace stehen. »Eine Intelligenz, welche für einen gegebenen Augenblick alle Kräfte, von denen die Natur belebt ist, sowie die gegenseitige Lage der Wesen, die sie zusammen setzen, kennen würde, und überdies umfassend genug wäre, um diese gegebenen Größen einer Analyse zu unterwerfen, würde in derselben Formel die Bewegungen der größten Weltkörper wie die des leichtesten Atoms ausdrücken: nichts würde für sie ungewiss sein und Zukunft wie Vergangenheit ihr offen vor Augen liegen.« (Laplace 1814, Einleitung) Dazu sind »lediglich« die Kenntnisse der gesetzmäßigen Zusammenhänge (Gleichungen) sowie des exakten Zustands der Atmosphäre (Messungen) nötig.

Doch die Krux dieser »rationellen Wettervorhersage«, wie Bjerknes sie nannte, liegt in ihrer mathematischen Komplexität. Das Differentialgleichungssystem ist zu komplex, als dass es sich analytisch lösen ließe. Eine Gleichung analytisch lösen bedeutet, die Lösungsfunktion jeder Zustandsgröße durch regelbasierte Umformung aus der Gleichung abzuleiten. Dies ist jedoch nur für sehr einfache Differentialgleichungen möglich. Komplexere Gleichungen lassen sich nicht analytisch lösen. Die einzige Möglichkeit im Umgang mit so komplexen Gleichungen wie die für Bjerknes' Modell ist deren numerische Simulation, also die diskrete Berechnung für einige Raum-Zeit-Punkte (Berechnungsgitter). Indem in die Variablen der sieben Zustandsgrößen konkrete Werte, in der Regel Messwerte, für den Zeitpunkt t0 eingesetzt werden, lassen sich die Gleichungen für den Zeitpunkt t1 im Rahmen eines Berechnungsgitters berechnen. Das mathematische Modell arbeitet sich dann Zeitschritt für Zeitschritt voran. Damit approximiert die raumzeitlich diskrete Lösung die exakte, analytische und kontinuierliche Lösung, die jedoch nicht bekannt ist. Die mathematische Grundannahme hierbei ist: Je feiner das Berechnungsgitter gewählt wird, desto näher wird die diskrete Lösung der exakten Lösung kommen. Simulationen sind daher von der Auflösung der Berechnungen und den dafür zur Verfügung stehenden Rechenkapazitäten abhängig.

Die diskrete Lösung der Gleichungen bringt etliche Probleme mit sich. Zum einen steigt der Rechenbedarf mit höherer Auflösung exponentiell an. Aktuelle Wettervorhersagen basieren auf einer Fünf-Kilometer-Auflösung, aktuelle Klimamodelle auf einer 250- bis 60-Kilometer-Auflösung, und die schnellsten Supercomputer können mittlerweile drei simulierte Jahre eines Klimamodells pro Tag berechnen. Dazu führen sie Quadrillionen von Berechnungen aus. Da Klimamodelle jedoch Zeitspannen von einigen Hundert bis Tausenden von Jahren umfassen, benötigen Simulationsläufe immer noch mehrere Wochen. Zum anderen ist der Anfangszustand der Atmosphäre für t0 durch Messungen nur hinlänglich bekannt, denn Messungen sind immer mit Messfehlern behaftet und das Netz von Messstationen weist große Lücken auf. »Die Zeit wird also hoffentlich bald kommen«, schrieb Bjerknes 1904 optimistisch, »wo entweder täglich oder zu bestimmten Tagen eine vollständige Diagnose des Zustandes der Atmosphäre vorliegt. Die erste Bedingung für die Stellung der Prognosen auf rationellen Prinzipien wird dann erfüllt sein.« (Bjerknes 1904, S. 1). Zwar hat sich seither mit der Satelliten-Fernerkundung die Auflösung der Messdaten erheblich verbessert, aber eine exakte Kenntnis des atmosphärischen Zustandes wird es nie geben. Von daher sind nicht nur die diskreten Berechnungen approximativ, sondern die Messungen zur Initialisierung der Berechnungen sind ebenfalls nur Näherungswerte einer »vollständigen Diagnose«.

Prozesse und Parameter

Bjerknes' Zirkulationsmodell stellt nur die atmosphärischen Prozesse dar, doch Klima wird durch weitaus mehr Faktoren bestimmt als nur durch die atmosphärischen. Zusätzliche Einflussgrößen wie beispielsweise die Absorptionsleistung der Ozeane können im Atmosphärenmodell als Parameter vorgegeben werden oder die Ozeane und ihre Wechselwirkungen werden in einem eigenen Modell an das Atmosphärenmodell gekoppelt. Die wachsenden Rechenkapazitäten machen es seit den 1970er-Jahren möglich, die Klimamodelle zunehmend zu Erdsystemen auszubauen, indem eigenständige Modelle der Ozeane, des See- und Landeises, der Vegetation und der Atmosphärenchemie angekoppelt werden. Ein typisches »Experiment« – also ein Simulationslauf zur Berechnung eines Klimaszenarios – wird heute meist mit gekoppelten Atmosphären-Ozean-Modellen durchgeführt (vgl. IPCC 2007).

Aufgrund der immer noch recht groben Auflösung von circa 100 Kilometern werden klimarelevante Prozesse wie Wolkenbildung oder lokale Effekte nicht erfasst. Sie fallen schlichtweg durchs Raster. Diese Prozesse werden als Parametrisierungen in die bestehenden Modelle integriert. Auf diese Weise werden die simulierten Welten mit Wolken, Fischen, Vulkanen und weiteren »realistischen« Details angefüllt. Allerdings darf man sich diese

Welten nicht allzu ähnlich unserer Lebenswelt vorstellen. Zum einen, weil es sich um rein mathematische Beschreibungen dieser Phänomene als Prozesse handelt, zum anderen, weil diese Beschreibungen global gemittelte Phänomene darstellen.

Die Fische sollen hier als Beispiel dienen. Da Ozeane CO_2 aufnehmen und speichern, ist es für die Klimaforscher von Interesse, diese Speicherprozesse in das Modell zu integrieren. CO_2 wird von dem an der Ozeanoberfläche schwimmenden Phytoplankton aufgenommen. Phytoplankton steht am Beginn der Nahrungskette und wird von Zooplankton und Fischen gefressen. Dadurch gelangt der Kohlenstoff relativ schnell wieder in den Ozean und die Atmosphäre zurück. Sinkt das Plankton hingegen zu Boden, wird Kohlenstoff langfristig gespeichert. Dieser Prozess lässt sich modellieren und in die Ozeanmodelle integrieren. Aktuell geschieht das in Form eines »Plankton-Fisch-Kohlenstoff"-Parameters. Dieser Parameter ist, wie all die anderen Parameter eines Klimamodells, ein mathematischer Term der charakteristischen »Plankton-Fisch-Kohlenstoff«-Veränderungsrate gemittelt auf den gesamten Ozean. Veränderungsraten basieren auf mathematischen Termen, welche die Abnahmen (Senken) und Zunahmen (Quellen) eines Prozesses angeben. Im Beispiel des »Plankton-Fisch-Kohlenstoff«-Parameters nimmt der freigesetzte Kohlenstoff zu, wenn die Anzahl der Fische zunimmt, da dann mehr Plankton konsumiert und dadurch der im Plankton gespeicherte Kohlenstoff über die Fische freigesetzt wird. Dieser komplexe Prozess wird als global gemitteltes, relativ einfaches Verhältnis abstrahiert und als mathematischer Term in das Modell eingefügt. Auf diese Weise werden zahlreiche subskalige Prozesse in die Modelle integriert.

Computerexperimente

Wenn Klimamodellierer ihre Modelle auf Großrechnern laufen lassen (Abbildung 2), sprechen sie von »Experimenten«. Die mit Messdaten initialisierten Modelläufe sind die »in silico«-Experimente der experimentellen Klimaforschung. Konkret bedeutet dies, die rund 200 Dateien des Atmosphärenmodells entsprechend einem Ablaufschema aufzurufen, mit Messdaten für t0 zu initialisieren und die Dateien nacheinander für den ersten Zeitschritt t1 zu berechnen. Die Resultate werden dann als Anfangswerte für die Berechnung des zweiten Zeitschritts t2 eingegeben. Auf diese Weise arbeitet sich das Modell in der Zeit voran und entfaltet die Entwicklung des digitalen Klimas oder Wetters. Wie jedes herkömmliche Experiment vollzieht sich ein »in-silico«-Experiment in einem klar definierten Setting, beispielsweise als gekoppeltes Atmosphären-Ozean-Experiment mit einer Auflösung der Atmosphäre von 100 Kilometern in 16 Schichten und des Ozeans von 60 Kilometern sowie einer Zeitschrittweite von zehn Minuten. Darüber hinaus muss festgelegt werden, welche Messdaten zur Initialisierung verwendet werden. Die Klimaforschung hat im Laufe der letzten Jahrzehnte, basierend auf internationalen Messkampagnen, Referenzdatensätze erstellt, die weltweit für die Evaluation und Initialisierung der Experimente verwendet werden. Beispielsweise werden die Datensätze des National Center for Atmospheric Research (NCAR) für klimatologische Daten von 1950 bis 2005 oft für die Experimente verwendet. In diesen Datensätzen wurden die historischen Daten durch Modellanalysen ausgewertet und aufbereitet (vgl. NCEP/NCAR 2008). In einer späteren Publikation der Ergebnisse sind all diese Spezifikationen anzugeben, um das »in-silico«-Experiment einschätzen und gegebenenfalls wiederholen zu können.

Ein Simulationslauf besteht dann in Billionen von Berechnungen, um eine spezifische Zeitspanne zu erfassen. Soll beispielsweise die Entwicklung des Klimas vom vorindustriellen Zustand von 1850 bis heute simuliert werden, müssen dafür über acht Millionen Zeitschritte berechnet werden, insofern ein simulierter Tag bei einer zehn Minuten Zeitschrittweite aus 144 Zeitschritten besteht. Üblicherweise werden die Ergebnisse für zwei Zeitpunkte eines Tages (00:00 UTC und 12:00 UTC) gespeichert und anschließend in Kurvenverläufen als Ergebnisse visualisiert. Um das Modell mit Daten von 1850 zu initialisieren, kann beispielsweise auf den HadCRUT3-Datensatz des Met Office Hadley Centre (Hadley) zurückgegriffen werden. (Hadley 2008).

Um zu überprüfen, ob sich das Modell während des Experiments stabil verhält, werden nach jedem Experiment Testläufe mit verfeinerter Auflösung gerechnet. Die Annahme – je feiner das Berechnungsgitter, desto besser konvergiert die diskrete Lösung der exakten, aber nicht bekannten Lösung – wird durch diese Testläufe überprüft (Konvergenztest). Wenn sich die diskrete Lösung stabil verhält, sich also durch die Verfeinerung ähnlich verhält wie im Experiment, geht man davon aus, dass die Simulation mathematisch stabil ist und die Resultate valide sind. Die Berechnung des Klimas von 1850 bis heute ist einer der wichtigsten Standardtests zur Evaluierung von Klimamodellen, denn es ist bekannt, dass sich der Kohlendioxidgehalt der Atmosphäre in diesem Zeitraum von 280 ppm (parts per milion) im Jahr 1850 auf 370 ppm heute erhöht hat. Eine Verdopplung des Kohlendioxidgehalts geht in etwa mit 1,5 ° Celsius bis 2 ° Celsius Erderwärmung einher. Wird das heutige Klima bei einer Initialisierung mit Daten von 1850 durch die Berechnungen richtig wiedergegeben, kann das Modell auch für Prognosen genutzt werden.

Approximationen und Unsicherheiten

Die Evaluation, also die Überprüfung der Güte der Modelle und Resultate, spielt eine herausragende Rolle. Da Simulationen keine exakten mathematischen Techniken darstellen und Modelle immer auf Idealisierungen, Ver-

2 Klimamodelle werden auf Großrechenanlagen und »Supercomputern« wie dem IBM Blue Gene/L geprüft. Im Bild einer der zurzeit weltweit größten Computer, der sich seit 2007 im Lawrence Livermore National Laboratory in Kalifornien befindet.

einfachungen, Weglassungen, aber auch Hinzufügungen basieren, muss die Güte eines Modells sowie jeder Veränderung gestestet werden. Grundsätzlich wird die Diskretisierung des Modells mit Konvergenztests, wie bereits oben geschildert, überprüft. Darüber hinaus wird getestet, ob sich ein Modell im Gesamten wie auf Komponentenebene adäquat verhält. Dazu haben sich in den letzten Jahren Standardtests herausgebildet, die jedes »gute« Klimamodell korrekt zu bestehen hat, wie beispielsweise das aktuelle Klima bei einer Initialisierung in 1850 wiederzugeben. Aber auch Effekte wie die Konversion der Wetterlagen müssen aus der Modellierung resultieren.

Da Programmieren im Falle der Klimamodellierung das Hantieren mit codierter Theorie bedeutet, kann jede noch so kleine Veränderung des Modellcodes – jede Zeile Code bedeutet, codierte Hypothesen dem Modell hinzuzufügen – Veränderungen in den Resultaten zur Folge haben. Dies macht die Arbeit der Klimamodellierer sehr aufwendig, denn Modelle in ihrem Verhalten auf neu hinzugefügte Module oder einzelne Parameter zu prüfen, ist außerordentlich schwierig und zeitintensiv. Daher ist die Durchführung von Modelländerungen an explizite Absprachen als auch zeitliche Planungen gebunden und wird akribisch dokumentiert. Falls es sich bei einem Klimamodell um ein IPCC-Referenzmodell handelt, werden die wichtigsten Veränderungen und die zu berechnenden Szenarien international koordiniert abgesprochen. Zu jedem Klimamodell gibt es umfangreiche Dokumentationen der mathematischen Modelle und Terme, die den Codierungen zugrunde liegen.

Durch die fünf- bis sechsjährlichen Assessment Reports (AR) des Intergovernmental Panel on Climate Change (IPCC) hat sich die Klimamodellierung international synchronisiert. Rund zwanzig globale Modelle stellen die Basis der Szenarienberechungen für die IPCC-Berichte dar, darunter das Atmosphären-Ozean-Modell (ECHAM5-OM) des Max-Planck-Instituts für Meteorologie in Hamburg. Diese Synchronisation der Modellierung wird durch die Scientific Community der Klimaforscher koordiniert: So wurden parallel zur Publikation des vierten Reports (AR4 2007) in internationalen Gremien die zu berechnenden Szenarien und die wichtigsten Verbesserungen der Modelle für den Folgebericht (AR5 2013) festgelegt. Die Institute, die sich an den Szenarienberechnungen mit ihren globalen Klimamodellen, in der Regel gekoppelte Atmosphären-Ozean-Modelle, beteiligen, werden in den nächsten zwei bis drei Jahren ihre Modelle verbessern und dann in aufwendigen Tests und Modellvergleichen evaluieren, um schließlich die vereinbarten Szenarien ab etwa 2011 für den fünften Bericht berechnen zu können.

Diese internationale Koordinierung der Modelle und Szenarien ist bislang einzigartig in der Wissenschaft. Der Grund liegt in den soziopolitischen Anforderungen an die Modelle zur Vorhersage von Zukunftsszenarien. Daher obliegt es den Klimaforschern, trotz aller Unsicherheiten, mit welchen die Modelle behaftet sind, die Güte der Simulationsresultate zu gewährleisten. Als Quelle für Unsicherheiten in den Modellen ist vor allem die mangelnde Kenntnis über die zukünftigen Energieszenarien, über die natürliche Klimavariabilität und über fehlende Prozesse wie beispielsweise die biogeochemischen Kreisläufe anzusehen. Eine weitere Quelle ist die grobe Auflösung der Klimamodelle mit Berechnungsgittern von 250 bis 60 Kilometern und die dadurch nicht aufgelösten Prozesse (Parametrisierungen). Die Art und Weise, wie die Klimaforschung sich zur Evaluation ihrer Modelle international koordiniert hat, ist beispielhaft und wird auch in anderen Disziplinen in den nächsten Jahren Schule machen. Vor allem die Modellvergleiche auf internationaler Ebene, wie sie die Klimamodellierung durch den IPCC-Prozess veranlasst durchführt, sind bisher kaum in anderen Wissenschaftbereichen zu finden (vgl. Gramelsberger 2009).

Trotz aller Approximationen und Idealisierungen in den Modellen selbst, die größte Unsicherheit für aussagekräftige Prognosen liegt in der gesellschaftlichen Entwicklung begründet. Es lässt sich nämlich nicht vorhersagen, wie sich der Energiebedarf und damit die zu erwartenden Emissionen in Zukunft entwickeln werden. Im Unterschied zur Modellierung des Klimas, basierend auf physikalischen Gegebenheiten und Gesetzen wie von

Bjerknes und anderen beschrieben, hängt der zukünftige Energieverbrauch von unterschiedlichen Faktoren ab: Das Verhalten von Konsumenten, die Entscheidungen von Politikern, die Entwicklung alternativer Energien und Technologien oder die Verfügbarkeit fossiler Energien stellen kaum vorhersagbare Faktoren dar.

Um jedoch die Frage nach der Erderwärmung im Jahr 2050 oder 2100 mit Modellberechnungen annähernd beantworten zu können, bedarf es zutreffender Ausgangsannahmen zur Initialisierung der Modelle. Die IPCC-Szenarienberechnungen basieren daher auf verschiedenen »Story Lines« der Entwicklung des Energiebedarfs und der dadurch verursachten CO_2-Emissionen. »Four different narrative storylines were developed to describe consistently the relationships between emission driving forces and their evolution and add context for the scenario quantification. Each storyline represents different demographic, social, economic, technological, and environmental developments.« (Nakicenovic/Swart 2000, S. 3) Die Szenarienfamilien unterscheiden sich durch das angenommene Wirtschaftswachstum, die Entwicklung der Weltbevölkerung und die Nutzung fossiler beziehungsweise nicht fossiler Energieträger. »Die Szenarienfamilie A1 beschreibt eine künftige Welt mit sehr raschem wirtschaftlichem Wachstum, mit einer Weltbevölkerung, deren Zahl bis Mitte des 21. Jahrhunderts zunimmt und danach abnimmt, und mit einer raschen Einführung von neuen und effizienteren Technologien. Die drei A1-Gruppen unterscheiden sich durch ihren jeweiligen technologischen Schwerpunkt: intensive Nutzung fossiler Brennstoffe (A1FI), nicht fossiler Energiequellen (A1T) oder Ausgeglichenheit über alle Energieträger hinweg (A1B).« (MPI-Met 2006, S. 8) Ohne diese Projektionen als Ausgangsbasis der Modellrechnungen könnten keine Vorhersagen über den anthropogenen Klimawandel der nächsten Jahrzehnte berechnet werden.

Kohlenstoffkreislauf in Klimamodellen

Auch wenn die Frage nach dem Zusammenhang von CO_2-Emissionen mit dem Klimawandel aus soziopolitischer Perspektive die drängendste Frage an die Klimamodelle ist, sind die Modelle nicht ausschließlich auf die Beantwortung dieser Frage hin konzipiert. Zuallererst sind sie naturwissenschaftliche Forschungsinstrumente, um Wissen über das komplexe System Klima zu generieren. Klimamodelle werden für vielfältige Forschungsfragen genutzt, die dann in den Computerexperimenten untersucht werden.

Interessanterweise spielt der Kohlenstoffkreislauf in den aktuellen Klimamodellen bislang eine untergeordnete Rolle. Der Grund liegt in der Entwicklung der Modelle. Der Beginn der Wetter- und Klimamodellierung liegt in den globalen Zirkulationsmodellen der Atmosphäre, wie von Bjerknes

1904 vorgeschlagen. Erst die zunehmende Leistungsfähigkeit der Computer ermöglicht es, zusätzliche Modelle und Modellkomponenten, wie Vegetationsmodelle oder biogeochemische Prozesse, in die physikalisch-dynamischen Modelle einzubinden. In einem Bericht von 2006 des Hamburger Max-Planck-Instituts für Meteorologie heißt es: »In heutigen Klimamodellen werden Wechselwirkungen zwischen Klima und Kohlenstoffkreislauf sowie anderen biogeochemischen Kreisläufen (Methan, Ozon etc.) vernachlässigt. Erste Untersuchungen deuten jedoch eine positive Rückkopplung zwischen Klima und Kohlenstoffkreislauf an. Danach trägt die globale Erwärmung infolge anthropogener Emissionen zu einem verstärkten Anstieg der atmosphärischen CO_2-Konzentration bei, da die Aufnahmekapazität der Kohlenstoffspeicher (Vegetation, Erdboden, Ozeane) mit zunehmender Erwärmung abnimmt.« (MPI-Met 2006, S. 27 f.) Diese Rückkopplungen anhand der Computerexperimente zu untersuchen, ist die Forschungsaufgabe der nächsten Jahre.

Um Aufschlüsse über die Wechselwirkungen zwischen Klima und Kohlenstoffkreislauf zu gewinnen, wurden 2005 am Max-Planck-Institut für Meteorologie Computerexperimente zum Kohlenstoffkreislauf gerechnet. Dabei bildete das Hamburger IPCC-Modell den physikalisch-dynamischen Kern mit Atmosphäre, Landoberflächen und Ozeanen inklusive Meereisbedeckung. Für die Einbindung des Kohlenstoffkreislaufes kamen ein Vegetations- und Erdbodenmodell mit dem terrestrischen Kohlenstoffkreislauf sowie ein Modell der marinen Biogeochemie hinzu. »Der Austausch von CO_2 zwischen Atmosphäre, Erdboden, Vegetation und Ozean sowie die Kohlenstoffspeicherung in diesen Reservoiren wird im Modell berechnet, der Eintrag von CO_2 in die Atmosphäre infolge von Verbrennungsprozessen und Landnutzungsänderungen wird extern vorgeschrieben.« (MPI-Met 200, S. 11)

Das wichtigste Ergebnis dieser Experimente mit dem erweiterten IPCC-Modell war, dass die Klimaerwärmung nach IPCC Szenario A2 für die zusätzliche Produktion von Kohlenstoff bis Ende des 21. Jahrhunderts verantwortlich sein wird. Den Grund dafür sehen die Klimaforscher in den bakteriellen Zersetzungsprozessen in den Böden der Tropen, die durch die Erwärmung zunehmen werden. Dadurch, so die Prognose, wird sich die terrestrische Kohlenstoffaufnahme erheblich verringern und damit mehr Kohlenstoff in die Atmosphäre gelangen.

Der Kohlenstoffkreislauf ist ein kompliziertes Gebilde, das mit der Atmosphäre, den Ozeanen und der Vegetation interagiert. Die Entwicklung geht dahin, dass immer mehr Teilprozesse dieses Kreislaufes in die Modelle integriert und anhand von Computerexperimenten in ihrem Verhalten analysiert werden. Ziel ist es, ein Prozessverständnis zu erhalten, wie Kohlenstoff in den verschiedenen Medien reagiert, wie sich Prozesse verstärken, wie sie rückgekoppelt sind und welchen Einfluss dies auf die zukünftige Klimaentwicklung haben könnte. Eine der aktuellen Forschungsfragen beispielsweise lautet: Wie wird sich das Speicherverhalten der Ozeane langfristig gestalten? Dazu werden die Prozesse an der Grenzfläche zwischen Ozean und Atmosphäre näher untersucht, denn auf den ersten Blick scheint es so, dass die Ozeane die Kohlenstofferhöhungen in der Atmosphäre kompensieren.

Die Ozeane nehmen allerdings nur dann Kohlenstoff auf, wenn eine Differenz im Partialdruck zwischen der Kohlenstoffkonzentration im Wasser und in der Luft besteht. Da die terrestrische Vegetation auf die Erderwärmung sehr stark und schnell reagiert und weniger Kohlenstoff aufnimmt, erhöht sich die CO_2-Konzentration in der Atmosphäre. Die Folge ist, dass die Ozeane zusätzlich mit Kohlenstoff angereicht werden. Doch die Wechselwirkungen, die durch die Klimaerwärmung verursacht werden, sind kompliziert und basieren auf zahlreichen Teilprozessen, die sich auch gegenseitig aufheben können: Einerseits vergrößert sich durch die Eisschmelze die Wasseroberfläche und dadurch wird in gewissen Regionen der Ozeane mehr Kohlenstoff aufgenommen. Andererseits hat die Erwärmung eine Reduktion der Aufnahmekapazität zur Folge, denn je höher die Wassertemperatur ist, desto weniger Kohlenstoff kann Wasser aufnehmen.

Mit den Modellen können nun verschiedene Experimente durchgeführt werden, die Erkenntnisse über die Zusammenhänge ermöglichen. Beispielsweise kann der Kohlenstoffkreislauf bei erhöhter Emission unter Ausschaltung des Treibhauseffektes (keine Temperaturerhöhung, keine Veränderung des Klimas) simuliert werden und umgekehrt. Aus der Differenz beider Szenarien wird der Effekt, den die Klimaänderungen verursachen, berechenbar und es lassen sich Fragen über das Systemverhalten beantworten. Beispielsweise zeigt sich, dass sich die Aufnahmekapazität der Ozeane massiv reduzieren könnte. Weiter ist zu erwarten, dass sich bei einer Reduktion der CO_2-Emissionen aufgrund der Übersättigung der Ozeane die Atmosphäre weiter mit Kohlenstoff anreichern wird, da von den Ozeanen Kohlenstoff über längere Zeiträume zurück in die Atmosphäre gegeben werden. Grundsätzlich geht es bei den Experimenten darum, ein Prozessverständnis für diese komplexen und miteinander wechselwirkenden Kreisläufe zu erhalten. Im Modell können einzelne Prozesse ausgeschaltet und Wechselwirkungen unterdrückt werden. Dadurch entsteht ein Prozessverständnis darüber, ob Prozesse direkt oder indirekt aufeinander wirken oder ob sie in keinem Zusammenhang miteinander stehen.

Nur Simulationsmodelle bieten diese Möglichkeit der Erforschung komplexer Systeme und ihrer Wechselwirkungen. Es werden neue Prozesse in die Modelle integriert und ihr Verhalten wird studiert. Auf diese Weise entsteht während des Experimentierens mit dem Modell, aber auch im Vergleich der Modelle untereinander, ein Verständnis der verschiedenen Rückkopplungen der Prozesse miteinander. Neue Erkenntnisse relativieren dabei bislang erzielte Ergebnisse. In diesem kollaborativen Prozess entwickelt sich das Verständnis der Forscher für das komplexe Phänomen des Klimas permanent weiter. Dabei darf nicht vergessen werden, dass viele Prozesse bislang gar nicht oder nur in stark vereinfachter Form in die Modelle integriert sind und dass die Vorhersagen über zukünftige Entwicklungen auf Projektionen basieren, die selbst lediglich Annahmen über unser Emissionsverhalten sind. Daher können Klimaforscher nur Wahrscheinlichkeitsaussagen über den zukünftigen Klimawandel und seine Folgen treffen.

Futur II: »Es wird gewesen sein«

Trotz dieser neuen Instrumente der Erkenntnisproduktion und der Sorgfalt im Umgang mit ihnen ist es doch eine erstaunliche Tatsache, dass sich die Gesellschaft mit zunehmender Selbstverständlichkeit von der Wissenschaft einen Blick auf mögliche Zukunftsszenarien erhofft. Ein solches Verlangen nach Zukunftsreflexion koppelt Wissenschaft und Gesellschaft in neuer Weise aneinander, denn die berechneten Folgen für 2100 haben einen maßgeblichen Einfluss auf unser aktuelles soziopolitisches Handeln. Im Sinne eines Vorgriffes auf mögliche Zukünfte, die es heute zu verhindern gilt, werden Szenarien berechnet, die so nie stattfinden sollen. Wissenschaftliche Prognosen mutieren zu »sich nicht erfüllen dürfenden Prophezeiungen«.

Wissenschaftliche Prognosen waren bisher aus Theorien abgeleitete quantitative Extrapolationen, die in Messexperimenten überprüft werden konnten. Diese neue Kopplung zwischen Wissenschaft und Gesellschaft, die in der paradoxen Form des Futur II kulminiert, ist ohne Computersimulationen nicht denkbar. Futur II meint: »Es wird gewesen sein«. Die Zukünftigkeit dieser temporalen Form erlaubt heute, aber schon nicht mehr morgen, die Kopplung eines Konditionals in der Form »wenn wir nicht dies oder jenes tun«, um katastrophale Zukünfte zu verhindern. Dieses Konditional muss in entsprechende Verhaltensweisen umgesetzt werden, wie dies beispielsweise von der Klimarahmenkonvention 1992 und im Kyoto-Protokoll 1997 gefordert wurde.

Der Kern der Problematik liegt in einem Wandel des gesellschaftlichen und individuellen Verständnisses über komplexe Systeme und deren Wechselwirkungen, die sich nicht direkt beobachten lassen. In einem klassisch mechanistischen Systemverständnis, das unserer Alltagswahrnehmung entspricht, folgt die Wirkung direkt auf die Ursache und ist daher beobachtbar und erlebbar. In komplexen Systemen ist dies jedoch anders und ein »nachhaltiges« Konzept von Nachhaltigkeit bedarf deshalb der Möglichkeit, diese indirekten und komplexen Wechselwirkungen erlebbar zu machen. Computermodelle sind hier geeignete Medien. Daher ist zu erwarten, dass sie nicht nur als Forschungsinstrumente, sondern zunehmend auch als didaktische Instrumente in Zukunft eine wichtige Rolle spielen werden.

Literatur

Bjerknes, Vilhelm (1904): Das Problem der Wettervorhersage, betrachtet vom Standpunkt der Mechanik und der Physik. Meteorologische Zeitschrift, 21, 1904, S. 1–7.

BSH Bundesamt für Seeschifffahrt und Hydrographie (Hrsg.) (2004): WOCE Global Hydrographic Climatology. A Technical Report. Bericht Nr. 35/2004, Hamburg und Rostock, http://www.bsh.de/de/Produkte/Buecher/Berichte_/Bericht35/Bericht1.pdf.

de Laplace, Pierre Simon (1814): Philosophischer Versuch über die Wahrscheinlichkeiten. Leipzig.

Gramelsberger, Gabriele (2009): Computerexperimente. Wandel der Wissenschaft im Zeitalter des Computers. Bielefeld: Transcript Verlag.

Hadley (Hrsg.) (2008): HadCRUT3 dataset, Met Office Hadley Centre, Exeter, http://hadobs.metoffice.com/hadcrut3/.

IPCC (Hrsg.) (2000): Summary for Policymakers Emissions Scenarios, IPCC Intergovernmental Panel on Climate Change, Genf, http://www.ipcc.ch/pdf/special-reports/spm/sres-en.pdf.

IPCC (Hrsg.) (2007): Fourth Assessment Report, IPCC Intergovernmental Panel on Climate Change, Genf, http://www.ipcc.ch/ipccreports/assessments-reports.htm.

MPI-Met (Hrsg.) (2006): Klimaprojektionen für das 21. Jahrhundert, Max-Planck-Institut für Meteorologie, Hamburg, http://www.mpimet.mpg.de/fileadmin/grafik/presse/Klimaprojektionen2006.pdf.

Nakicenovic, Nebojsa; Swart Rob (Hrsg.) (2000): Special Report on Emissions Scenarios, Cambridge: Cambridge University Press.

NCEP/NCAR National Center for Atmospheric Research (Hrsg.) (2008): NCEP/NCAR Reanalysis Project Description, (aufgerufen: 4. September 2008), http://dss.ucar.edu/pub/reanalysis/rean_proj_des.html.

Peter Zerle

Abscheidung und Lagerung von CO_2 – Perspektiven einer Vermeidungsoption

Es werden viele politische, ökonomische und technische Strategien diskutiert, die helfen sollen, unsere CO_2-Emissionen zu reduzieren. Wir können hier nur eine einzige exemplarisch herausgreifen und kritisch hinterfragen. Es ist die vielleicht naheliegendste und vermeintlich schlüssigste Idee, die darin besteht, CO_2 abzuscheiden und dauerhaft einzulagern. Der Ökonom Peter Zerle sichtet kritisch die Diskussion dieser Vermeidungsoption.

Die Internationale Energieagentur (IEA) prognostiziert einen Anstieg des weltweiten Primärenergiebedarfs von 2005 bis zum Jahr 2030 um circa 55 Prozent (IEA 2007). Hauptsächlich wird die wirtschaftliche Entwicklung in China und Indien zur erhöhten Energienachfrage führen.

Obgleich in den vergangenen Jahren die Energieerzeugung aus erneuerbaren Energien rasant angewachsen ist und noch weiter wachsen wird, und obgleich mit den hohen Rohölpreisen die Atomkraft eine Renaissance erleben könnte, ist aus Abbildung 1 zu ersehen, dass die zukünftige Energienachfrage vornehmlich mit fossilen Energieträgern befriedigt werden wird: Gas, Öl und Kohle decken laut Prognosen der Internationalen Energieagentur noch im Jahr 2030 zu circa 75 Prozent den Primärenergiebedarf.

Damit werden auch die CO_2-Emissionen ansteigen. Rund 60 Prozent des globalen Anstiegs des CO_2-Ausstoßes in den kommenden zwei Jahrzehnten werden dabei China und Indien verursachen.

Um die bislang als maximal tolerabel betrachtete Erhöhung der durchschnittlichen globalen Temperatur um höchstens 2,4 Grad Celsius nicht zu überschreiten, müsste die Treibhausgaskonzentration in der Atmosphäre bei ungefähr 450 ppm (parts per million) stabilisiert werden. Die Treibhausgaskonzentrationen der unter dem Kyoto-Protokoll erfassten Gase erreichen bereits heute 430 ppmv (parts per million by volume) CO_2-Äquivalente (CO_2e). Halten die Regierungen an den derzeitigen oftmals halbherzigen Anstrengungen zur CO_2-Verminderung fest, werden die Emissionen weiter bis auf 42 Gigatonnen im Jahr 2030 ansteigen. Soll eine Stabilisation der Treibhausgaskonzentration von 450 ppmv CO_2e erreicht werden, ist laut Internationaler Energieagentur eine Reduktion des jährli-

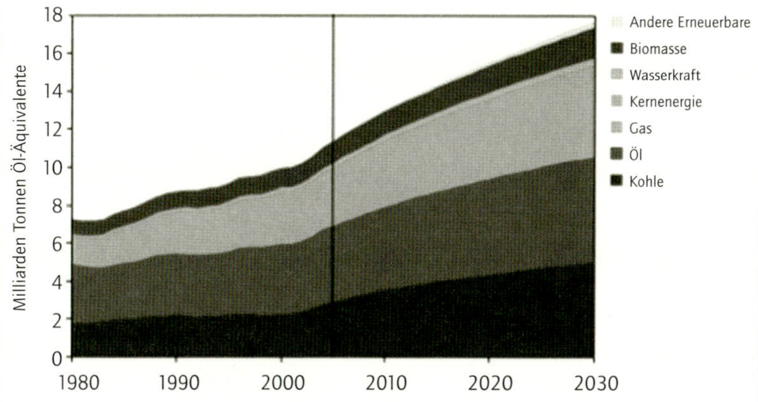

1 Prognostizierter Anstieg des weltweiten Primärenergiebedarfs von 11,4 Milliarden Tonnen an Öl-Äquivalenten im Jahr 2005 auf knapp 18 Milliarden Tonnen im Jahr 2030. Fossile Brennstoffe werden auch in Zukunft die wichtigsten Primärenergiequellen bleiben (Quelle: IEA 2007).

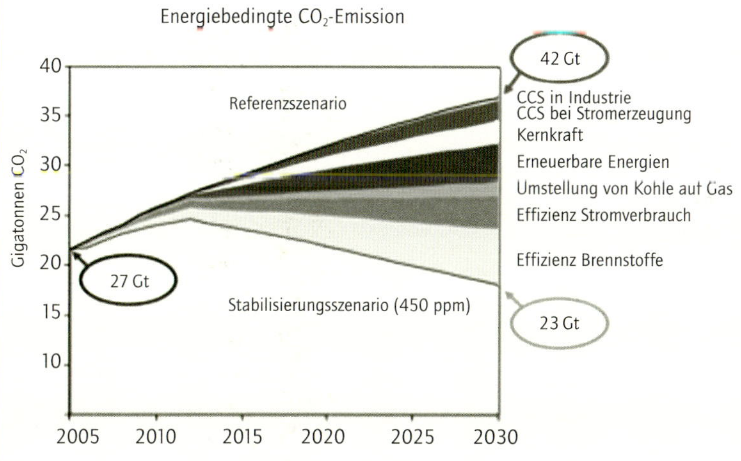

2 Vorausschau auf die energiebedingten CO_2-Emissionen je nach Politikszenario. Das Referenzszenario entspricht weitgehend der Fortschreibung der bisherigen Entwicklung ohne ein nennenswertes klimapolitisches Gegensteuern. Das andere Szenario orientiert sich an der Stabilisierung der Treibhausgaskonzentration bei 450 ppm; in diesem Fall könnte der durchschnittliche globale Temperaturanstieg auf maximal 2,4 Grad Celsius begrenzt werden (Quelle: IEA 2007).

chen energiebedingten CO_2-Ausstoßes von derzeit knapp 30 auf 23 Gigatonnen erforderlich (Abbildung 2).

Diese Reduktion soll durch verschiedene Maßnahmen erreicht werden. Der Steigerung der Energieeffizienz kommt bei der Verminderung des CO_2-Ausstoßes eine Schlüsselposition zu. Gegenüber anderen Optionen ist die Effizienzsteigerung relativ günstig und rasch einsetzbar.

Neben dem vermehrten Einsatz der erneuerbaren Energien, dem Ausbau der Kernenergie und der Substitution von Kohle durch Gas spricht die Internationale Energieagentur der CO_2-Abscheidung, auch CO_2-Sequestrierung genannt, in der obigen Graphik mit CCS (Carbon Dioxide Capture and Storage) bezeichnet, eine beträchtliche Rolle bei der CO_2-Vermeidung zu.

Stand der Entwicklung

Abscheidung

Zur Abscheidung von CO_2 werden bislang drei technische Möglichkeiten angewendet und erforscht:

- Post-Combustion (CO_2-Abtrennung aus dem Rauchgasstrom, CO_2-Rauchgaswäsche),
- Oxyfuel (Verbrennung mit reinem Sauerstoff),
- Pre-Combustion (Vergasung kombiniert mit Gas- und Dampfturbinenanlagen).

Bei der Variante *Post-Combustion* wird das Kohlendioxid (zehn bis 14 Prozent CO_2 im Rauchgas) nach der Verbrennung aus dem Rauchgas durch Auswaschen abgeschieden. Die Technologie ist prinzipiell verfügbar, jedoch fehlen noch Erfahrungen im großtechnischen Maßstab. Die Post-Combustion-Technologie kann nicht nur in neuen Kraftwerken eingesetzt werden, sondern ist prinzipiell auch für die Nachrüstung von Altkraftwerken geeignet. Die Abscheidung mit dieser Technologie erfordert aber einen hohen Energieaufwand, der zu hohen Leistungseinbußen und Kostensteigerungen führen kann.

Bei der zweiten Variante *Oxyfuel* erfolgt die Verbrennung mit reinem Sauerstoff, sodass das Rauchgas praktisch keinen Stickstoff enthält und sehr stark mit Kohlendioxid angereichert ist (etwa 70 Prozent). Bei diesem Verfahren ist daher eine vorgeschaltete Luftzerlegungsanlage erforderlich, um den für die Verbrennung notwendigen Sauerstoff zur Verfügung zu stellen. Diese Variante kann nur bei Neubauten von Kraftwerken eingesetzt werden. Der dadurch erforderliche anlagenkonzeptionelle Aufwand sowie auch der energetische Aufwand dieser Technologie ist bisher noch erheblich.

Die dritte Variante *Pre-Combustion* erfordert eine gänzlich neue Kraftwerkstechnologie. Die Basis sind Vergasungsprozesse kombiniert mit Gas-

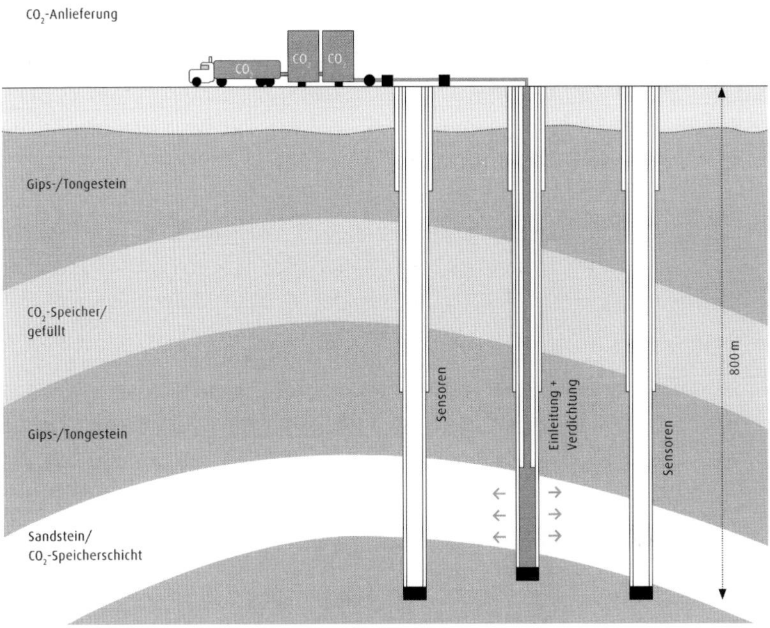

3 Schematische Darstellung für die CO_2-Einlagerung in tief gelegenen Sandsteinschichten.

und Dampfturbinenanlagen. Der Brennstoff wird dabei mit reinem Sauerstoff (Luftzerlegung erforderlich) vergast, sodass die Produkte Kohlenmonoxid und Wasserstoff entstehen. Dieses Produktgas wird anschließend mit Wasserdampf zu Kohlendioxid und Wasserstoff umgesetzt. Aus diesem Gemisch wird wiederum das Kohlendioxid mit Membranen abgeschieden. Die abschließende Verbrennung ist eine reine Wasserstoffverbrennung, die in der Regel über eine Gasturbine umgesetzt wird. Diese Technologie ist sehr komplex, betritt technisches Neuland und ist vermutlich nur im Hinblick auf eine großtechnisch eingesetzte Wasserstoffwirtschaft sinnvoll. Kohlekraftwerke auf Basis dieser Technologie bieten Wirkungsgrade von über 40 Prozent.

Transport

Das nach der Verbrennung (Post-Combustion, Oxyfuel) oder vor der Verbrennung (Pre-Combustion) abgeschiedene Kohlendioxid soll abschließend in geologische Formationen gespeichert werden. Dazu ist der Transport zu diesen Speichern erforderlich. Zum Transport muss das Kohlendioxid zunächst verdichtet werden, um als sogenanntes überkritisches Fluid transportiert werden zu können (zum Beispiel Druck 74 bar, Dichte 1.100 Kilogramm/Kubikmeter). Der eigentliche Transport ist nur wirtschaftlich, wenn er in Schiffen oder in Pipelines erfolgt. Diesbezüglich liegen in Europa keine Erfahrungen vor.

In den USA und Kanada gibt es bereits ein Pipelinenetz von über 3.000 Kilometern, in dem Kohlendioxid zur Steigerung der Ausbeute von Erdölfeldern (enhanced oil recovery) genutzt wird. Nach derzeitigem Kenntnisstand sind Schiffe erst ab einer Entfernung von 1.000 Kilometern wirtschaftlich, sodass für Deutschland von einem Pipelinenetz auszugehen ist. Dazu sind hohe Anfangsinvestitionen erforderlich. Die Kosten des Transports werden bezogen auf die gesamt CCS-Kette auf zehn Prozent geschätzt. Ein Aufbau einer CO_2-Transportinfrastruktur hätte allerdings nur Sinn, wenn die Technologien zur CO_2-Abscheidung nach Kraftwerken marktreif sind. Dies ist bisher nicht der Fall.

Speicherung

Das Kohlendioxid muss abschließend lange Zeit sicher eingelagert werden (Abbildung 3). Prinzipiell kommen dafür folgende Optionen infrage:

- ausgebeutete Gas- und Erdölfelder,
- Erdgas- und Erdölfelder während der Exploration,
- Wasserschichten unter Land und Meeresgrund, nicht genutzte Kohleflöze,
- stoffliche Nutzung in der Chemie und Lebensmittelindustrie,
- Mineralisierung zu Gesteinen.

Die Speicherung in alten Erdgasfeldern ist international Stand der Technik und wird zum Beispiel zur Zwischenspeicherung von Erdgas genutzt. Allerdings gibt es dabei keine Langzeiterfahrungen, wie sie bei der Speicherung von Kohlendioxid erforderlich sind.

Die Speicherung in Wasserschichten soll in 900 bis 1.000 Metern Tiefe erfolgen und zwar in Schichten, die keine Verbindung zu anderen Schichten aufweisen. Die Speicherung in der Tiefsee wird zwar derzeit erprobt, aber nahezu einhellig von Experten abgelehnt. Da der Ozean im permanenten Austausch mit der Atmosphäre steht, können Langzeitfolgen der austretenden CO_2-Emissionen nicht vermieden werden. Zudem gefährdet die Deponierung des Treibhausgases in der Tiefsee wegen des erhöhten CO_2-Gehaltes des Meerwassers die Ökosysteme (WBGU 2006, S. 81 ff.).

Die Lagerung in alten Kohleschichten würde dort das Methan verdrängen, welches zum einen genutzt werden, zum anderen aber auch durch unkontrollierte Ausgasung den Treibhauseffekt verstärken könnte.

Für Deutschland kommen derzeit nur leere Gasfelder und tiefe Aquifere infrage. Die Schätzungen der Lagerpotenziale gehen sehr weit auseinander und reichen von etwa 30 bis zu 130 Jahren. Dennoch deuten diese Potenzialabschätzungen darauf hin, dass auch CCS keine dauerhafte Lösung des Problems darstellt.

Zeitpunkt der Betriebsaufnahme	2020	2030	2040	2050
Szenario I (EWI 2005)				
Erdgas-KW, GuD	58,20	51,50	45,80	47,80
SK-KW, Dampf	42,00	39,80	38,80	39,50
SK-IGCC	38,20	36,60	36,10	36,60
Durchschnitt	**46,13**	**42,63**	**40,23**	**41,30**
Szenario II (DLR 2005)				
Erdgas-KW, GuD	63,70	58,30	51,90	54,20
SK-KW, Dampf	43,20	42,50	40,40	40,70
SK-IGCC	39,20	38,10	37,40	37,90
Durchschnitt	**48,70**	**46,30**	**43,23**	**44,27**

Brennstoffpreisszenarien EWI 2005: mittlere Preise für 2020 bis 2050, Gas 4,87 €/GJ, Steinkohle 1,98 €/GJ, Braunkohle 0,83 €/GJ. Brennstoffpreisszenarien DLR 2005: mittlere Preise für 2020 bis 2050, Gas 7,20 €/GJ, Steinkohle 2,64 €/GJ, Braunkohle 1,30 €/GJ

Abkürzungen: SK: Steinkohle, KW: Kraftwerk, IGCC: Integrated Gasification Combined Cycle, GuD: Gas und Dampf, GJ: Gigajoule. Der angenommene CO_2-Abscheidungsgrad beträgt 88 bis 90 Prozent.

Tabelle 1 CO_2-Vermeidungskosten von Kraftwerken mit CO_2-Abscheidung (einschließlich Transport und Speicherung) in Euro pro Tonne CO_2 für verschiedene Brennstoffpreisszenarien und Betriebsaufnahmezeiten. Quelle: Wuppertal Institut et al. (2007).

Wirtschaftlichkeit der CO_2-Abscheidung

Die Kosten sind bisher hoch und der Zeitpunkt der Marktreife der Technik daher ungewiss. Die Internationale Energieagentur schätzt die zusätzlichen Investitions- und Stromgestehungskosten rund doppelt so hoch ein wie bei einem modernen Kohlekraftwerk ohne CO_2-Abscheidung. In Tabelle 1 werden die CO_2-Vermeidungskosten zweier Studien für unterschiedliche Kraftwerkstypen und unterschiedliche Zeitpunkte der Betriebsaufnahme dargestellt. Dabei ergeben sich für das Jahr 2020 CO_2-Vermeidungskosten zwischen 38 bis knapp 64 Euro pro Tonne CO_2. Bei der Internationalen Energieagentur beträgt die geschätzte Spanne für neue Kraftwerke 24 bis 72 Euro pro Tonne CO_2 für die Abscheidung und acht bis 32 Euro pro Tonne CO_2 für Transport und Speicherung (Ausnahme: enhanced oil recovery). Insgesamt wird im günstigsten Fall von 40 Euro pro Tonne CO_2 ausgegangen. Die Nachrüstung eines Kohlekraftwerks mit CCS ist jedoch noch deutlich teurer und wird von der Internationalen Energieagentur auf 53 bis 97 Euro pro Tonne CO_2 geschätzt (IEA 2007, S. 218 ff.).

Die Zahlen der Tabelle 1 machen aufgrund des geringen Kostenrückgangs zwischen den Jahren 2020 und 2050 deutlich, dass die Lernkurveneffekte gering sind. Es muss daher davon ausgegangen werden, dass CO_2-Abscheidung im Vergleich zu anderen CO_2-Vermeidungsmaßnahmen eine teure Alternative ist und auch in den nächsten Jahrzehnten bleiben wird. Dies hat die Industrie durch ihre Pilotprojekte bereits erkannt.

Inzwischen wurden weltweit mehrere CCS-Projekte aus Kostengründen gestoppt. In Norwegen wurde ein Gaskraftwerksprojekt von Shell und StatoilHydro bei Trondheim aus Kostengründen gänzlich aufgegeben. Bei einem von der norwegischen Regierung geplanten Wärmekraftwerk in Mongstad wird vorerst auf die Lagerung verzichtet, das heißt, das CO_2 wird nach der Abscheidung emittiert (Watson 2007). In den USA hat das Energieministerium ein CCS-Projekt wegen drohender Verdoppelung der Kosten gestoppt und sein Hauptforschungs- und Demonstrationsprogramm zu CCS, das sogenannte FutureGenProject, umstrukturiert (U.S. Department of Energy 2008). Die europäische Stromwirtschaft wünscht wegen der hohen Kosten entsprechende Subventionen.

Das weltweit erste größere CCS-Projekt, die von der norwegischen Firma StatoilHydro betriebene Plattform Sleipner West, ist hingegen seit 1996 in Betrieb. Dort werden pro Jahr rund eine Million Tonen CO_2, das bei der Gasförderung direkt vor Ort getrennt wird, in eine Sandsteinformation 1.000 Meter unter dem Meeresgrund deponiert (Abbildung 4). Das Problem des Transports von CO_2 (siehe oben) entfällt damit. Die Anlage arbeitet laut Betreiber wirtschaftlich.

Zusammenfassung und Ausblick

Pilotphase bis 2020

Der Entwicklungsstand der drei Varianten der CO_2-Abscheidung Post-Combustion, Oxyfuel und Pre-Combustion ist recht unterschiedlich. Wirtschaftlich werden das Oxyfuel- und das Pre-Combustion-Verfahren als vergleichsweise günstig angesehen. Allerdings sind diese Verfahren großtechnisch erst gegen 2020 verfügbar.

Keine technische Option für Deutschland

Die Altersstruktur des Deutschen Kraftwerkspark erfordert bis 2020 einen geschätzten Ersatzbedarf von 40.000 Megawatt (Investitionsplanung bis 2012 für ungefähr 19.000 Megawatt) (BMU, BMWI 2006, S. 53 f.). Die erforderlichen Kraftwerksneubauten fallen gerade in einen Zeitraum, in dem die CO_2-Abscheidungstechnologie großtechnisch noch nicht zu Verfügung steht (vgl. SRU 2004, Tz. 36). Daher käme für die deutschen Kraftwerke nur eine Nachrüstung infrage, die nach den obigen Schätzungen die Kosten noch einmal zusätzlich stark erhöht. Angesichts der ohnehin fraglichen Wettbewerbsfähigkeit erscheint – neben der generellen Machbarkeit im großtechnischen Maßstab – gerade die Strategie der Nachrüstung besonders fragwürdig.

Neuland in vielen Bereichen

Es werden derzeit in aller Welt Pilotprojekte zum Verhalten von CO_2 in Untergrundspeichern durchgeführt. Es gibt jedoch noch keine hinreichenden Kenntnisse über die Leckraten und damit die Langzeitsicherung von CO_2-Speichern. Das Umweltbundesamt hält eine Leckrate von < 0,01 Prozent pro Jahr für realistisch, sodass nach 1.000 Jahren noch 90 Prozent des eingelagerten Gases vorhanden wären. Bei Speichern von CO_2 kann es auch zu Nutzungskonflikten mit der Geothermie und dem Bergversatz (das ist das Verfüllen ausgebeuteter Untertage-Bergwerke mit flüssigen oder festen, bergbaueigenen oder bergbaufremden Materialien) kommen. Die Risiken von marinen Speichern werden von Experten für unkalkulierbar gehalten, sodass dieser Weg auszuschließen ist. Mit der CO_2-Abscheidung wird auch rechtlich in weiten Bereichen Neuland betreten. Beispielsweise ist ein internationaler Rechtsrahmen für Transport, Speicherung und Überwachung erforderlich.

Perspektive für Volkswirtschaften mit hohen Wachstumsraten

Angesichts des weltweiten Booms der Kohleverstromung ist die Suche nach einer klimapolitischen Entlastungstechnologie erforderlich und eine weitere Erforschung der CO_2-Abscheidung – auch in Deutschland – sinnvoll. Die Marktreife wie auch die Akzeptanz dieser Technologie (hinsichtlich der Speicherung) ist jedoch völlig offen und eine Nachrüstung ist die teuerste mögliche Variante. Da die CO_2-Abscheidung als marktreife Technologie für den Einsatz in Deutschland zu spät kommt, bietet sie eine Perspektive für die nächsten Jahrzehnte besonders für Länder wie China und Indien, um deren wachstumsbedingte CO_2-Emissionen nicht in die Atmosphäre gelangen zu lassen.

Hohe Kosten

Die CO_2-Abscheidung senkt den Wirkungsgrad der Kraftwerke um rund zehn Prozentpunkte ab. Investitionen und Stromerzeugungskosten werden sich dadurch etwa verdoppeln. Damit ist die Wettbewerbsfähigkeit dieser Technologie fraglich. Über die Wettbewerbsfähigkeit sollte aber nicht die Politik, sondern der Markt entscheiden.

Marktlösung unter politischen Rahmenbedingungen

Die Politik ist aufgerufen, zum einen durch einen politischen Rahmen zu gewährleisten, dass die CO_2-Abscheidung und vor allem der Transport sowie die Lagerung von CO_2 ohne Risiken für Mensch und Umwelt durchgeführt werden. (Nach dem derzeitigen Forschungsstand ist eine Lagerung in Deutschland zurzeit nur in leeren Gasfeldern und tiefen Aquiferen gegeben.) Zum anderen sollte die Politik einen möglichst internationalen CO_2-Emissionshandel mit festgelegten Reduktionszielen einrichten. Dadurch werden die CO_2-Vermeidungkosten für die Industrie langfristig planbar, und dann entscheidet die Wirtschaftlichkeit, ob die CO_2-Abscheidung eine zukunftsfähige Vermeidungsoption darstellt (1).

4 Das in dem Sleipner-Förderfeld in der Nordsee gewonnene Erdgas enthält neun Prozent CO_2. Seit 1996 ist die CCS-Anlage vor Ort in Betrieb, mit der das anfallende CO_2 von täglich rund 2.800 Tonnen wieder im Untergrund deponiert wird.

Anmerkung

[1] Der Autor bedankt sich für die Hilfe der Kollegen im Sachverständigenrat für Umweltfragen (SRU) und weist darauf hin, dass die technischen Ausführungen zur CO_2-Sequestrierung auf Arbeiten des Sachverständigenrates für Umweltfragen basieren.

Literatur

BMU (Bundesministerium für Umwelt Naturschutz und Reaktorsicherheit); BMWI (Bundesministerium für Wirtschaft und Technologie) (2006): Energieversorgung für Deutschland. Statusbericht für den Energiegipfel am 3. April 2006. Berlin.

U.S. Department of Energy (DOE) (2008): DOE Announces Restructured FutureGen Approach to Demonstrate CCS Technology at Multiple Clean Coal Plants. Washington, DC: DOE. http://www.energy.gov/news/5912.htm (aufgerufen am 17. September 2008).

IEA (Internationale Energieagentur) 2007: World Energy Outlook 2007.

SRU (Sachverständigenrat für Umweltfragen) (2004): Umweltgutachten 2004. Umweltpolitische Handlungsfähigkeit sichern. Baden-Baden: Nomos Verlagsgesellschaft.

SRU (Sachverständigenrat für Umweltfragen) (2008): Umweltgutachten 2008. Umweltschutz im Zeichen des Klimawandels. Berlin: Erich Schmidt Verlag.

Watson, Claire (2007): Statoil and Shell decide against carbon capture project. London: Business Review. Energy Business review online 02.07.2007. http://www.energy-business-review.com/article_news.asp?guid=93A4AF76-7450-4BE1-A08D-43F82D75DBAA (aufgerufen am 17. September 2008).

WBGU (Wissenschaftlicher Beirat der Bundesregierung Globale Umweltveränderungen) (2006). Die Zukunft der Meere – zu warm, zu hoch, zu sauer. Berlin: WBGU-Sondergutachten.

Wuppertal Institut (Wuppertal Institut für Klima, Umwelt, Energie), DLR (Deutsches Zentrum für Luft- und Raumfahrt), ZSW (Zentrum für Sonnenenergie- und Wasserstoff-Forschung), PIK (Potsdam-Institut für Klimafolgenforschung) (2007): RECCS. Strukturell-ökonomisch-okologischer Vergleich regenerativer Energietechnologien (RE) mit Carbon Capture and Storage (CCS). Berlin: Bundesministerium für Umwelt Naturschutz und Reaktorsicherheit.

Es ist spannend und lehrreich, Geschichten und Berichte über CO_2 zu hören – aber am besten lernt man diesen Stoff natürlich kennen, wenn man praktisch mit ihm hantiert oder ihm unter freiem Himmel begegnet. Wir schließen dieses Buch daher ab mit einer Kollektion von CO_2-Experimenten und von CO_2-Spaziergängen zu Orten, an denen man diesen Stoff und seine Wirkungen selber erfahren kann.

KAPITEL 4

Experimente mit CO_2 und CO_2-Spaziergänge

Jens Soentgen

CO_2-Experimente für den Küchentisch

Zwar ist CO_2 ein wenig auffälliges Gas. Dennoch kann man leicht und ganz ohne aufwendige Ausrüstung höchst interessante Beobachtungen daran machen. Es ist möglich, das Gas sichtbar zu machen, man kann es schmecken, man kann sogar mit einfachsten Hilfsmitteln in Sekundenschnelle minus 79 Grad Celsius kaltes CO_2 (»Trockeneis«) herstellen. Es gibt viel zu entdecken! In dem folgenden Beitrag werden Versuche und Beobachtungen beschrieben, die ohne professionelle Apparate und Zurüstung auskommen. An »Geräten« brauchen wir nur solche, die sich in jeder Küche finden oder die in jedem Supermarkt erhältlich sind.

Schüler und Lehrer, verlasst die Labore – und geht hinaus aufs freie Feld! Es gibt viel mehr Phänomene mit freien Sinnen zu erfahren, als die Lehrmittelhersteller und Science Center sich träumen lassen. Gerade für zentrale Phänomene sind Apparate und »Lehrmittel« nicht nur unnötig, sondern oft geradezu störend. Das gilt ganz besonders für das CO_2.

Vom Wassersprudler zum CO_2-Experimentiergerät

Für die meisten der folgenden Experimente brauchen wir eine CO_2-Quelle. Die steht in vielen Haushalten – sie nennt sich Wassersprudler. Das Prinzip eines solchen Geräts ist immer dasselbe: Ein Wassersprudler enthält eine Gasflasche mit Kohlendioxid – und dieses wird per Knopfdruck in eine zuvor mit Leitungswasser gefüllte Flasche unter Druck eingeleitet. So wird aus fad schmeckendem Leitungswasser ein erfrischender Sprudel. Die CO_2-Patronen, die man in das Gerät einschraubt, enthalten zum Teil flüssiges, zum Teil gasförmiges CO_2, das unter hohem Druck steht. Das CO_2 selbst stammt in manchen Fällen sogar aus natürlichen Quellen (so stammt das CO_2 der Firma Wassermaxx aus dem Teutoburger Wald), es kann sich aber auch um ein gereinigtes Industrieprodukt handeln. Dann kommt es möglicherweise aus einer Fabrik, die Substanzen für Frostschutzmittel und Seifen herstellt, oder zum Beispiel aus der Düngemittelherstellung.

Den Wassersprudler kann man mit wenigen Handgriffen zu einem höchst vielseitigen Experimentiergerät umbauen:

Man nehme einen Wassersprudler und suche im Baumarkt einen Schlauch, der sich gut über den Nippel schieben lässt, durch den das CO_2 in die Sprudelflasche geleitet wird. Der Schlauch sollte fest aufsitzen. In der Regel ist ein Schlauch mit einem Zentimeter Innendurchmesser geeignet. Es ist ratsam, den Wassersprudler mitzunehmen – damit man einen Schlauch aussucht, der auch wirklich passt. Von diesem braucht man etwa 50 Zentimeter und schiebt das eine Ende des Schlauches dann über den besagten Nippel. Fertig ist der CO_2-Spender! Damit die Versuche gut funktionieren, sollte man mit einer möglichst frischen CO_2-Patrone im Sprudler arbeiten.

Immer gut lüften!

Eine typische CO_2-Patrone enthält 425 Gramm CO_2. Das sind etwa zehn Mol CO_2, die unter hohem Druck stehen. Ein Mol CO_2 wiegt 44 Gramm und nimmt bei Zimmertemperatur und normalem Druck ein Volumen von 24,46 Liter ein. Zehn Mol also 244 Liter. Nehmen wir an, wir experimentieren in einem kleinen Raum von zwei mal zwei Metern (der 2,50 Meter hoch ist). Dieser Raum enthält zehn Kubikmeter Luft, das heißt 10.000 Liter. Luft enthält normalerweise 0,038 Prozent CO_2. Das sind in dem kleinen Raum 3,8 Liter. Entleert man nun eine ganze Patrone CO_2 in dem Raum, dann erhöht man die Konzentration an CO_2 fast um den Faktor 100. Sie beträgt - mit dem ursprünglich vorhandenen CO_2 - nun 2,478 Prozent. Das ist bereits eine gefährliche Konzentration. Sie kann zu Schwindelgefühl, Herzrasen, hoher Erregung, manchmal sogar zur Bewusstlosigkeit führen. Daher beim Experimentieren mit CO_2 immer gut lüften!
Kinder dürfen nur im Beisein von Erwachsenen mit dem Wassersprudler und mit Trockeneis hantieren!

CO_2 hat einen typischen Geschmack

CO_2 gilt als geruchs- und geschmacksloses, unsichtbares Gas. Das alles stimmt genau besehen nicht.

Versuche Folgendes:

- Man hält man den Schlauch des Wassersprudlers in ein größeres Glas und betätigt dann den Knopf: Das CO_2 schnaubt direkt ins Glas. Und es bleibt darin auch für einige Zeit, denn es ist schwerer als Luft. Wenn man sich dieses CO_2-gefüllte Glas in den geöffneten Mund gießt, erlebt man auf der Zunge den reinen CO_2-Geschmack. Er ist säuerlich, aber auf eine ganz bestimmte, völlig charakteristische Weise. Man kann sich das CO_2 auch in die Nase gießen: Es bizzelt.

Übertreiben sollte man das Einatmen von CO_2 nicht – es kann in hohen Dosen (ein vorsichtiges Schnuppern ist keine hohe Dosis, sonst wäre ja schon das Trinken von Sprudel gefährlich) zur Bewusstlosigkeit, sogar zum Tod führen.

Gesprudeltes Wasser löst Kalk

Dass gesprudeltes Leitungswasser saurer schmeckt als ungesprudeltes, hatten wir bereits festgestellt. Es hat auch eine höhere Lösungskraft. Das zeigt folgender Versuch, für den man eine Messerspitze Kreide braucht.

Kreide ist nichts anderes als Calciumcarbonat. Man erhält sie als Schlämmkreide zum Beispiel in der Apotheke oder auch im Haustierbedarf. Auch Schulkreide besteht manchmal aus Kreide, oft jedoch auch aus Gips – und den kann man nicht verwenden.

Wie auch immer man die Kreide erhält, hier der Versuch:

Versuche Folgendes:

- Man füllt ein durchsichtiges Glas mit Leitungswasser, ein anderes mit gesprudeltem Wasser. In beide gibt man etwa eine Messerspitze Kreide hinein. In dem sprudelnden Wasser löst sie sich auf; in dem normalen Leitungswasser dagegen vorerst nicht.

Dieses Phänomen erscheint zunächst einmal völlig unspektakulär und ist es auch. Es hat allerdings eine große Tragweite. Denn diese erhöhte Lösungskraft des gesprudelten Wassers hat überall auf der Erdoberfläche ihre Spuren hinterlassen. Fast alle Höhlen verdanken ihre Entstehung kohlendioxidreichem Wasser, das sich wie ein Bergmann durch Kalkschichten gearbeitet hat. Tritt solches Wasser dann irgendwo wieder aus, zum Beispiel an der Decke einer Höhle, dann entschwindet das CO_2 – und der Kalk fällt aus. Aber nicht als hässlicher Haufen oder amorphe Abraumhalde, wie es vor von Menschen gemachten Höhlen und Bergschächten zu geschehen pflegt, vielmehr gibt das Wasser dem Kalk, den es absetzt, noch bezaubernde Formen mit. So können zum Beispiel Tropfsteine entstehen oder auch ganze Terrassen wie in Pamukkale im Südwesten der Türkei.

So hat zum Beispiel der Hamburger Künstler Bogomir Ecker nach jahrelangen Vorarbeiten in der Hamburger Kunsthalle eine Tropfsteinmaschine in Betrieb genommen, die vertraglich bis zum Jahr 2496 laufen soll. Die Maschine baut nach, wie es auch in der Natur zu Tropfsteinen kommen kann. Vom Dach der Kunsthalle wird dabei Regenwasser über ein Biotop aus Graslilien und Kalkstein geleitet, hieraus wird das überschüssige Wasser in verkalkungsfreien Rohren zu einem Tropfer geleitet, der genau dosiert Tropfen auf eine auf Gummi erschütterungsfrei gelagerte Marmorplatte fallen lässt. Die Maschine zeigt, auf welch unterschiedlichen Zeitskalen menschliches Denken und Tun und natürliche Prozesse angesiedelt sind.

CO_2 ist ganz schön schwer

Hierfür brauchen wir wieder unseren umgebauten CO_2-Sprudler.

Versuche Folgendes:

- Nimm einen Luftballon, streife ihn über das Schlauchende und betätige den Knopf: Der Luftballon füllt sich mit CO_2.
- Verknote den Ballon, sodass das CO_2 nicht mehr entweichen kann.
- Jetzt blase einen zweiten Luftballon auf - diesmal mit Atemluft. Verknote auch diesen Luftballon.
- Nun hebe beide Ballons in die Höhe und lasse sie gleichzeitig fallen. Der CO_2-Luftballon ist sehr viel schneller unten (Abbildung 1).

CO_2 ist tatsächlich circa 1,6-mal schwerer als Luft. Deshalb sammelt es sich auch in Bodennähe an. An allen Orten, an denen CO_2 austritt, sind daher kleine Lebewesen besonders gefährdet. So tritt CO_2 zum Beispiel in Burundi in Zentralafrika an verschiedenen Orten aus – es handelt sich dabei um natürliche Entgasungen, die auf vulkanische Aktivität zurückgehen. Dieses CO_2 heißt dort Mazuku, was übersetzt bedeutet: Böser Wind. Es sammelt sich in Bodenkuhlen und ist eine ernste Gefahr – besonders für kleine Kinder, die in solche Kuhlen hineinlaufen. Tatsächlich kommt es immer wieder vor, dass Kinder in solchen Kuhlen ersticken.

1 Die dunklen Ballons sind mit CO_2 gefüllt und fallen aufgrund ihres höheren Gewichts schneller auf den Boden als die mit normaler Luft gefüllten Ballons.

Bei uns in Deutschland gibt es auch einige Orte, an denen CO_2 natürlich austritt: Die Vulkaneifel ist ein solcher Ort, und es kommt nicht von ungefähr, dass es in dieser Gegend einige große Sprudelhersteller und Getränkeunternehmen gibt. Am Laacher See blubbert das CO_2 an bestimmten Stellen andauernd empor. (Siehe auch in diesem Buch den CO_2-Spaziergang auf Seite 233–238.)

Gefährlicher ist sein Vorkommen in Brauereien, wo es infolge des Gärungsprozesses reichlich entsteht. Hier sammelt es sich ebenfalls in tiefgelegenen Räumen an und stellt eine ernsthafte Gefahr für die Arbeiter dar – da es unsichtbar ist und man es nicht riechen kann. Alle Brauereien haben daher CO_2-Warngeräte, die in Bodennähe installiert sind.

Lässt man die Ballons eine Weile liegen, stellt man fest, dass der CO_2-Ballon sehr schnell einschrumpelt und bald platt ist. Das CO_2 greift die Ballonhaut an! Zunächst ärgerlich, aber das Phänomen zeigt, dass CO_2 bestimmte Stoffe löst. Daher wird es, in flüssiger Form, in der Industrie auch als Lösungsmittel verwendet (zum Beispiel hilft es bei der Herstellung entkoffeinierten Kaffees), aber auch als richtiges Kleiderreinigungsmittel wird es verwendet.

Rauch schwimmt auf CO_2

Versuche Folgendes:

- Wenn man einen großen Topf mit CO_2 füllt und dann ein wenig Zigarettenqualm vorsichtig darauf bläst, schwimmt dieser auf dem CO_2. Wackelt man ein wenig an dem Topf, dann sieht man, wie das CO_2 beziehungsweise der daraufliegende Rauch in Wellen hin und her schwingt.

Festes CO_2 sieht aus wie Schnee, ist aber viel kälter

In seinen *Sudelbüchern* schrieb Christoph Lichtenberg, »dass die wichtigsten Dinge durch Röhren getan werden. Beweise erstlich die Zeugungsglieder, die Schreibfeder und unser Schießgewehr, ja was ist der Mensch anders als ein verworrnes Bündel Röhren?« Auch der Schlauch, mit dem wir den Wassersprudler umgerüstet haben, ist eine Röhre – und dass auch diese wirkungsvoller ist, als es zunächst scheint, zeigt dieser Versuch. Dabei geht es darum, mit dem umfunktionierten Wassersprudler Trockeneis, also festes, tiefkaltes CO_2 herzustellen. Der Schlauch spielt dabei eine wichtige Rolle. Außer dem Wassersprudler ist ein Stück dunkler Stoff nützlich, wenn auch nicht notwendig (zum Beispiel ein ausrangiertes T-Shirt oder ein Geschirrspültuch oder auch eine dunkle Mütze), sowie eine Tasse mit heißem Tee oder Kaffee (heißes Wasser tut es auch).

Versuche Folgendes:

- Lege ein Kleidungsstück oder ein Tuch aus dunklem Stoff auf den Boden, zum Beispiel eine schwarze Mütze oder ein schwarzes T-Shirt oder auch ein Handtuch.
- Nimm den Sprudler mit dem Schlauch in die Hand und drehe ihn kopfüber. Mit dem Schlauch zielst du auf das am Boden liegende Tuch.
- Jetzt mit einem Finger auf den Knopf drücken. Dabei achtgeben - bei manchen Modellen sind die Knöpfe so seltsam konstruiert, dass man sich leicht den Finger einklemmt. Den Knopf etwa eine Minute drücken! Zischend und gurgelnd entweicht das CO_2 - aber auf dem Boden kommt es nicht gasförmig an, sondern als weißer Schnee, der darüber hinaus auch noch dampft!
- Knautsche mit dem Stoff diese weißen Kristalle zu einem Minischneeball zusammen - es ist Trockeneis, das eine Temperatur von -79 Grad Celsius hat! Also immer nur kurz anfassen (auf keinen Fall in den Mund nehmen!).
- Wirf diesen Trockeneis-Minischneeball in die Tasse Tee oder Kaffee. Es entsteht ein richtig schöner Hexenkesseldampf.
- Bitte nicht den Trockeneisschnee mit dem Schlauch direkt in Wasser einleiten. Das Ventil des Wassersprudlers kann dabei vereisen.

Verantwortlich für die Erzeugung von Trockeneis ist der sogenannte Joule-Thomson-Effekt, der auch bei der Luftverflüssigung und übrigens auch im Kühlschrank eingesetzt wird. In unserem Experiment lässt man flüssiges CO_2 aus der Gasflasche entweichen. Die CO_2-Moleküle stehen in der Gasflasche unter einem hohen Druck und können nur durch eine kleine Öffnung an der Spitze des Nippels ins Freie flitzen. Dafür brauchen sie viel Energie. Und diese Energie nehmen sie einfach aus der Umgebung. Das flüssige CO_2 wird dadurch so kalt, dass es gefriert. Auch der Schlauch kühlt sich deutlich ab und wird, wenn man länger drückt, sogar ganz steif vor Kälte!

Wer sich nun fragt, ob der Schlauch wirklich für die Erzeugung von Trockeneis so notwendig ist, der kann es ja einmal ohne probieren: Es klappt nicht – das CO_2 verduftet spurlos in der Luft. Nur wenn das CO_2 durch den Schlauch geschickt wird, kühlt es sich ordentlich ab. Was eine simple Röhre doch bewirken kann!

CO_2 ist ein guter Feuerlöscher

Der umfunktionierte Wassersprudler taugt auch – in Maßen – als Feuerlöscher. Dazu muss man ihn nicht umdrehen. Vielmehr bläst das CO_2 die Flamme aus. Viele »richtige« Feuerlöscher arbeiten tatsächlich auf CO_2-Basis.

Füllt man einen großen Topf mit CO_2, indem man eine Weile lang welches durch den Schlauch einleitet, dann kann man mit dieser CO_2-Menge auch kleinere Kerzenflammen – zum Beispiel von Teelichtern – geradezu auskippen.

Versuche Folgendes:

☞ Man stellt die entzündeten Teelichter dazu auf eine Fläche und gießt dann das CO_2 aus dem Topf vorsichtig darüber: Die Kerzen gehen plötzlich aus (Abbildung 2).

2 Wenn man CO_2 über eine Flamme »gießt«, erstickt sie.

CO_2 kann man hören

Versuche Folgendes:

☞ In der Gasflasche ist das CO_2 flüssig. Man kann es hören, indem man eine Gasflasche aus dem Sprudler nimmt und für zwei oder drei Stunden ins Tiefkühlfach legt. Dann kühlt sich das flüssige CO_2 noch etwas weiter ab. Nicht viel, aber genug, dass man es nun hören kann, wenn man die eiskalte Flasche hin- und herbewegt.

In CO_2 klingen Töne dunkler

Schon Joseph Priestley wies darauf hin, dass in seiner »fixierten Luft« Töne dunkler klingen. Chladni und viele andere untersuchten das Phänomen; später geriet es, wie es scheint, völlig in Vergessenheit. Zwar ist die Tonveränderung in CO_2 nicht allzu auffallend, man muss schon genauer hinhören. Es lohnt sich aber, den Versuch zu machen. Man benötigt dazu nichts weiter als ein Schnurlos-Telefon mit Freisprechanlage oder irgendeine andere Tonquelle (eine tickende Eieruhr etwa), zwei hohe Kaffeetassen (»Kaffeepötte«), die groß genug sind, dass man das Telefon hineinstellen kann (oder irgendein anderes Gefäß, es ist nicht schlimm, wenn das Telefon ein wenig über den Rand hinausragt), und unseren CO_2-Spender. Wichtig ist, dass die Tasse hoch genug ist, dass der Telefonlautsprecher (von dem der Ton kommt) unter dem CO_2-Spiegel liegt.

Versuche Folgendes:

- Fülle in eine der Tassen CO_2; decke die Tasse anschließend ab.
- Stelle das Telefon auf »Lautsprecher« und drücke dann den grünen Knopf, sodass das Freizeichen ertönt. Es klingt einige Minuten lang (– dann schaltet es auf »besetzt« um). Stelle das Telefon in die CO_2-gefüllte Kaffeetasse und höre den Ton.
- Dann nimm es heraus und stelle es – der Ton erklingt weiterhin – in die CO_2-gefüllte Tasse. Der Ton klingt ein wenig lauter und ein wenig dunkler (Abbildung 3).

Wer meint, dass er sich den Unterschied vielleicht nur einbildet, kann einen Freund bitten, die Tassen so vorzubereiten, dass er selbst nicht weiß, in welcher der Tassen sich das CO_2 befindet. Anhand des etwas anderen Tones kann man dies feststellen.

3 CO_2 beeinflusst die Lautstärke und den Klang eines Tons. Wenn man ein Telefon in eine mit CO_2 gefüllte Tasse stellt, klingt es lauter und etwas dunkler als in einer mit normaler Luft gefüllten Tasse.

CO_2 ist unsichtbar? Nicht ganz.

Alles, was unsichtbar ist, gilt als unbehaglich. Besonders dann, wenn dieses Unsichtbare auch noch bedrohlich ist. CO_2 macht sich meist nur indirekt bemerkbar. Aber unter besonderen Umständen kann man es sehen. CO_2 wirft nämlich einen Schatten.

Versuche Folgendes:

- Fülle mit der CO_2-Zapfanlage ein großes Glas mit CO_2. (Einfach Schlauch hineinhalten, Knopf drücken und einige Zeit durchspülen.)
- Jetzt stelle dich an einem Spätnachmittag oder an einem Vormittag, wenn die Sonne schräg ins Zimmer scheint, so vor eine Wand, dass du den eigenen Schatten sehen kannst.
- Jetzt das CO_2-Glas auskippen: Man sieht an der Wand die Schattenschlieren des ausfließenden CO_2. Eventuell muss man nahe an die Wand herangehen, um den Effekt zu sehen.

CO_2 ist Pflanzenfutter

Hierfür benötigt man neben dem umgebauten Wassersprudler noch zwei große Gurkengläser oder sonst zwei große, verschließbare Behälter. Außerdem benötigt man Wasser, zwei kleine Schnapsgläser, die man in die Gurkengläser bugsieren kann, und zwei gleich große Minzezweige. Minze findet man im Sommer an vielen Orten, zum Beispiel wächst sie oft in der Nähe von Bahnanlagen, Äckern (Rossminze) oder auch an den Ufern von Bächen, Flüssen oder Teichen (Wasserminze). Man kann sie sonst auch oft im Supermarkt, in türkischen Lebensmittelläden oder in Gärtnereien kaufen.

Das folgende Experiment zeigt, dass manche Pflanzen mit mehr CO_2 deutlich schneller wachsen. Tatsächlich wird in professionellen Gärtnereien – zum Beispiel in Holland – CO_2 systematisch zur Düngung in Gewächshäusern eingesetzt. So werden besonders holländische Rosen gern mit CO_2 gedüngt. Denn CO_2 ist für die Pflanzen neben Wasser der wichtigste Stoff, sie bauen ihr ganzes Gewebe ja aus CO_2, das sie durch Photosynthese in Kohlenstoff und Sauerstoff zerlegen. Wenn man ihnen daher mehr CO_2 anbietet, dann wachsen sie besser.

Versuche Folgendes:

- Gurkengläser öffnen, Gurken aufessen, Gläser gut spülen, Etiketten entfernen.
- Auf eines der Gläser CO_2 schreiben; in dieses Glas mit dem Schlauch des umgebauten Wassersprudlers CO_2 einfüllen. Dazu den Schlauch auf den Glasboden legen, Knopf kurz – einige Sekunden – drücken. Das Glas sollte

nicht randvoll mit CO_2 sein – das wäre zuviel des Guten und die Pflanzen können eingehen. Ein kleiner »Schuss« (= ein, zwei Sekunden auf den Knopf drücken) reicht. Dann das Glas verschließen.

- Zwei gleich große Minzestängel abschnippeln (ohne Blüten und ohne braune Blätter), in die mit Wasser gefüllten Schnapsgläser stellen.
- Jetzt lässt man den einen Minzestängel in das CO_2-Gurkenglas, den anderen in das Luftgurkenglas gleiten, jeweils mitsamt Schnapsglas. Wichtig ist, dass die Stängel in ihren Minikübeln aufrecht stehen und möglichst nicht den Rand des Glases berühren. Beide Gläser verschließen.
- Beide Gläser stellt man nun an einen möglichst hellen, warmen Ort.
- Dann beobachtet man.
- Nach etwa drei Wochen sollte sich zeigen, dass das Pflänzchen im CO_2-Gewächshaus sich besser entwickelt hat als dasjenige im normalen Luft-Gewächshaus. Da die Bedingungen für die beiden Pflanzen ansonsten gleich waren, ist dies auf das CO_2 zurückzuführen (Abbildung 4).

Man kann den Versuch auch mit anderen Pflanzen durchführen – so kann man anstelle der Minzblätter in Schnapsgläsern auch zwei Wattepads in die Gläser legen, diese gut durchnässen und dann je fünf Zucchinisamen darauf verteilen. Die Samen im CO_2-Gefäß keimen dann zwar später – sie atmen ja beim Keimen CO_2 aus und das ist mühsamer bei erhöhter CO_2-Konzentration – aber dann wachsen die Pflanzen deutlich besser.

4 Die drei linken Minzstängel waren über drei Wochen in einem mit normaler Luft gefüllten Behälter verschlossen, die drei rechten hatten eine mit CO_2 angereicherte Atmosphäre. Auffallend die Unterschiede: Die mit CO_2 »umspülten« Minzpflanzen weisen ein deutlich besseres Wachstum auf, die oberen Blätter haben eine andere Farbe. Die Pflanzen machen insgesamt einen vitaleren Eindruck: Das Wurzelwachstum und die Blattbildung sind stärker ausgebildet als bei den Pflanzen, die unter normalen Bedingungen aufwuchsen.

Der Minzeversuch hat eine lange, eindrucksvolle Tradition. Es waren nämlich, wie in dem Beitrag über die Geschichte des CO_2 ausführlich beschrieben (siehe Seite 128), die Minze und ihr Duft, die den britischen Forscher Joseph Priestley auf die Spur der Photosynthese brachten. Trotz der Entdeckungen von Priestley hielt sich übrigens lange Zeit die Meinung, dass die Pflanzen den Kohlenstoff, den sie für den Aufbau ihrer Zellen benötigen (die Trockensubstanz einer Pflanze besteht zu 40 Prozent aus Kohlenstoff), aus dem Humus beziehen. Diese sogenannte Humustheorie wurde noch Ende des 19. Jahrhunderts vielfach vertreten. Sie hat auch einen wahren Kern. Denn durch die Zersetzungsprozesse im Erdboden entsteht CO_2. In Bodennähe – auch in der Nähe von Waldboden – gibt es immer deutlich mehr CO_2 als weiter oben. Das könnte auch einer der Gründe dafür sein, dass Pflanzen ihre Spaltöffnungen, also jene kleinen Münder, durch die sie atmen, fast immer an der Blattunterseite haben.

CO_2 wird von Pflanzen in Sauerstoff umgewandelt

Sauerstoff gab es nicht schon immer in der Atmosphäre. Vielmehr ist fast jedes Molekül Sauerstoff, das wir atmen, von Lebewesen, also von Pflanzen, Algen oder Bakterien in die Atmosphäre gebracht worden. Es gibt ein klassisches Experiment, das die Sauerstoffproduktion von Pflanzen sichtbar macht. Man benötigt dazu ein Glas Wasser und einige Wasserpflanzen. Am besten funktioniert der Versuch mit Zweigen der kanadischen Wasserpest (*Elodea canadensis*), die in Seen weit verbreitet ist (so sehr, dass sie lästig und daher Pest genannt wurde) – die man aber auch im Zoofachhandel, beim Heimtierbedarf oder in jedem Aquaristik-Geschäft erhält.

Stellt man einen abgeschnittenen Zweig der Wasserpest kopfüber in ein wassergefülltes Glas (damit er kopfüber bleibt, empfiehlt es sich, ihn mit einer hineingestellten Gabel festzuhalten) und stellt das Ganze in die Sonne, dann beginnt an der Schnittstelle bald ein reizender Perlenstrom kleiner Bläschen. Das ist der bei der CO_2-Assimilation frei werdende Sauerstoff. Wenn man die Pflanze in den Schatten stellt, wird die Perlenschnur bald dünner. Wenn man anstelle von normalem Leitungswasser gekochtes Wasser verwendet, also Wasser, aus dem das CO_2 entfernt wurde (solches Wasser schmeckt entsprechend matt), dann sieht man keine Perlenschnur. Gibt man hingegen einen kleinen Schuss Sprudel hinzu, dann verstärkt sie sich. Man kann auch, wenn man will, den Sauerstoff auffangen.

Man benötigt dazu:

- Einige grüne Wasserpflanzen aus einem See – oder aus einem Zoogeschäft oder Haustierbedarfsgeschäft,
- ein ausgespültes Gurkenglas,

- einen Glastrichter,
- ein Reagenzglas (oder anderes längliches Glas oder Proberöhrchen),
- ein Streichholz.

Versuche Folgendes:

- In das Gurkenglas wird Wasser gefüllt, man legt die Wasserpflanzen hinein.
- Dann kommt über die Wasserpflanzen der Glastrichter, mit der Spitze nach oben. Die Spitze sollte auf jeden Fall noch von Wasser bedeckt sein.
- Dann füllt man noch ein Reagenzglas mit Wasser und schiebt es über die Trichtermündung. Möglichst so, dass sich dabei keine Luftbläschen in dem Glas sammeln.

Wenn das alles getan ist, kann man in Ruhe abwarten. Nach zwei oder drei Wochen (je nachdem, wie ordentlich die Sonne geschienen hat) ist das Reagenzglas gefüllt. Darin ist Sauerstoff. Das kann man nachweisen – etwa indem man ein Streichholz anzündet und in das Glas wirft. Es flammt dabei hell auf.

Auch Pflanzen atmen

Wir sind so vollkommen darauf versessen, dass die Pflanzen CO_2 futtern und Sauerstoff ausatmen, dass wir oft vergessen, dass die Pflanzen das alles nur können, solange die Sonne scheint. Was aber geschieht nachts? Schlafen die Pflanzen dann einfach? Nun, die Pflanzen wollen auch nachts leben. Um das aber zu können, müssen sie dasselbe tun wie wir auch, sie müssen Kohlenhydrate verbrennen und CO_2 ausatmen.

Versuche Folgendes:

- Man lege in ein Wasserglas zum Beispiel etwas frisch abgeschnittenes Gras und verschließt das Glas dann mit einem kleinen Teller, wobei man die Fuge mit etwas Creme oder Vaseline abdichtet. Wenn man am nächsten Tag in das Glas ein brennendes Streichholz einführt, erlischt es. Die lebenden Grashalme haben allen Sauerstoff verbraucht. Man kann auch keimende Erbsen in das Glas geben – man erhält denselben Effekt.

Die Atmung, wie sie Tiere, Menschen und eben auch Pflanzen vollziehen, ist ein Verbrennungsprozess. Man fragt sich, ob dabei nicht auch Wärme frei wird. Der Mensch und das warmblütige Tier verdanken ja der Atmung ihre Körperwärme. Erwärmt sich auch die Pflanze bei Nacht, während sie atmet? In der Natur merkt man davon nichts. Blätter oder Grashalme sind gleichmäßig kühl.

Die Wärme, welche auch die Pflanzen produzieren, wenn sie »atmen wie wir«, kann man allerdings mit einem einfachen Trick spürbar machen:

- Man sammle zwei bis vier Kilogramm frisch gepflückte Blätter eines Baumes (Weide oder Birne oder Akazie) und lege sie in eine Styroporkiste, die man mit einem Deckel verschließen kann (etwa eine Picknickbox oder eine Transportverpackung).
- Wenn man nach 15 bis 20 Stunden den Deckel öffnet und in die Blätter hineinfasst, fühlen sie sich auffallend warm an.
- Man kann auch wenige Blätter in eine leere Thermoskanne legen, ein Thermometer hineinstecken und die Öffnung mit einem Wattebausch verschließen. So kann man die Wärmeentwicklung mit einem Messgerät verfolgen. Mit der Hand ist es aber schöner, außerdem ist es nicht leicht, die Blätter hinterher wieder aus der Thermoskanne herauszufingern.

Diese Wärme ist etwas ganz anderes als die Hitze, die sich manchmal in Heuhaufen entwickelt – denn die Blätter leben ja noch! Es ist tatsächlich ihre Atmungswärme, hier *spürt* man wirklich, dass auch Pflanzen atmende, lebende Wesen sind! Fühlbar wird die Wärme hier deshalb, weil man ihr die Möglichkeit nimmt, zu entweichen.

Der Biologe Hans Molisch, der diese Versuche zuerst beschrieben hat, erzählt, wie er selbst als kleiner Junge das Phänomen der Wärmebildung von Pflanzen entdeckte: »Eines Tages wurden vom Felde ganze Fuhren von frisch gebrochenen Maiskolben heimgebracht und in einen Schuppen auf einem großen Haufen zusammengeschichtet. Als man einen Tag später die Kolben von den Blättern befreite und ich dabei mithalf, spürte ich deutlich, wie sich namentlich die in der Tiefe des Haufens liegenden Kolben heiß oder warm anfühlten. Sie atmeten, entwickelten Wärme, und da sie in hoher Schicht übereinander lagen und sich gegenseitig deckten, konnte die Wärme nicht ausstrahlen und wurde schon mit der bloßen Hand fühlbar.«

In Cola ist ziemlich viel CO_2

In Sprudel und überhaupt in allen Softdrinks ist ziemlich viel Kohlensäure enthalten: Pro Liter Getränk sind es über vier Liter Kohlensäure. Meist merkt man das nicht, da die Kohlensäure so langsam herausperlt. Nur, wenn alles plötzlich aufschäumt, dann wird es auffällig. Wie kann man aber die ganze Kohlensäure auf einen Schlag herausschäumen lassen?

Das gelingt mit folgendem Versuch, der unter der Bezeichnung Cola-Mentos-Fontäne oder auch Colafontäne eine Internetsensation war und weltweit für viel Freude gesorgt hat. Im Internet finden sich viele Filme, in denen solche Fontänen zu sehen sind, und es gibt Akrobaten, die zugleich zehn oder zwanzig Colaflaschen oder sogar Hunderte Colaflaschen zünden (zu sehen auf www.eepybird.com). Am besten funktioniert dieses

Experiment mit Cola Light, da in normaler Cola nicht so viel CO_2 gelöst ist – denn da ist das Wasser praktisch durch den vielen Zucker schon mehr oder weniger gesättigt und kann kaum noch etwas aufnehmen. Übrigens: Den Versuch muss man unbedingt draußen durchführen, da es sonst eine riesige Sauerei gibt.

Man benötigt dazu:
- eine Literflasche Cola Light,
- vier Mentos-Bonbons.

Versuche Folgendes:

- ☞ Einfach die vier Mentos-Bonbons in die eben geöffnete Cola-Light-Flasche werfen und zurücktreten. Man muss alle vier auf einmal reinwerfen, also zwischen zwei Finger schichten und rein damit! Das plötzlich austretende CO_2 nimmt fast die gesamte Flüssigkeit mit und es entsteht ein wirklich ansehnlicher Geysir.

CO_2 macht es warm

Die Sonne bestrahlt die Erde und erwärmt sie dabei. Das Licht, das sie aussendet, wird dabei von der Erdoberfläche zum Teil in infrarote Strahlen (»Wärmestrahlung«) umgewandelt. Man kann sie normalerweise nicht sehen. Sie sind aber maßgeblich für die Temperatur der Luft. Weil die Erde beständig infrarote Strahlen aussendet, ist die Luft in Erdnähe immer wärmer als die Luft in größeren Höhen – wie man bei jedem Flug feststellen kann. Es gibt einige Phänomene, an denen sich die Existenz dieser unsichtbaren Wärmestrahlung bemerkbar macht. Geht man nach einem sonnigen Sommertag in einer Stadt spazieren, dann spürt man an manchen Mauern, die tagsüber in der Sonne gestanden haben, auch auf ein, zwei Meter Entfernung noch deutliche Wärme. Auch im Winter kann man die Wärmestrahlung beobachten. So findet man an Frosttagen unter stehengebliebenen Gartenstühlen oder auch unter einem Trampolin, das im Garten steht, deutlich weniger Raureif auf den Gräsern als auf freien Flächen oder sogar überhaupt keinen. Die Ursache ist, dass die Trampolinfläche beziehungsweise die Sitzfläche der Stühle über dem Gras, in der Nacht den Wärmeverlust des Bodens reduzieren, sodass die Bodentemperatur unmittelbar unter diesen Dingen sowohl am Tag wie auch in der Nacht höher ist.

In der Atmosphäre gibt es nun mehrere Gase, die ebenfalls in der Lage sind, infrarote Strahlung zu absorbieren und dann wieder auszustrahlen. Hierzu gehört in erster Linie der Wasserdampf, aber auch Spurengase wie CO_2, Methan und andere leisten dies. Diese Gase bewirken zusammen den sogenannten natürlichen Treibhauseffekt, ohne den die Temperatur auf der Erde bei minus 18 Grad Celsius läge. Er wird gesteigert durch den anthropogenen Treibhauseffekt, der auf dem erhöhten, von Menschen verursachten CO_2-Eintrag in die Atmosphäre beruht.

Dass CO_2 tatsächlich die Luft erwärmt, zeigt folgendes Experiment, das zwar das einfachste ist, das es zu diesem Thema gibt, das aber immer noch ziemlich hohe Anforderungen an Ausrüstung und genaues Arbeiten stellt:

Dazu benötigt man:
- Zwei Literflaschen Cola,
- zwei Zweiliter-Wasserflaschen aus durchsichtigem Plastik,
- eine(n) Bürolampe/Scheinwerfer mit 100- oder 150-Watt-Birne,
- zwei genaue Thermometer.

Versuche Folgendes:

- Nimm die zwei Zweiliter-Wasserflaschen, trinke sie aus. Schneide sie mit einem scharfen Messer so ein, dass zwei gleich hohe, etwa 20 Zentimeter hohe Behälter entstehen. In acht Zentimeter Höhe wird dann noch bei beiden Gefäßen eine Markierung angebracht, damit man später ein Maß hat, wie hoch die Flüssigkeit eingefüllt werden soll.
- Fünf Zentimeter über dieser Markierung wird dann noch ein kleines Loch angebracht, das denselben Durchmesser wie die Thermometer haben soll – denn die sollen hier hindurch gesteckt werden.
- Von den beiden Colaflaschen wird nun eine geöffnet, damit über Nacht die Kohlensäure aus ihr entweicht.
- Am nächsten Tag füllt man den einen Behälter mit der inzwischen »still« gewordenen Cola und den anderen mit der noch nicht geöffneten Cola genau bis zur Markierung.
- Man wartet nun etwa 30 Minuten, damit die sprudelnde Cola sich ein bisschen aussprudeln kann und das Gefäß gut mit CO_2 füllt.
- Dann steckt man die Thermometer in die Löcher, stellt beide Gefäße unter den Scheinwerfer oder die Schreibtischlampe und knipst das Licht an.
- Das Licht wird von der Cola in Wärmestrahlung umgewandelt – und nun liest man jede Minute die Temperatur an beiden Thermometern ab und trägt diese in eine Tabelle ein.
- Es sollte sich nach etwa zehn Minuten zeigen (und zeigt sich auch meist), dass das Gefäß mit der CO_2-angereicherten Luft wärmer wird. Der Temperaturunterschied beträgt etwa ein bis zwei Grad Celsius.
- Wenn man noch länger erwärmt und misst, entweicht das CO_2 aus dem Gefäß. Daher nähern sich – wie alle die, die genug Geduld haben, bestätigen werden – die Messwerte ab der zehnten Minute einander wieder an.

Haushaltsgeräte erzeugen CO_2

Jedes Gerät, sei es ein Computer, eine Waschmaschine oder ein Trockner, erzeugt CO_2. Zwar nicht direkt. Unmittelbar verbraucht es nur Strom. Doch der deutsche Strom wird überwiegend durch Verbrennung fossiler Energieträger gewonnen. Und genau dabei entsteht CO_2.

Man kann nun einen Überblick über die CO_2-Produktion der eigenen Haushaltsgeräte gewinnen, indem man ihren Stromverbrauch misst – und diesen Stromverbrauch in Gramm CO_2 umrechnet.

Dazu benötigt man:

– Ein Strommessgerät, das man zum Beispiel kostenlos bei vielen Stadtwerken entleihen kann. Man kann solche Geräte auch bereits für circa 40 Euro im Handel erwerben. Mit einem einfachen Kniff kann man das Gerät in ein CO_2-Messgerät umbauen.

Versuche Folgendes:

☞ Fast alle Strommessgeräte erlauben es, dass man den Tarif eingeben kann. Eine Kilowattstunde Haushaltsstrom kostet in Deutschland etwa 20 Cent.

☞ Aber eine Kilowattstunde produziert auch im Durchschnitt 583 Gramm CO_2 (genaue Werte kann man beim Stromversorger erfragen) (2). Diese 583 Gramm oder 0,58 Kilogramm kann man nun statt der 20 Cent als Tarif eingeben. Dann zeigt das Strommessgerät einem an, wie viel Gramm oder Kilogramm das Gerät, welches man gerade misst, im Durchschnitt produziert. Eine interessante Information! Wenn das Strommessgerät keine Programmierung zulässt, kann man dennoch durch einfaches Rechnen aus den verbrauchten Kilowattstunden die CO_2-Produktion errechnen.

Wenn man nun mit dem Strommessgerät den eigenen Haushalt durchmisst, dann erhält man, vielleicht erstmals, ein Gefühl dafür, was alles verbrannt werden muss, damit wir unseren alltäglichen Komfort aufrechterhalten können. Und, vielleicht noch wichtiger, man erhält ein Gefühl dafür, wo besonders viel Energie geschluckt wird. Manchmal sind es ganz kleine Geräte, die sogar dann, wenn sie ausgeschaltet sind, munter weiter Strom ziehen! Dies kann man oft unterbinden. Und zwar entweder, indem man die Geräte ersetzt, oder indem man eine Steckerleiste kauft, die das Gerät dann, wenn es nicht genutzt wird, auch tatsächlich vom Netz nimmt. Wo wir gerade beim Energiesparen sind: Natürlich ist es auch empfehlenswert, Energiesparlampen zu kaufen. Denn die verbrauchen nur ein Minimum des Stromes, den sonstige Lampen benötigen. Ansonsten gilt, dass der Stromverbrauch nur einen Teil des CO_2 darstellt, den ein normaler Haushalt produziert.

Als Anhang hierzu noch ein kleines Gedankenspiel: Was wäre, wenn unsere Stromversorgung ganz anders organisiert wäre, als sie es derzeit ist? Derzeit ist es so, dass der Energiekonzern irgendwo eine Kohlegrube ausbuddelt, die Kohle verbrennt, zu Strom macht und uns diesen verkauft. Stellen wir uns für einen Moment vor, alle Kohlegruben dieser Welt, alle Erdgasfelder und alle Uranvorkommen wären erschöpft. Es gäbe ein neues Gesetz, wonach jeder, der Strom bräuchte, Holz sammeln und zum Kraftwerk tragen müsste, wo es schließlich verstromt würde. Wie viel Holz müsste man schlagen, um den durchschnittlichen jährlichen Stromverbrauch eines Deutschen erzeugen zu können? Wie groß müsste die Schubkarre sein, mit der jeder von uns Jahr für Jahr beim Kraftwerk auftauchen müsste, um dafür zu sorgen, dass Radio, Waschmaschine, Fernseher und Computer laufen? Wie kann man das berechnen?

Im Jahr braucht jeder Deutsche im Durchschnitt im Haushalt 1.750 Kilowattstunden Strom. Für die Produktion von einer Kilowattstunde Strom benötigt man mindestens 500 Gramm gutes Brennholz, zum Beispiel trockenes Buchenholz. Wenn man voraussetzt, dass ein Kilogramm ganz trockenes Buchenholz einen Brennwert von fünf Kilowattstunden hat und die Umwandlung in Strom mit einem Wirkungsgrad von 40 Prozent möglich ist, bräuchte man für die 1.750 Kilowattstunden demnach 875 Kilogramm. Das sind rund 73 Kilogramm im Monat. Schon eine Menge Holz!

Nun macht aber der Stromverbrauch im Haushalt nur einen Bruchteil des Energieverbrauchs aus, den jeder von uns insgesamt hat. Die größte Energiemenge (und damit auch der größte CO_2-Ausstoß) ist mit dem Heizen verbunden und mit der Warmwasserbereitung. Und unser Energieverbrauch hört damit nicht auf. Denn wir fahren ja auch Auto, Bahn, nehmen gelegentlich das Flugzeug und so weiter. Man hat berechnet, dass der Gesamtenergieverbrauch eines Deutschen – mit Heizung, Autofahren, allen Fabriken, dem Stromverbrauch im Kühlregal im Supermarkt, allen Zügen, Flugzeugen, Lkw et cetera – nicht weniger als 56.000 Kilowattstunden im Jahr beträgt. In Holz umgerechnet wären das 2.336 Kilogramm Buchenholz im Monat.

Anmerkungen

1 Diesen schönen Versuch fand ich in dem Buch von David Wilgenbus, Nathalie Bois-Masson und Alain Chomat: Le climat, ma planète … et moi! Paris: Le Pommier, 2008, S. 49–52.

2 Wäre man statt von einem durchschnittlichen Stromversorger zum Beispiel von einem »Ökostrom«-Anbieter versorgt, dann würde der Strom kein einziges Gramm CO_2 erzeugen – weil er dort nämlich aus Windkraft oder Wasserkraft oder auch aus Photovoltaik erzeugt wird. Völlig umweltneutral sind freilich auch diese Produktionsformen nicht.

Mars
Kiel
Rostock
Lübeck
Moordorf
Hamburg
Schwerin
Bremerhaven
Oldenburg
Bremen
BERLIN
Hannover
Wolfsburg
Potsdam
Braunschweig
Osnabrück
Magdeburg
Hildesheim
Salzgitter
Münster
Bielefeld
Cottbus
Hamm
Paderborn
Recklinghausen
Dortmund
Duisburg
Göttingen
Halle
Krefeld
Essen
Leipzig
Kassel
Mönchen-
gladbach
Düsseldorf
Dresden
Erfurt
Köln
Siegen
Chemnitz
Jena
Gera
Nationalpark
Hainich
Zwickau
Maria Laach
Koblenz
Flughafen
Frankfurt a. M.
Wiesbaden
Frankfurt a. M.
Mainz
Darmstadt
Würzburg
Erlangen
Kaiserslautern
Mannheim
Nürnberg
Saarbrücken
Steinerne Rinne
Solnhofen
Heilbronn
Regensburg
Karlsruhe
Pforzheim
Ingolstadt
Stuttgart
Holzmaden
Passau
Reutlingen
Augsburg
Ulm
Freiburg
München
Wehratal
Erdmanns-
höhle
Garmisch-
Partenkirchen

CO_2-Spaziergänge

Gibt es Orte, an denen CO_2 in besonders eindrücklicher Weise zum Vorschein kommt, oder an denen bestimmte CO_2-Prozesse besonders eindrucksvoll sichtbar sind?

Wir haben solche Orte aufgesucht und stellen im Folgenden einige Ausflugsziele dar. Es ist nicht weniger lohnend, auf den Spuren des CO_2 zu wandern wie auf den Spuren eines Theodor Fontane.

Einige weitere Wanderungen finden sich auf der Lernplattform unserer CO_2-Ausstellung, im Internet zu finden unter www.co2-story.

CO_2 – Lebenselixier und Klimakiller

1
Aufsteigende CO_2-Blasen am Ufer des Laacher Sees: Hinweise auf die nach wie vor vulkanische Aktivität der Region (siehe S. 232 f.).

II

Wie viel CO_2 nimmt ein Wald im Jahr auf? Dieser Frage gehen wir bei der Begehung des Baumkronenpfades im »Urwald« des Nationalparks Hainich nach (siehe S. 260–265).

III

Durch Kalkabscheidungen erhöhtes Bachbett. Dieses seltene Spiel der Natur, »Steinerne Rinne« oder auch »Wachsender Stein« genannt, findet man auf einem Spaziergang in der Fränkischen Alb (siehe S. 250).

IV und V
Eine Welt aus CO_2, Staub und Eis erwartet uns auf unserem Nachbarplaneten Mars. Seine Atmosphäre besteht zu 95 Prozent aus CO_2 (siehe S. 282 bis 294).

VI

CO_2 ist einer der größten Baumeister der Natur. Die meisten Kalksteinhöhlen verdanken ihre Existenz letztlich dem CO_2. Blick in eine der ältesten Tropfsteinhöhlen Deutschlands: die Erdmannshöhle im Schwarzwald (siehe S. 242–245).

VII
Moore spielen eine wichtige Rolle im Kohlenstoffkreislauf: Sie entziehen der Atmosphäre CO_2 und speichern es (siehe S. 252–258).

Vulkanismus als CO_2-Quelle – Ein Spaziergang durch die Vulkaneifel

Anfahrt

Maria Laach__über die A 61 von Koblenz Richtung Bonn, circa 19 Kilometer entfernt von Koblenz. Bei der Autobahnausfahrt Mendig den Beschilderungen folgen.

Daun__vom Laacher See Richtung Mayen und auf der A 48 Richtung Trier. Am Autobahndreieck Vulkaneifel in Richtung Daun. Das Vulkanmuseum befindet sich in der Stadtmitte.

Steineberg__von Daun aus Richtung Mehren. Mitten im Dorf links Richtung Steiningen (drei Kilometer). Hier Richtung Steineberg. Folgen Sie den Hinweisschildern zur VulcanoInfoplattform.

Anforderungen

Der gesamte Spaziergang kann an einem Tag durchgeführt werden. Für die 1 bis 1,5-stündige Wanderung um Maria Laach wird etwas Ausdauer benötigt, der Besuch des Museums (circa 1 Stunde) und der Infoplattform kann individuell eingeteilt werden. Das Museum ist auch für einen Besuch mit Kinderwagen oder Rollstuhl geeignet, die CO_2-Austritte am See sowie die Infoplattform sind hingegen nur zu Fuß erreichbar.

Informationen

Maria Laach
www.maria-laach.de
Eifel-Vulkanmuseum Daun
Leopoldstraße 9
54550 Daun
Telefon 0 65 92/98 53 53
www.vulkaneifel.de/
eifel-vulkanmuseum/

Öffnungszeiten

1. März bis 15. November:
Di bis Fr 13.00–16.30 Uhr
Sa, So, feiertags 11.00–16.30 Uhr
2. bis 6. Januar und 26. bis 31. Dezember:
Di bis Fr 13.00–16.30 Uhr Führungen für Gruppen nach Vereinbarung.

Vulkane sind eine natürliche CO_2-Quelle – und in der Urzeit der Erde waren sie die wichtigste. Heute ist das CO_2, das Vulkane liefern, mengenmäßig kaum bedeutend verglichen mit dem, das wir Menschen freisetzen. In Gegenden, in denen Vulkane aktiv sind, spielt das CO_2 aber sehr wohl eine Rolle – man muss sich vor ihm in Acht nehmen. Manche Kraterseen können bisweilen ganz plötzlich große Mengen CO_2 freisetzen, die dann zu einer Bedrohung für Mensch und Tier werden (siehe hierzu auf den Seiten 115 f. den Bericht über die Katastrophe am Nyos-See in Kamerun).

Andererseits nutzen die Menschen in den Gegenden, in denen es natürliche CO_2-Quellen gibt, dieses Gas als Ressource. Es wird zum Beispiel abgezapft, in Druckflaschen gefüllt und verkauft. Oder es gelangt direkt, als sogenannte quelleigene Kohlensäure, in den Sprudel.

Besonders aktive Vulkangebiete lassen sich meist an den Rändern der Erdkrustenplatten finden, da hier viele Umwandlungs- und Umgestaltungskräfte wirken, welche Druck auf die Erdmassen dieser Regionen ausüben. Darüber hinaus kann das Magma aus dem Erdinneren hier leichter aufsteigen, was eine erhöhte vulkanische Tätigkeit zur Folge hat.

In Deutschland gibt es keine aktiven Vulkane, aber Gebiete, in denen es vulkanische Aktivitäten gab: zum Beispiel den heutigen Kaiserstuhl im Oberrheintalgraben bei Freiburg, das Hegau am Bodensee und die Eifel, als jüngstes Vulkangebiet Mitteleuropas. Dieses Gebiet von circa 1.200 Quadratkilometern ist ganz besonders interessant, um die Auswirkungen des Vulkanismus zu verfolgen und die landschaftlichen Besonderheiten und erdgeschichtlichen Veränderungen zu entdecken.

So ist die Vulkaneifel nicht am Rande einer Erdkrustenplatte, sondern innerhalb einer Platte in einer Bruchzone – dem Rheintalgraben – entstanden. Der Eifel-Vulkanismus begann dabei während der erdgeschichtlichen Zeit des Tertiärs (also bis vor 65 Millionen Jahren), legte dann eine Ruhepause ein und brach vor circa 600.000 Jahren in der Zeit des Quartärs wieder auf. Darüber hinaus ist das Gebiet der Eifel für Geologen besonders interessant, da es mehrere geologische »Stockwerke«, also Gesteine aus fast allen Epochen der Erdgeschichte, aufweist.

Die Eifel bietet für Hobbygeologen oder Vulkanismusinteressierte eine Vielzahl von Angeboten entlang der »Deutschen Vulkanstraße« (www.deutsche-vulkanstrasse.com), um die Vulkaneifel zu entdecken.

Im Folgenden soll ein Spaziergang speziell zum Thema CO_2 beschrieben werden, dem man in der Eifel auf unterschiedliche Weise begegnen kann. Schon wer ein Glas Gerolsteiner Sprudel trinkt, kommt in Kontakt mit CO_2 aus der Eifel: Das CO_2, das in diesem Sprudel enthalten ist, ist kein gereinigtes Nebenprodukt eines industriellen Prozesses, wie es sonst bei Sprudeln oder SoftDrinks meist der Fall ist, sondern kommt direkt aus dem Boden. Es ist damit chemisch gesehen nicht besser oder schlechter. Es hat einfach eine besondere Herkunft. Besonders eindrucksvoll kann man das vulkanische CO_2 der Eifel am Laacher See entdecken.

Laacher See

Der Lacher See (Abbildung 1) liegt direkt beim Kloster Maria Laach. Der ovale See, der circa 3,3 Quadratkilometer groß ist, liegt 281 Meter über dem Meeresspiegel, ist 1.964 Meter lang und 1.186 Meter breit. An der tiefsten Stelle ist er 51 Meter tief. Der Laacher See entstand vor circa 13.000 Jahren,

1 Laacher See in der Vulkaneifel.

als an dieser Stelle ein Vulkan ausbrach. Man vermutet, dass eine Aschewolke von 30 Kilometern Höhe entstand und man kann nachweisen, dass diese Asche bis nach Schweden geweht wurde. Nachdem sich der Vulkan beruhigt hatte, sammelte sich in der Ausbruchssenke Wasser – es entstand ein See.

Für Wanderungen wurden unterschiedliche Routen entwickelt und ausgeschildert. Wer aber das aufsteigende CO_2 sehen möchte, sollte den Uferweg direkt um den See wählen. Er ist circa acht Kilometer lang, weist kaum Höhenunterschiede auf und kann in ein bis 1,5 Stunden zurückgelegt werden. Die CO_2-Austritte können nur über einen Abstieg zum Ufer des Sees besichtigt werden. Leider führt der Uferweg zu großen Teilen nicht direkt am See entlang.

2 Aufsteigendes CO_2 im Uferbereich des Laacher Sees.

Die für das Thema CO_2 interessanten Bereiche liegen an der südöstlichen Uferzone des Sees. Das hier aufsteigende durchsichtige Gas strömt in sogenannten Mofetten als blubbernde Blasen aus dem Seegrund hervor (Abbildung 2). An der mit einem Hinweisschild gekennzeichneten Stelle blubbert und zischt das Wasser, als hätte man eine große Badetablette in den See geworfen. Sogar im Winter zeigen Löcher im Eis die Gasaustritte.

Auch wenn der letzte Ausbruch des Vulkans, aus welchem der See entstanden ist, schon 12.900 Jahre her ist, zeigen die CO_2-Austritte noch immer die vulkanische Aktivität der Region. Ob und wann noch einmal eine Eruption hier stattfindet, kann nicht vorausgesagt werden. Die Gefahr ist momentan eher gering – unterschätzen sollte man sie jedoch nicht.

Vulkanmuseum Daun

Als nächste Station des Spaziergangs empfehlen wir das Vulkanmuseum in Daun. Im Vulkanmuseum sind die wichtigsten Grundlagen zu globalen und lokalen Vulkantätigkeiten veranschaulicht. Anhand von Modellen kann man die Zusammenhänge von Kontinentaldrift und (aktuellem) Vulkanismus nachvollziehen und selbst an einem Hands-on-Exponat einen Modellvulkan zum Ausbruch bringen. Des Weiteren gibt es hier Sammlungen der Gesteine, die in der Eifel zu finden sind und die aus fast allen Erdzeitaltern stammen.

Zur Vertiefung der geologischen Grundlagen wurde ein Schulungsbereich unter dem Vulkanmuseum eingerichtet, in welchem Gesteine oder Fossilien untersucht, bestimmt und unter dem Mikroskop betrachtet werden können.

Im Museum werden außerdem zwei Besonderheiten erklärt: Zum einen die Entstehung von Maaren, das sind jene kreisrunde Seen, die auch in der nahen Umgebung von Daun zu finden sind und dort besucht werden können. Diese entstanden, weil beim Ausbruch eines Vulkans das Magma beim Aufsteigen zur Erdoberfläche auf wassergesättigte Gesteinszonen traf. Beim Kontakt zwischen heißer Lava und Wasser kam es zu einer Explosion, welche die Erdmassen emporschleuderte und einen Trichter entstehen ließ. Die Sprengkraft war dabei so groß, dass das Gestein zu Staub zerbröselte, der sich als eine Art Aschendecke wieder über den Trichter und die Umgebung legte. Im Laufe der Zeit füllten sich die Trichter mit Wasser und bildeten die Maare.

Zum anderen wird im Museum das Thema Mineralwasser und dessen Entstehung erklärt, was insbesondere für CO_2 interessant ist. Das Mineralwasser, das in Daun oder im bereits erwähnten Gerolstein gewonnen wird, unterscheidet sich von gewöhnlichem Grundwasser durch seinen höheren Gehalt an gelösten Stoffen. So muss ein echtes Mineralwasser nach gesetzlicher Regelung mindestens ein Gramm gelöste feste oder gasförmige Stoffe in

1.000 Gramm Wasser enthalten. Je mehr CO_2 in Wasser gelöst ist, desto saurer wird es – und desto besser kann es Mineralien lösen. In der Eifel gibt es Quellen – sogenannte Dreis oder Drees – die besonders viel CO_2 enthalten.

Die Menge des CO_2, das in der Eifel jährlich zutage tritt, wird auf 0,5 bis eine Millionen Tonnen geschätzt. Die hier lebenden Menschen kennen die Gefahren, die vom CO_2 ausgehen können. Da das Gas schwerer ist als Luft, sammelt es sich in Vertiefungen im Boden sowie in Höhlen oder Kellern, sodass Mäuse dadurch getötet werden können. Auch Menschen können in Gefahr geraten, wenn sie sich nicht in Acht nehmen.

Zusätzlich bietet das Vulkanmuseum regelmäßig Veranstaltungen für Kinder an, welche (bei schönem Wetter) die Fahrt zu einem Maar mit Erklärungen und weiteren Programmpunkten vor Ort beinhalten. Aktuelle Informationen und Termine zu diesen Veranstaltungen finden Sie auf der Homepage des Vulkanmuseums.

VulcanoInfoplattform in Steineberg

Um einen Überblick über die Landschaft der Eifel zu erhalten, lohnt sich als letzte Station die Vulcano-Infoplattform in Steineberg.

Steineberg auf dem »steinernen Berg« liegt 558 Meter über dem Meeresspiegel, wurde vor 34 bis 35 Millionen Jahren durch Vulkanismus geschaffen und ist dadurch schon viel älter als beispielsweise die Dauner Maare, die »erst« vor 20.000 Jahren entstanden.

Hier wurde ganz oben auf dem Berg in einer idyllischen und ruhigen Umgebung, mitten in einem kleinen Waldstück, ein Aussichtsturm gebaut (Abbildung 3). Um zur Aussichtsplattform in 24 Meter Höhe zu gelangen, führen fast 140 Stufen nach oben. Hier kann man in einem fantastischen Rundblick über die Landschaft der Eifel die vulkanischen Aktivitäten erkennen. Holzbänke und -tische laden zu einer Pause ein.

Claudia Schmidt

3 Die 24 Meter hohe Vulvcano-Infoplattform in Steineberg.

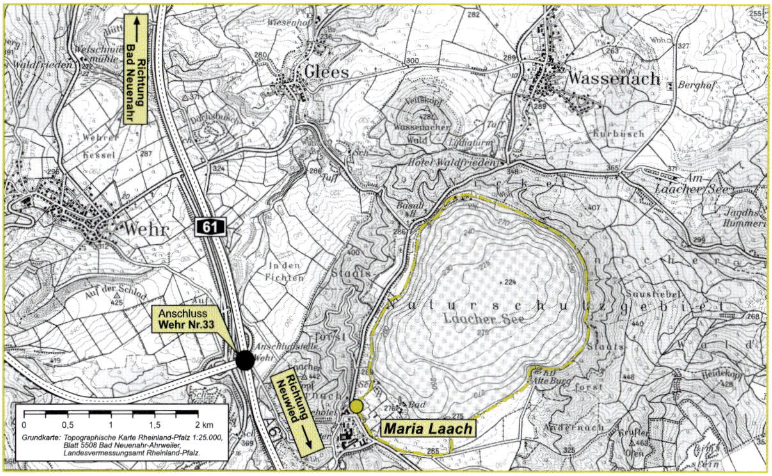

4 Übersichtskarte Maria Laach.

Die Entstehung von Öl und Ölschiefer – Ein Spaziergang in Holzmaden

Anfahrt
Autobahn A8 zwischen Stuttgart und Ulm, Ausfahrt Aichelberg oder Ausfahrt Kirchheim/Teck Ost.

Anforderungen
Leichte Tour, individuell zu gestalten mit mehreren Möglichkeiten zur Einkehr. Für einen Besuch mit Kinderwagen oder Rollstuhl ist das Museum teilweise geeignet, der Steinbruch gar nicht.

Informationen
Urweltmuseum Hauff
Aichelberger Straße 90
73271 Holzmaden
Telefon 0 70 23 / 28 73
www.urweltmuseum.de

Öffnungszeiten
ganzjährig, Di bis So 9.00–17.00 Uhr

Steinbruch Museum
www.urweltsteinbruch.de
Steinbruch Kromer in Ohmden
www.schieferbruch-kromer.de

Erdöl ist der Grundstoff unseres modernen Lebens. Nicht nur Autos, Flugzeuge, viele Industrieanlagen und Heizungen wurden und werden damit betrieben – wir laufen auch über Erdölprodukte, tragen sie, cremen uns mit ihnen ein, trinken aus ihnen und wir kauen sie sogar. Wären nicht viele dieser Produkte parfümiert, würden wir riechen wie eine Tankstelle.

Woher kommt dieser Stoff? Dass es im Irak und im Iran viel Erdöl gibt, weiß jeder. Dort wurde es schon vor dreitausend Jahren genutzt. Man verwendete das Öl aber nicht nur als Brennstoff, sondern vor allem zum Abdichten von Booten oder Häusern. Denn wenn Erdöl an die Erdoberfläche kommt, verdichtet es sich zu einer klebrigen, teerigen Masse. Nicht nur im Nahen Osten kommt Erdöl vor, sondern auch in Deutschland, wenn auch nur in geringen Mengen. Es reicht nicht einmal für wenige Prozent unseres Bedarfs.

An sich ist Erdöl ein Gemisch aus vielen tausend Verbindungen: Es ist meistens schwarz und oft ziemlich dickflüssig. Wie das Erdöl entstanden ist, darüber gibt es viele Theorien. In der Bibel findet sich die Vermutung, dass das Erdöl irgendwann auf die Erde geregnet ist. Heute glauben die meisten Wissenschaftler, dass sich das Erdöl aus den Resten von marinen Lebewesen gebildet hat.

Und zwar nicht aus den Überresten von toten Dinosauriern. Sondern aus den Überresten vieler winziger Lebewesen, der Dinoflagellaten, die auch heute noch in vielen Meeren, zum Beispiel im Mittelmeer, leben. Wenn diese Lebewesen absterben, sinken sie ab auf den Meeresgrund, sofern sie nicht vorher von anderen Tieren oder Tierchen gefressen werden. Erreichen sie also den Meeresboden, entsteht dort ein Faulschlamm und aus diesem kann sich unter besonderen Bedingungen Erdöl bilden.

Dem Erdöl selbst sieht man auf den ersten Blick nicht an, dass es aus organischen Lebewesen entstanden ist. Anders ist es mit dem Ölschiefer. Ölschiefer ist ein schwarzer, schiefriger Stein, den man in Deutschland an manchen Orten finden kann. Er riecht, besonders wenn man ihn über einer Kerze etwas erhitzt, stark nach Öl und glänzt auch ölig. Früher hat man aus solchem Ölschiefer auch Erdöl destilliert; jedoch ist dies eine sehr aufwendige Methode. Tatsächlich passiert aber in der Erde nichts anderes: Das Öl, das irgendwo in Lagerstätten gefunden wird, stammt in aller Regel ebenfalls aus Ölschiefer, der in tiefere, heiße Erdlagen gerutscht ist oder geschoben wurde und aus dem in dieser natürlichen Destillationsanlage das Öl herausdestilliert wurde.

Im Ölschiefer findet man viele Fossilien, die vor dem tiefschwarzen Grund des Schiefers besonders schön aussehen. Einige der berühmtesten Ölschieferfundstellen findet man in Holzmaden, Baden-Württemberg, wohin Sie dieser Spaziergang führen will.

Holzmaden

Die Gegend um Holzmaden war – wie der ganze süddeutsche Raum – von vor 180 bis vor 130 Millionen Jahren von einem Meer überflutet (Abbildung 1). In diesen 50 Millionen Jahren Jurameer lagerten sich unterschiedliche Schichten auf dem Meeresgrund ab, die sich auch heute noch nachverfolgen lassen. Bei Solnhofen und im Altmühltal hat sich Kalk abgelagert (siehe Spaziergang Solnhofen), der teilweise sehr regelmäßig gebankt und vor allem aus Schwammriffen entstanden ist. Hier findet man heute das »weiße« Juragestein.

Die Schichten des Jura, die man heute um Holzmaden herum findet, werden »schwarzes« Juragestein genannt: Zwar wurden hier auch Kalke abgelagert, doch sind diese mit Schwefelkies und Bitumen (das ist fein verteiltes Erdöl) eingefärbt, weshalb dieser Kalk auch den Namen »Ölschiefer« trägt.

Man vermutet, dass sich in der heutigen Holzmadener Gegend in der Jurazeit ein Sedimentbecken befunden hat. Die Kontinente Europa und

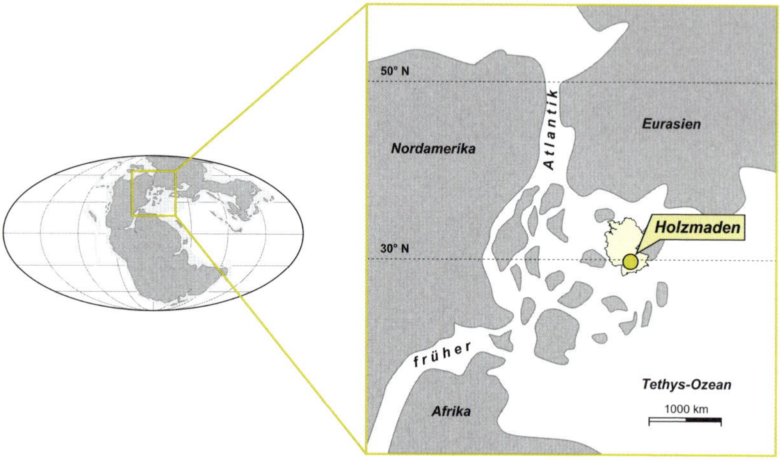

1 Die Gegend von Holzmaden lag vor 180 bis 130 Millionen Jahren noch in einem Meer. Aus dieser Zeit stammen die im Ölschiefer eingelagerten Fossilien.

Amerika trennten sich damals gerade, und zwischen ihnen bildete sich ein junger, neuer Ozean – der heutige Atlantik. Das junge Meer war flach und nährstoffreich – beste Bedingungen für reiches Leben. Wo aber viel Leben ist, da gibt es auch viele Leichen (soweit man bei Mikroorganismen von Leichen sprechen kann). Die fielen hinunter und sammelten sich am Meeresgrund. Dort herrschte offenbar Sauerstoffknappheit – jedenfalls verwesten die Leichen nicht, sondern wurden vom ständig herabrieselnden Kalk und von neuen Leichen zugedeckt. Heute noch kann man die großen und kleinen Tiere – Fische, Ammoniten, Muscheln und Mikrolebewesen – zwischen den Gesteinsschichten finden. Da hier auch viele kleine Muscheln gefunden wurden, die Posidonia genannt werden, nennt man das Gestein auch »Posidonienschiefer«. Es wird heute noch in mehreren Steinbrüchen abgebaut und aufgrund seiner Schönheit teilweise zu Tischplatten verarbeitet. Manchmal finden sich zwischen den Platten auch große Fischsaurier – dann rufen die Steinbruchbesitzer das Stuttgarter Naturkundemuseum an und die Fossilien werden fachgerecht geborgen. Je nach Größe kann der Wert solcher Fossilien bei einigen zehntausend Euro liegen. Vermutlich gibt es aber hier wie auch in Solnhofen neben den offiziellen Verfahren auch einen Schwarzmarkt, auf dem die Fossilien illegal gehandelt werden.

Urweltmuseum Hauff

Eine erste Adresse für weitere Informationen und Anschauungsbeispiele bereits gefundener Fossilien ist das Urweltmuseum Hauff. Dieses wurde von Dr. h.c. Bernhard Hauff (1866–1950), einem Nachfahren des Dichters Wilhelm

Hauff, gegründet, der es zusammen mit seinem Sohn Prof. Dr. Bernhard Hauff (1912–1990) aufgebaut hat. Das erste Museum steht seit 1936/37 in Holzmaden.

Hier findet sich mitten im Museum ein riesiger Schichtaufbau von 16 Metern Länge und fünf Metern Höhe im Maßstab 1:1 nachgebaut, wie er für die Umgebung von Holzmaden typisch ist. Dieser Schichtaufbau enthält 17 Schichten, die einen Eindruck von den verschiedenen Ablagerungen geben und in welchen die unterschiedlichen Lebewesen, welche zu den jeweiligen Zeiten der Ablagerung gelebt haben, zu sehen sind.

Dass die ausgestellten Fossilien noch so detailliert erhalten sind, liegt an der Zusammensetzung des Meeresschlamms aus planktonischen Organismen wie Pollen und Sporen, aber vor allem auch Algen. Diese haben die abgestorbenen Lebewesen umschlossen, ohne deren Strukturen zu schädigen, und unter sauerstoffarmen Bedingungen über Jahrmillionen erhalten.

Man kann nur ahnen, welche gewaltigen Mengen organischer Biomasse sich am Meeresboden abgelagert haben müssen, die noch in kleinsten Schichten sedimentiert wurden, was beim genauen Betrachten der einzelnen Stufen auffällt.

Neben den ausgestellten Fossilien (Abbildung 2), das heißt den teilweise mehrere Meter großen Sauriern (Fische, Meereskrokodile, aber auch Flugsaurier, Ammoniten und vieles mehr) ist vor allem die 18 × 6 Meter große Seelilienkolonie (Abbildung 3) beeindruckend, die sich entlang eines Baumstamms wie ein modernes Gemälde über eine große Wand des Museums erstreckt.

Ein weiterer Bereich des Museums zeigt anschaulich, wie die einstigen Lebewesen sedimentiert und fossilisiert wurden. Obwohl die Fossilien während der Sedimentation auf den circa zwanzigsten Teil ihres ursprünglichen Umfangs zusammengepresst wurden, sind einige Überreste – besonders die Skelette der Saurier – noch dreidimensional erhalten geblieben.

Was jedoch nach dem Fund der Fossilien im Steinbruch noch geleistet werden muss, damit der Besucher die Versteinerungen bewundern kann, zeigt eine eigene Abteilung des Museums. Hier wird der Vorgang der Präparation mit den Materialien und Hilfsmitteln nachgestellt, die teilweise einige Monate in Anspruch nimmt.

2 Skelettstruktur eines Sauriers in Ölschiefer.

3 Kolonie von Seelinien.

Im Dinopark des Museums sind weitere Ergebnisse der Arbeit eines Fossilienpräparators zu sehen: Aus den fossilen Überresten können nämlich die Gestalt und das Aussehen der Lebewesen rekonstruiert werden. Dabei spielen Vergleiche und Verwandtschaften mit heute lebenden Tieren eine ebenso große Rolle wie Rückschlüsse auf den damaligen Lebensraum und dessen Veränderungen. Viele Einzelheiten sind und bleiben offen, da trotz detaillierter Knochenfunde eine umfassende Rekonstruktion nicht möglich ist. Dennoch sind die, den Fossilien nachgebildeten, teilweise riesigen Dinosaurier im Park spannend und interessant.

Unterwegs im Steinbruch

Wollen Sie selbst auch nach Fossilien suchen? – Das können Sie zum Beispiel direkt gegenüber dem Museum im Museumssteinbruch. Hier können Sie gegen eine Leihgebühr Hammer und Meissel ausleihen und selbst nach versteinerten Lebewesen suchen. Leider findet man aber in diesem Steinbruch nur recht wenig.

Wir empfehlen Ihnen daher den Weg zum Steinbruch Kromer in Ohmden (siehe Karte; Informationen, ob der Steinbruch aktuell für Besucher geöffnet ist, erhalten Sie an der Kasse des Urweltmuseums), wenige Kilometer weiter, auf sich zu nehmen, da hier die Anzahl der schönen Funde weitaus größer ist als beim Museum. Da die Ölschieferplatten teilweise scharf sein können, ist der Besuch der Steinbrüche mit Kindern erst ab einem Alter von sechs Jahren zu empfehlen.

Claudia Schmidt

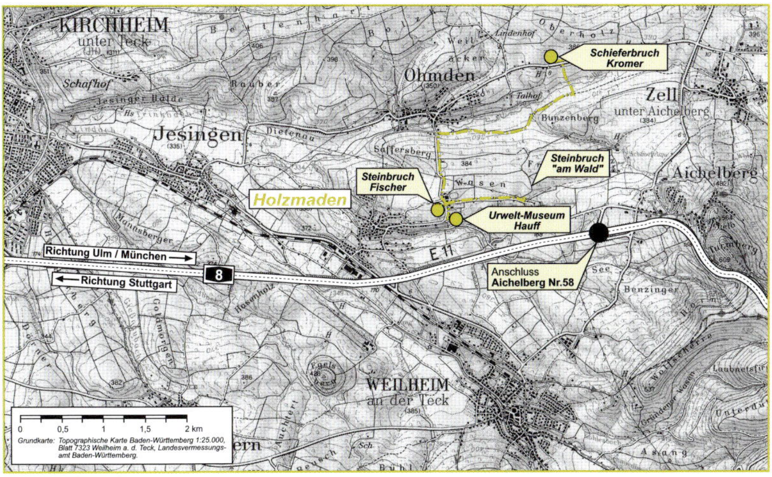

4 Übersichtskarte Holzmaden.

Höhlenbildung durch CO_2 – Ein Spaziergang durch die Erdmannshöhle

Anfahrt
Auf der A 98 (aus Freiburg Richtung Basel zunächst über die A 5); Ausfahrt Lörrach Mitte, Richtung Schopfheim. Dort auf der B 518 Richtung Wehr. Beschilderung folgen.
Oder am Rhein entlang zwischen Bad Säckingen und Rheinfelden bei Brennet auf die B 518 Richtung Wehr.

Anforderungen
Ein Spaziergang ohne besondere Anforderungen – der Besuch der Höhle (circa 1 Stunde) kann nach eigenen Interessen und Tagesform gestaltet werden. Ein Besuch der Höhle ist auch mit Kinderwagen oder einem Rollstuhl möglich.

Informationen
Erdmannshöhle
Telefon 0 77 62 / 80 99 01
www.gemeinde-hasel.de/hoehle/hoehle.html

Öffnungszeiten
April und Oktober:
Di bis So 9.00–17.00 Uhr
werktags 13.00–17.00 Uhr
Sa, So, feiertags 10.00–17.00 Uhr
Mai bis September:
täglich 10.00–17.00 Uhr

Die meisten Höhlen verdanken ihre Existenz dem Wasser und dem CO_2. Sie entstehen, indem CO_2-reiches, saures Wasser sich in Kalkstein hineinfrisst. Dieser ist ein auf den Kontinenten sehr verbreitetes Gestein – etwa ein Fünftel der Kontinentalfläche ist mit Kalkstein bedeckt. Gelangt Kalk in Kontakt mit CO_2-reichem Wasser, dann wird er aufgelöst – und abtransportiert. Nach und nach bildet sich so aus einem Spalt ein Gang und aus dem Gang eine Höhle. Unter der Erde ist das Wasser dabei oft viel reicher an CO_2 als auf der Erdoberfläche. Es nimmt CO_2 auf, das über Spalten im Gestein aus tieferen Erdschichten aufsteigt. Dadurch haben unterirdische Gewässer eine hohe Lösungskraft. Es muss dabei nicht immer ein Wasserlauf sein, der als Höhlenbaumeister fungiert. Auch reine Luftfeuchtigkeit kann im Laufe der Zeit große Kuppeln entstehen lassen. Dabei bildet sich auf den Wänden Kondenswasser, dieses löst mithilfe von CO_2 den Kalk – und fließt ab. So entstehen manch hohe Kuppeln und besonders die abgerundeten Formen einiger Höhlen. Ihre ersten Behausungen und zugleich eine unerschöpfliche Quelle für Phantasie und Imagination haben die ersten Menschen also dem CO_2 zu verdanken.

Oft enthalten Höhlen noch recht viel CO_2 in der Luft – daher kann es gefährlich sein, in sie hinabzusteigen. Besonders in Bodennähe droht Gefahr! Bei Schauhöhlen, die für Besucher geöffnet sind, kann man sich jedoch auf eine gute Luftzirkulation verlassen.

Der Dinkelberg

Die Verbindung von Kalk-Themen mit der Region des Südschwarzwaldes mag auf den ersten Blick etwas verwundern – schließlich besteht das Grundgebirge des Schwarzwaldes aus Gneis und Granit, das im Laufe der vergangenen Jahrmillionen durch Gletscher, Erosion sowie Hebe- und Senkprozesse geformt wurde.

Eine kleine Region unterscheidet sich geologisch betrachtet jedoch grundsätzlich vom Schwarzwald und von dem im Süden durch den Oberlauf des Rheins abgetrennten Schweizer Juragebirge: der 535 Meter hohe Dinkelberg, ein kleiner Gebirgszug im Südschwarzwald, der zwischen den Orten Schopfheim (Norden), Rheinfelden (Süden), Wehr (Osten) und Lörrach (Westen) liegt.

Dieser Berg ist eine alte Kalksteinformation, die als Karstgebiet eingestuft wird, also eine Landschaft, die vor allem durch Kohlensäureverwitterung auf Kalksteinuntergrund entstanden ist und sich auch heute noch immer weiter entwickelt.

Wie entsteht eine Karstlandschaft?

Der Name »Karst« leitet sich von der Landschaftsbezeichnung der Kalksteinhochfläche im slowenisch-kroatischen Gebirge bei Triest ab, wo die Eigenschaften und die Entstehungen des Karst und seine Formen weitreichend untersucht wurden.

Durch die Lösung von Kalkgestein können ganze Karstlandschaften entstehen, die sich durch eine einzigartige Formenvielfalt auszeichnen. Diese Karstformen verdanken sich alle letztlich dem CO_2, das sie in Verbindung mit dem Regen- und Grundwasser geschaffen hat. Solche Formen treten in verschiedenen Größenordnungen auf, beginnend bei kleinsten Oberflächenstrukturen wie Karren (Furchen und Rinnen) bis hin zu großen, zum Teil unterirdischen Hohlräumen, die beim Einsturz trichterförmige Senken (Dolinen) bilden (Abbildung 1). Charakteristisch für Karstgebiete ist die vorwiegend unterirdische Entwässerung durch Spalten, Schlote und Höhlen. Daher ist es in Karstgebieten oftmals zu beobachten, dass Oberflächengewässer im eigenen Flussbett versickern (Flussschwinden; wie zum Beispiel die Donauversickerung bei Immen-

1 Doline Hasel.

dingen), um dann als unterirdischer Höhlenfluss im Kalkgestein weiterzufließen. Ebenso kann das in einer Karstlandschaft unterirdisch verlaufende Wasser an entsprechender Stelle wieder zutage treten (Karstquelle, Speiloch, Höhlentor und so weiter).

Beim Versickern des Wassers kann es unter anderem auch zur Bildung von Höhlenseen und periodischen Oberflächenseen kommen, die durch schnell schwankendes Grundwasser entstehen. Auch dies lässt sich in der Gegend um den Dinkelberg besichtigen - wenn man Glück hat.

Wenn Sie aus Richtung Schopfheim auf der B 518 nach Hasel oder Wehr gefahren sind, dann ist Ihnen vielleicht ein kleiner See (der »Eichener See«) auf der rechten Seite der Straße aufgefallen - oder auch nicht. Denn eventuell war er gar nicht da! Hier zeigt sich eine weitere Besonderheit dieser Karstlandschaft. Der Grundwasserspiegel liegt normalerweise circa acht Meter unter dem See. Aufgrund starker Niederschläge kann sich aber hier das Grundwasser um bis zu elf Meter heben, sodass plötzlich - und relativ schnell - ein bis zu drei Meter tiefer See gebildet wird, der einen Durchmesser von 300 Metern hat. Der See »verschwindet« dann wieder durch Verdunstung des Wassers. - Wann der See sichtbar ist, ist schwer vorhersagbar. Manchmal ist er mehrmals im Jahr zu sehen, dann bleibt er über Jahre verschwunden.

Das urzeitliche Meer, das vor circa 200 Millionen Jahren Süddeutschland bedeckte – dessen Spuren uns auch bei dem Spaziergang nach Solnhofen und Umgebung begegnen (siehe S. 247–251) – hinterließ im Bereich des heutigen Schwarzwaldes durch Ablagerungen und Sedimentation von Muscheln und Korallen seine Spuren. Im Tertiär, also vor circa 65 Millionen Jahren, begann sich die Gegend zu heben, was zugleich zum Einbruch des Oberrheingrabens führte, der noch heute die Grenze zwischen Deutschland, der Schweiz und Frankreich im Dreiländereck anzeigt.

Im Bereich des Schwarzwaldes setzte eine besonders starke Erosion ein, sodass das aufliegende Deckgebirge, also die Kalkablagerungen aus dem Meer, vollständig abgetragen wurden – bis auf den Dinkelberg! Die vielen Erosionsprozesse, die noch immer sowohl frei sichtbar als auch unterirdisch ablaufen, sind rund um diese »geologische Insel« zu beobachten.

Die Erdmannshöhle am Ortsrand Hasel

Bei der Erdmannshöhle (auch Hasler Höhle genannt) handelt es sich um eine der ältesten Tropfsteinhöhlen Deutschlands (Abbildung 2). Tropfsteinhöhlen entstehen nur in kalkhaltigem Gestein, in welchem über Jahrtausende und Jahrmillionen kalkhaltiges Wasser von der Decke tropft und sich der Kalk sowohl an der Decke (Stalaktiten) als auch am Boden (Stalagmiten) ablagert. Mit einer vermessenen Gesamtlänge von 2.185 Metern, von denen circa 360 Meter seit dem Jahr 1773 als Schauhöhle besucht werden können, bietet die Erdmannshöhle ein einmaliges Naturschauspiel. Sie hat ihren Namen übrigens von einer Sage, nach welcher die Höhle von kleinen Erdmännchen und Erdweibchen bevölkert wurde.

2 Eine der ältesten Tropfsteinhöhlen Deutschlands: die Erdmannshöhle im südlichen Schwarzwald.

Der Besucher durchwandert während der Führung durch den Schauteil unterschiedliche Bereiche wie den »Tempel«, die »Bachhöhle« und den »Rittersaal«, in deren Namen sich die phantastische Umgebung widerspiegelt. Vielleicht sehen und finden Sie auch neue Phantasiegebilde, die sich aus den Kalkformationen zusammensetzen? Was man in einer Tropfsteinhöhle zu sehen bekommt, ist ein Miniaturkreislauf des CO_2. Kohlendioxidreiches Wasser löst Kalk – dabei bildet sich Calciumhydrogencarbonat. Tropft dieses Wasser nun von einer Höhlenwand, dann löst sich das CO_2 aus dieser lockeren Verbindung – und der Kalk kristallisiert wieder aus. So bildet sich ein Tropfstein.

3 Circa eine Million Jahre benötigten die Tropfsteine in der Erdmannshöhle, um eine Höhe von vier Metern und einen Durchmesser von zwei Metern zu erreichen.

Wenn man dem Kalk, dem Wasser und dem CO_2 viel Zeit läßt, dann können gewaltige Tropfsteine enstehen: In der Erdmannshöhle kann man den größten und ältesten Tropfstein mit über vier Metern Höhe, zwei Metern Dicke und einem geschätzten Alter von über einer Million Jahre besichtigen (Abbildung 3)!

Hier noch die Beschreibung der Erdmannshöhle im Alemannischen – dem einheimischen Dialekt. Na, verstehen Sie was?

D'Erdmannshöhli isch e Charschdhöhli im Wehratal im Südschwarzwald. Well de Iigang grad öbbe bi Hasel isch, isch si au unter Hasler Höhli bekannt. Di erschdi urkundlichi Erwähnig isch vo anne 1755. Ihre Name het si vo nere Sage, wonoch in de Höhli Zwärgli, also Erdmännli, läbe un schaffe. De erforschte Teil isch öbbe 2350 m lang, aber es het no ne huffe Gäng, wo so eng sin, daß mer nit weiß was no hindedra chunt. 360 m dodevo chasch aluege. In de Höhli hets ä huffe Tropfstei, ä chlaine See un au e unterirdische Bach goht dedure. Sällem Bach würd nochgesait, daß e Deil vom Wasser vom Eiemer See stammt.

Quelle: http://als.wikipedia.org/wiki/Erdmannsh%C3%B6hle

Claudia Schmidt

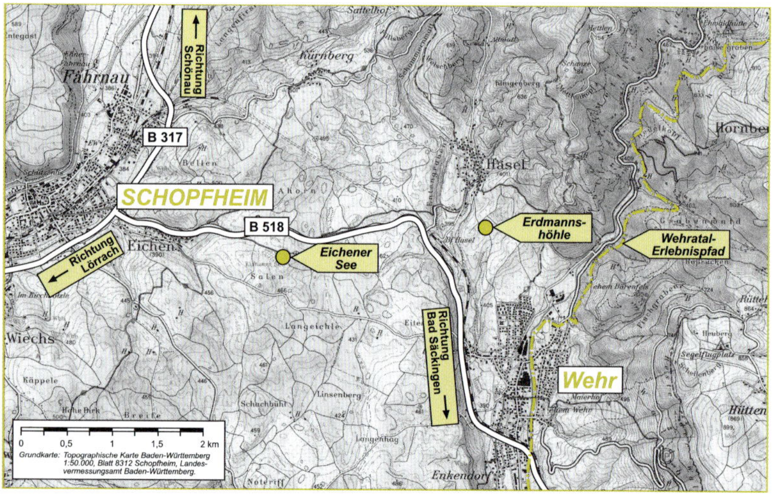

4 Übersichtskarte Erdmannshöhle und Eichener See.

Kalk als CO_2-Speicher – Zwei Spaziergänge in der Fränkischen Alb

Anfahrt

Solnhofen__Aus Nürnberg Richtung Schwabach, weiter auf der B 2 durch Weißenburg. Kurz nach Dietfurt geht es links Richtung Eichstätt ins Altmühltal und nach Solnhofen.
Von Stuttgart oder München auf der A 8 bis zur Ausfahrt Augsburg West, dort Richtung Donauwörth. Ab hier führt die Straße (B 2) circa 30 Kilometer bis zur Abzweigung Richtung Eichstätt und Altmühltal.

Steinerne Rinne__Zwischen Solnhofen und Treuchtlingen, Richtung Weißenburg. Dort Richtung Oberhochstatt (circa fünf Kilometer) und Rohrbach. Dann der Beschilderung folgen.

Anforderungen

Leichte Exkursion – viele Einkehr- oder Picknickmöglichkeiten. Das Museum ist auch für Kinderwagen oder Rollstühle geeignet, die Steinbrüche und die Steinerne Rinne nur eingeschränkt.

Informationen

Bürgermeister-Müller-Museum,
Bahnhofstraße 8, 91807 Solnhofen,
Postfach 49
Telefon 0 91 45 / 83 20 30
www.solnhofen.de (Link »Museum«)

Öffnungszeiten

April bis Oktober:
täglich von 9.00 bis 17.00 Uhr
werktags 13.00–17.00 Uhr
Sa, So, feiertags 10.00–17.00 Uhr
November bis März:
Sonntag von 13.00 bis 16.00 Uhr
oder nach Vereinbarung

Kalk spielt im Kohlenstoffkreislauf – im Geozyklus – eine bedeutende Rolle, denn man schätzt, dass in Sedimenten (wie zum Beispiel Kalkstein oder Dolomit) über 40 Millionen Gigatonnen Kohlenstoff gespeichert sind. Nirgendwo sonst gibt es solch große Lagerstätten für CO_2. Aber wie gelangt es überhaupt in die Gebirge und Gesteine? Atmen die Steine etwa auch CO_2 ein? In gewisser Weise schon – zumindest tun das manche Gesteinsarten.

Die Geschichte fängt mit dem CO_2 in der Luft an. Das löst sich in Regenwasser. Dabei bildet sich Kohlensäure (H_2CO_3). Dieser leicht saure Regen tropft auf die Berge und löst ein wenig das Gestein auf. Das Gebirge verwittert. Es entsteht unter anderem Kalk ($CaCO_3$), der in gelöster Form mit den Flüssen ins Meer geschwemmt wird. Dort wird er schon erwartet. Viele Meereslebewesen nutzen den Kalk im Wasser und bauen ihre Gehäuse daraus. Damit deponieren sie das im Kalk fest gebundene CO_2 und entziehen es dem Kreislauf. Sie verwandeln es gewissermaßen in eine langfristige Anlage. Die Kalkgebilde, welche die Meeresorganismen im Laufe der Zeit aufbauen, können viele Hundert Meter hoch werden. In ihnen ist eine ungeheure Menge an CO_2 gebunden. In manchen Gegenden, wie zum Beispiel in den Alpen oder auf der Schwäbischen Alb, wird dieser Kalkstein abgebaut. Er wird zu Natursteinen verarbeitet und zum Teil auch in Öfen zu Zement gebrannt. Dabei wird das im Kalk gespeicherte CO_2 wieder freigesetzt.

Solnhofen – Die Welt in Stein

Kalkvorkommen gibt es in Deutschland an vielen Stellen. Kein Kalk ist aber so berühmt wie die Solnhofener Plattenkalke. Man könnte sogar behaupten, diese Kalke seien weltweit die allerberühmtesten – aufgrund der vielen Fossilien, die sich darin finden.

Solnhofen, das Altmühltal und seine umliegenden Steinbrüche sind weithin bekannt, denn hier bietet sich – neben der industriellen Nutzung des Gesteins – für Interessierte ein besonderer Einblick in die geologische, ökologische und biologische Vergangenheit vor circa 150 Millionen Jahren.

In dem Meer, das Süddeutschland von vor 180 bis vor 130 Millionen Jahren im Zeitalter des Jura bedeckte, war im Bereich des heutigen Solnhofen ein riesiges Riff mit reichlich Flora und Fauna verschiedenster Arten. Dieses war durchzogen mit Senken und Wannen, in welchen sich im Laufe der Zeit abgestorbene Korallen sowie Muscheln und Kalkschalen (also Kohlenstoff) der Meeresbewohner in feinen Schichten ablagerten und dem »Plattenkalk«, wie man ihn heute findet, seinen Namen gab. Dieser Kalk prägte die Landschaft in dieser Gegend.

Es wurden darin auch Lebewesen der damaligen Zeit eingebettet, die nach ihrem Tod auf den Meeresgrund gesunken waren. Sie legen heute Zeugnis davon ab, wie vielfältig das Meer und das umgebende Land bevölkert waren. So finden sich hier nicht nur Fossilien von Meeresbewohnern wie Quallen, Krebsen (Abbildung 1), Ammoniten, Fischen und Meeressauriern, sondern auch Landlebewesen wie Pflanzen, Insekten, Schildkröten, Eidechsen und kleine Dinosaurier, aber auch Urvögel und Flugsaurier. – Wie eine Reise in die Vergangenheit aussehen kann, soll im Folgenden dargestellt werden.

1 Versteinerter Pfeilschwanzkrebs.

Das Bürgermeister-Müller-Museum

Als Start der Spurensuche nach den Zeugen längst vergangener Zeiten bietet sich ein Besuch im Bürgermeister-Müller-Museum im Rathaus von Solnhofen an. Hier gibt es neben erdgeschichtlichen Informationen viele Originalexponate aus der Jurazeit zu sehen, wie etwa ein Exemplar des Urvogels *Archaeopteryx* (gefunden im Jahr 1861, Abbildung 2), für den Solnhofen weltberühmt ist, sowie andere Pflanzen und Tiere. So gibt es Reptilien, Fische und weitere Meeresbewohner wie Quallen, Krebse und Kopffüßler (Tintenfische, Ammoniten und Belemniten) zu bestaunen.

2 Der 1861 gefundene versteinerte Urvogel *Archaeopteryx*.

Versteinerter Urvogel

Als der versteinerte Urvogel *Archaeopteryx* im Kalk gefunden wurde (bis heute wurden weitere Exemplare gefunden), erregte dieser Fund in mehrerer Hinsicht Aufsehen: Zum einen war dies ein gesicherter Hinweis, dass es schon in der Zeit des Jura Vögel gegeben haben musste. Bisher hatte man nur Überreste aus sehr viel jüngerer Zeit gefunden. Zum anderen zeigte sich aber bei genauerer Untersuchung, dass es sich bei der Art des *Archaeopteryx* um einen Übergang vom Reptil zum Flugtier handelt, was ein wichtiges Argument für die Evolutionstheorie darstellte, die Darwin 1859 – also nur zwei Jahre vor dem Fossilienfund – veröffentlicht hatte. Darwin hatte beschrieben, dass bei der Entwicklung neuer Arten zunächst Übergangsformen entstehen, welche Merkmale der alten, aber auch schon Eigenschaften neuer Arten haben.

Im oberen Stockwerk des Museums kann man sich über die Erfindung der Lithografie (Steindruck) durch Alois Senefelder um das Jahr 1798 informieren, für die nur der feinkörnige Solnhofener Stein verwendet werden kann.

Nach dem Besuch im Museum bietet sich ein Besuch im nahe gelegenen Hobbysteinbruch an, um selbst nach einem weiteren *Archaeopteryx* oder auch nur einem Ammoniten oder Krebs zu suchen. Erfahrene Sammler haben bestimmt eigene Arbeitsgeräte wie Hammer und Meißel bei sich. Alle anderen können sich in der Nähe des Museums gegen eine geringe Leihgebühr mit ausreichend Werkzeug versorgen.

Dass die Solnhofener Gegend durch den Kalk geprägt wird, erkennt man auch an den vielen Steinbrüchen mit industriellem Abbau und der Aufbereitung von Juramarmor. Er wird für die unterschiedlichsten Zwecke wie zum Beispiel Fensterbänke, Fliesen, Brunnen und Küchenplatten verwendet.

Steinerne Rinne – wachsender Stein

3 Steinerne Rinne.

»Steinerne Rinnen«, auch »Wachsende Steine« genannt, entstehen durch Kalkabscheidungen aus fließendem Wasser. Normalerweise gräbt sich ein Bach durch die erosive Kraft des fließenden Wassers sein Bett. Bei steinernen Rinnen, einem seltenen Spiel der Natur, wird dagegen das Bachbett durch Kalkabscheidungen erhöht. Das Bächlein fließt schließlich auf einem Damm (Abbildung 3).

Die Rinne entsteht durch den Kalk im abfließenden karbonatreichen Wasser, das an der Oberfläche durch die Landschaft fließt. Der Kalk, der bei diesem Abfluss »ausgefällt« wird, setzt sich im Bachbett ab. Im Laufe der Zeit bildet sich dabei Kalktuff (hier auch Travertin genannt), der emporwächst und eine Rinne für das abfließende Wasser bildet. Die Steinerne Rinne bei Rohrbach ist circa achtzig Meter lang und teilweise bis zu einem Meter hoch.

Da die Ausfällung des Kalks und die Fortbildung der Rinne ein noch immer andauernder Prozess ist, sollte der Besucher die Rinne mit Respekt betrachten und nicht daran herumwerken, so sehr es verlocken mag. Unter günstigen Bedingungen wächst die steinerne Rinne jährlich um ein bis zwei Zentimeter.

Claudia Schmidt

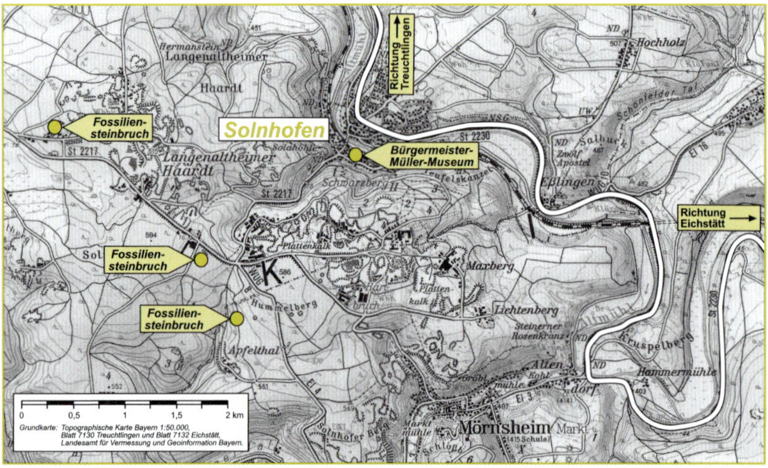

4 Übersichtskarte Solnhofen und Umgebung.

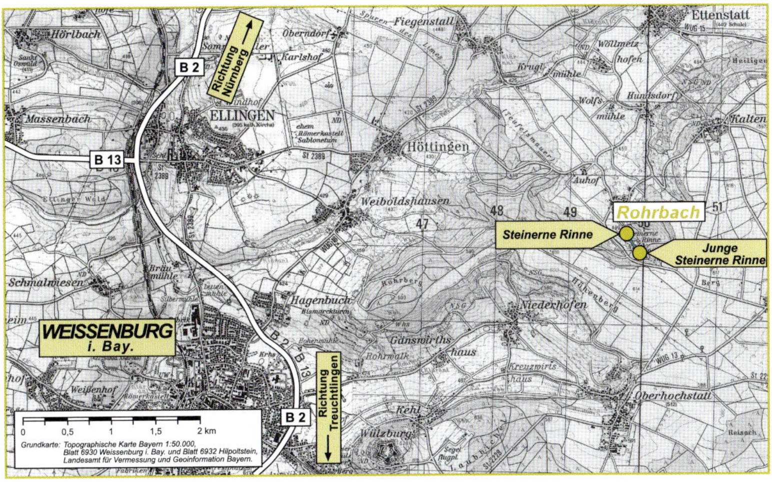

5 Übersichtskarte Fränkische Alb – Steinerne Rinne.

Moorbildung und CO_2-Bindung

Anfahrt
Über die Bundesstraßen 72 und 210, circa fünf Kilometer westlich der Stadt Aurich.

Anforderungen
Der Besuch des Moormuseums ist für Familien geeignet, dauert bis zu zwei Stunden und kann nach Interesse und Tagesform gestaltet werden.

Informationen
Moormuseum Moordorf e.V.
Victorburer Moor 7a,
26624 Südbrookmerland
Telefon 0 49 42 / 27 34
www.moormuseum-moordorf.de

Öffnungszeiten
Die Anlage ist vom Frühlingsanfang bis zum 31. Oktober geöffnet.
Mo bis So 10.00–18.00 Uhr

Moore sind gefährlich, gruselig und schlammig! Das ist wohl die Meinung der meisten, wenn es um dieses Thema geht. Und nicht ohne Grund, wird uns doch durch Literatur und Film oft diese Vorstellung bestätigt, sei es im »Erlkönig« (Goethe) oder in dem Gedicht »Der Knabe im Moor« (Droste-Hülshoff); in dem Buch »Der Herr der Ringe« (Tolkien), wenn Frodo von Smeagol durch die Totensümpfe geführt wird, oder in der »Unendlichen Geschichte« (Ende), wenn Atreju sein Pferd in den Sümpfen der Traurigkeit verliert. Und dann gibt es ja auch noch die Moorleichen …

Wäre es nicht besser, wenn es gar keine Moore mehr gäbe? Wozu sind sie gut und was soll das alles mit dem Thema CO_2 zu tun haben?

Entstehung und Funktion von Mooren

Moore entstehen aus den Überresten von Pflanzen, die nicht zersetzt wurden. Dadurch spielen sie eine wichtige Rolle im Kohlenstoffkreislauf, weil hier durch die Photosynthese das in den Pflanzen gebundene CO_2 beim Absterben nicht wieder freigesetzt wird, sondern über lange Zeit – manchmal Jahrmillionen bis hin zur Entstehung von Steinkohle – im Boden festgesetzt wird. Moore entziehen – solange sie gesund sind – der Atmosphäre CO_2 und speichern es. So können je nach Zersetzungsgrad 40 bis 60 Prozent bei Trocknung des Moores aus Kohlenstoff bestehen. Das sind circa 500 Gramm pro Kilogramm Torf. Mehr als in einem Kilogramm Holz (in einem Kilogramm trockenem Buchenholz sind etwa 400 Gramm Kohlenstoff gespeichert)!

Moore entstehen überall dort, wo zwei Bedingungen erfüllt sind: eine wasserundurchlässige Unterschicht, auf welcher sich das Wasser ansammeln kann, und mindestens 1.200 bis 1.500 Millimeter jährlicher Niederschlag. Diese Bedingungen werden in Deutschland in zwei Regionen erfüllt. An der Küste im Norden, wo es viel Niederschlag im Jahresdurchschnitt gibt und sich die Moore über weite Strecken ausdehnen können, und im Süden von Deutschland, am Alpenrand, wo die Berge als Wolkenbremsen für ausreichend Regen sorgen (Abbildung 1).

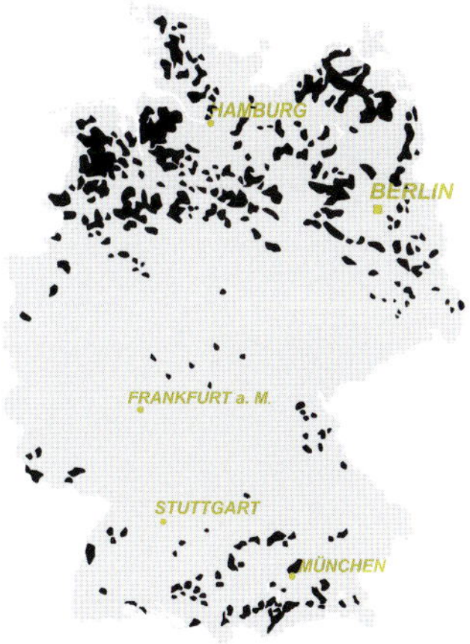

1 Moorverteilung in Deutschland.

Moore brauchen eine lange Zeit, um zu entstehen, und müssen laut Definition mindestens 30 Zentimeter Torf – so nennt man die Schicht der organischen abgestorbenen Pflanzenmasse – aufweisen. Bei der Entstehung bilden sich zunächst sogenannte Nieder- oder Flachmoore. Diese werden noch vom Grundwasser feucht gehalten. Im Gegensatz dazu wachsen in Hochmooren (Abbildung 2) nur die obersten Schichten – an den Torfmoosen. Im Übergang von Flach- zu Hochmooren wachsen die Moose immer weiter nach oben, während sie in den unteren dunklen und sauerstoffarmen Schichten absterben und »vertorfen«. Dadurch fehlt der Zugriff auf das Grundwasser. Torfmoose können dennoch durch die Niederschläge weiter wachsen – es entsteht ein Hochmoor, das ausschließlich »von oben« sein Wasser enthält. Es lebt also mehr oder weniger ausschließlich von reinem Wasser und CO_2. So werden Hochmoore oft von einer Art Pufferzone aus Niedermooren umgeben; die Moore verändern sich jedoch stetig.

2 Hochmoorfläche.

3 Torfmoos (oben). 4 Moorfläche mit Kiefernbeständen.

Die Torfmoose (Abbildung 3) haben eine extrem große Wasserspeicherkapazität und wirken wie ein lebender Schwamm. Dies wird anschaulich, wenn man eine Handvoll Torfmoose zusammendrückt. Damit zeigt sich aber auch die Abhängigkeit vom Wasser, welche Moore so sensibel für Umwelteinflüsse macht. Fehlen also die Niederschläge oder wird Wasser durch Drainagen abgeführt, trocknen die obersten Schichten schnell aus.

Moore sind für Pflanzen und Tiere aufgrund der Nähr- und Mineralstoffarmut, aber auch durch die Sonnenexposition und der daraus entstehenden Anfälligkeit in Trockenperioden extreme Lebensorte. Dabei sind in Niedermooren andere Tier- und Pflanzenarten anzutreffen als in Hochmooren. Wo in den Niedermooren noch Schilf, Mädesüß und eine Vielzahl anderer Pflanzen gedeihen, enthält das Hochmoor zu viel Säure, als dass – außer Spezialisten wie Sonnentau und Moosbeere – mehr als Torfmoose überlebend könnten. Lediglich auf kleinen trockeneren Anhöhen können noch Fichten, Kiefern und Birken existieren (Abbildung 4).

Wie groß der Unterschied hier ist, lässt sich am besten bei einem Weg durch die Moortypen erfahren: Kann man Niedermoore noch einigermaßen trockenen Fußes begehen, steht man im Hochmoor schnell bis zu den Knöcheln und weiter im Wasser. Dieses ist aber überhaupt nicht schlammig oder brackig, sondern oft klar, da es sich ja um das reine Regenwasser handelt. Waren außerdem die Pflanzen und der Untergrund im Niedermoor noch etwas härter und kantiger, umschließt das Moos im Hochmoor weich und angenehm die Füße.

Man sollte sich dabei vor zwei Dingen in Acht nehmen: vor Schlangen, meist Kreuzottern, die man aber durch den Lärm beim Laufen meist verscheucht, und vor Wasserlöchern (Abbildung 5), die mit Torfmoosen überwachsen sind. Diese kann man oft mit bloßem Auge erkennen, da sie etwas tiefer liegen und frische Torfmoose eine andere Farbe haben. Jedenfalls sollte man nie alleine ins Moor gehen, damit man sich im Notfall gegenseitig helfen kann. Auch stehen die meisten Moore unter Naturschutz, sodass es oft nicht gestattet ist, abseits vom Weg zu spazieren.

Obwohl die beschriebenen Eigenschaften von Mooren als Wasserspeicher oder beim Binden von Kohlenstoff sowie auch ihre kühlende Wirkung enorm wichtig sind, setzt der Mensch den Mooren seit Jahrhunderten zu und hat sie etwa in Deutschland bis auf wenige Reste fast ganz zum Verschwinden gebracht. Der Grund: Moore, insbesondere Hochmoore, lassen sich nicht landwirtschaftlich nutzen und bilden für die Landwirtschaft »totes« Gelände.

Besonders aus diesem Grund wurden und werden noch immer Moore trockengelegt, um eine landwirtschaftliche Nutzung zu ermöglichen. So lebt von den 13.000 Quadratkilometern Torffläche in Deutschland mittlerweile nur noch ein kleiner Teil.

5 Trittfest ist so ein Moor nicht.

Da getrocknete Torfe reich an Kohlenstoff sind, den die Moose als CO_2 aus der Luft gesogen hatten, können diese verbrannt werden, um zu kochen und zu heizen, was gerade im 18. und 19. Jahrhundert insbesondere für ärmere Menschen eine billige Alternative zu Holz bedeutete.

Heute wird er auch als Erde für Balkonpflanzen oder zur Champignonzucht verwendet, wobei diese Torferde allerdings noch mit Kunstdünger und oft auch mit Kalk versetzt werden muss. Denn von sich aus ist Torf sehr mineralarm. – Torf kann auch ein Luxusartikel sein, beispielsweise in einem

Moorbad, das sowohl wärmend als auch entzündungshemmend wirken soll. Weiter ist Torf auch für die Liebhaber irischen und schottischen Whiskys von Bedeutung, da dort der Malz über Torffeuer getrocknet wird und dabei unverwechselbare Aromen annimmt, die man im gebrannten Whisky schmecken kann.

Von weltweit vier Millionen Quadratkilometern Torffläche ist ein großer Teil mittlerweile zerstört und kann damit kein CO_2 mehr binden. Im Gegenteil: Der gelagerte Kohlenstoff wird wieder freigesetzt. Denn wenn das Moor trockengelegt wird, gelangt der Sauerstoff der Luft durch zahllose winzige Kapillaren, die alle zuvor mit Wasser gefüllt waren, in den Torfkörper. Der Kohlenstoff wird dabei langsam zu CO_2 oxidiert.

Dabei ist die Renaturierung von Mooren eigentlich sehr einfach, indem man der Landschaft wieder ihr Wasser belässt und dafür sorgt, dass es nicht abläuft. So kann auf freigelegten Flächen wieder Torfmoos entstehen und wachsen, und schon nach wenigen Jahren kann wieder ein lebendiges Moor entstehen.

Wir stellen im Folgenden einen Spaziergang durch das Moormuseum Moordorf bei Aurich in Ostfriesland vor. Dieses Museum zeigt zum einen die Bedingungen, unter denen die frühen Moorkolonisten leben mussten. Es verfügt aber auch über einen kleinen Hochmoorrest, an dem man sehen und spüren kann, was ein Hochmoor ausmacht. Zwar vermittelt das kleine Hausmoor keinen so tiefen Eindruck von der Ästhetik eines Moores wie dies andere Moore, zum Beispiel das ebenfalls nicht weit entfernt gelegene »Ewige Meer«, vermögen. Der Spaziergang in Moordorf hat aber den Vorzug, auch Kinder jeden Alters zu begeistern.

Moormuseum Moordorf

Das Museum zeigt verschiedene Hütten, die begangen werden können – für Kinder ein großer Spaß. Auf dem Gelände gibt es auch einige Ziegen, was die Kleineren freuen wird. Über das Jahr verteilt gibt es verschiedene Museumsprojekte, bei denen mit Torf oder Lehm hantiert werden kann.

Ostfriesland war ursprünglich weitgehend von Mooren bedeckt. Diese Moore wurden seit dem 18. Jahrhundert mehr und mehr kultiviert und in Ackerland umgewandelt. Das Leben im Moor war äußerst hart, und der Ertrag der Ackerflächen, die dem Moor durch Entwässerung oder Brandrodung abgetrotzt wurden, war nur gering. Mit ergreifenden Tatsachenberichten schildert das Museum das bittere Elend der Menschen, die, weil sie nirgendwo sonst Zuflucht fanden, im Moor lebten. Einige prähistorische Funde, die in der Gegend um Moordorf im Moor geborgen wurden, darunter auch eine Goldscheibe aus der Bronzezeit, werden ebenfalls (in Kopie) gezeigt.

Der Freiluftbereich zeigt verschiedene Kolonistengebäude, die aus Holz, Lehm und Torfplacken errichtet wurden. Denn der aus dem Moor gewonnene Torf war nicht nur eine Handelsware, die auf Kähnen in die Städte verschifft wurde, er war auch Brennstoff (getrocknet brannte er besser als Holz) sowie Baumaterial. Der Weg führt schließlich zum »Hausmoor« des Moormuseums. Es ist angestochen und vermutlich als Moor nicht mehr wirklich intakt. Aber man sieht vielleicht gerade deshalb die Schichten des Moores ganz klar: Unten liegt der dunkle, gut verwendbare Torf, darüber der wenig geschätzte sogenannte Weißtorf und obenauf wächst das Moos in die Höhe. Wie Tausende Lagen riesiger Teppiche wölben sich die Schichten nach oben. Gerade das ist das zentrale Phänomen eines Hochmoores: Es steigt als Fläche langsam in die Höhe, wobei es den Grundwasserspiegel übersteigt, sodass es schließlich nur noch vom Regenwasser gespeist wird – und von CO_2.

Es gibt keinen anderen Ort, der den Zusammenhang zwischen Pflanzenwachstum und CO_2 so deutlich macht wie ein Hochmoor, und das Hochmoor am Moormuseum ist, obwohl es klein ist und keinen landschaftlichen Eindruck vermittelt, in besonderer Weise geeignet. Denn das wachsende Torfmoos ernährt sich ja von nichts anderem als von Regenwasser und CO_2. Ihm werden über das Grundwasser keine Nährstoffe zugeführt – denn es hat sich längst über das Grundwasser hinausgehoben! Und wenn eine Schicht Moos vergangen ist, so wird sie nicht zersetzt, sondern konserviert. Übrig bleibt am Ende ein fossiler Energieträger: der Torf. In Friesland wird dieser Torf auch heute noch hier und da in Anlagen zur Energieerzeugung genutzt – so wird er zum Beispiel zum Brennen von Backsteinen verwandt, die, wenn sie mit Torf und nicht mit Erdgas gebrannt werden, eine schön bunte Färbung erhalten. Für die Stromerzeugung wird Torf nicht mehr benutzt. Jedoch sind auch die in Deutschland viel verwendeten fossilen Energieträger Steinkohle und Braunkohle ebenfalls nichts anderes als verfestigter, uralter Torf.

Torf ist aber nicht nur ein Energieträger, sondern auch ein Archiv! Jede neue Wachstumsperiode der Torfmoose wirkt wie ein grüner Teppich, der sich über die älteren Schichten legt. Und fast alles, was von außen in das Moor und damit in und zwischen die Schichten gelangt, bleibt erhalten – seien es Holz, Schmuck, Pflanzenpollen oder Leichname. Diese Archive sind für die Archäologie wie auch für die historische Umweltforschung von höchstem Interesse, denn nur mit den hier gelagerten Informationen kann man zum Beispiel die Geschichte der deutschen Wälder rekonstruieren.

Verlässt man das Moormuseum, so werfe man einen Blick auf den davorliegenden Wassergraben: Es ist ein typischer Entwässerungsgraben. Solche Gräben wurden ausgehoben, um zum einen das Wasser aus den Mooren abfließen zu lassen und zum anderen, um Verkehrswege zu schaffen, auf denen Torf in die Städte gebracht werden kann. In ganz Friesland – ja überhaupt vielerorts in Norddeutschland und auch in den nördlichen Niederlanden – trifft man auf ähnliche Kanäle. Sie werden normalerweise Fehn genannt, manchmal auch Feen oder Venn. Allein ein Aufsuchen aller norddeutschen Ortsnamen, die diese Silbe führen, zeigt, wie ausgedehnt die Moorflächen einmal waren, die der Mensch inzwischen trockengelegt und seiner Nutzung unterworfen hat.

Heute, im Zuge der Klimadiskussion, werden manche trockengelegte Moore wieder vernässt. Grund ist, dass aus einem trockenen Moor kontinuierlich Treibhausgase – CO_2 und Methan – entweichen. Wird das Moor wieder unter Wasser gesetzt, so wird auf diese CO_2-Quelle gewissermaßen ein Stöpsel gesetzt. Auch die vielen besonderen Lebewesen, die an das Leben im kargen Moor angepasst sind, freuen sich darüber. Die Wiedervernässung von Mooren ist eines der Beispiele, wie Klimaschutz und Naturschutz Hand in Hand gehen können.

Ähnliche Möglichkeiten zur Begehung von Mooren kann man im Süden und Norden Deutschlands an verschiedenen Stellen wahrnehmen. Untenstehend einige Hinweise auf weitere Moore.

Claudia Schmidt und Jens Soentgen

Moormuseen im Norden Deutschlands

Moormuseum Benthullen
bei Oldenburg, Hof Berg,
Zu den Birken 15, ab Ammerländer Straße, 26203 Benthullen,
Telefon 0 44 07 / 83 02
www.wardenburg.de/sehenswu/moormuseum.htm

Emsland Moormuseum
Geestmoor 6
49744 Geeste - Groß Hesepe,
Telefon 0 59 37 / 70 99 90
www.moormuseum.de

Haus im Moor
Goldenstedt, Naturschutz- und Informationszentrum, NIZ Goldenstedt,
Arkeburger Straße 22,
49424 Goldenstedt,
Telefon 0 44 44 / 26 94
www.niz-goldenstedt.de/einrichtungen/haus-im-moor/

Moormuseen im Süden Deutschlands

Wurzacher Ried
Bad Wurzach (bei Memmingen),
Am Reischberg 12
88410 Bad Wurzach
Telefon 0 75 64 / 31 67
www.oberschwaebisches-torfmuseum.de/torfbahn/

Moor- und Torfmuseum
Chiemsee Rottau, Samerweg 8,
83224 Grassau
Telefon/Fax 0 86 41 / 21 26
www.torfbahnhof-rottau.de/

Ainringer Moos
Adelstetten 44, 83404 Ainring,
Telefon 0 86 56 / 98 99 99
www.ainringer-moos.de/museum_ausstellung.php

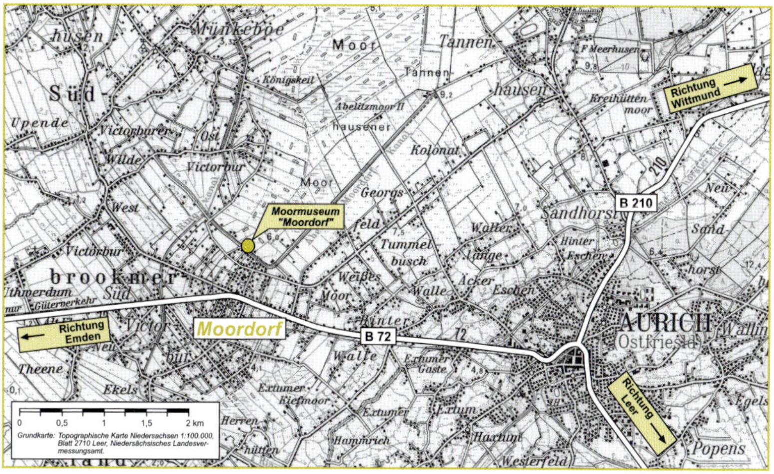

6 Übersichtskarte Moormuseum Moordorf.

CO_2-Bilanz von Wäldern – Ein Spaziergang durch die Baumkronen im »Urwald« des Nationalparks Hainich

Anfahrt
Der Spaziergang beginnt am Forsthaus Thiemsburg bei Bad Langensalza (Ortsteil Alterstedt). Wer es klimaschonend mag: Die Deutsche Bahn bietet im Regionalverkehr Thüringen ein Kombiticket zum Baumkronenpfad.

Anforderungen
Die Spazierstrecke ist nur 500 Meter lang – aber es gibt viel zu sehen. Wenn man sich Zeit nimmt, ist man etwa eine Stunde unterwegs. Leicht kann man den Spaziergang verlängern; durch den Hainich führen zahlreiche Wanderwege. Für Rollstuhlfahrer – und natürlich auch für Kinderwägen – gibt es Aufzüge, die in den Baumkronenpfad hinauffahren. Der Baumkronenpfad ist barrierefrei. Der Nationalpark Hainich besitzt ein dichtes Netz von Wanderwegen. Manche sind thematisch gestaltet, wie der Feensteig bei Weberstedt oder der Naturpfad Thiemsburg. Andere, wie der Waagebalkenweg oder der Rennstieg, sind für Tagestouren ausgelegt.
Eine interaktive Karte findet sich unter: www.nationalpark-hainich.de/karte/index.php?view=wk.

Informationen
Grundlegende Informationen zum Nationalpark Hainich finden sich unter: www.nationalpark-hainich.de

Wälder spielen in der CO_2-Bilanz der Erde eine zentrale Rolle: Mit der Photosynthese nehmen die Bäume große Mengen an CO_2 aus der Luft auf und verwandeln sie zunächst in Traubenzucker. Ein Teil wird durch Atmung der lebenden Pflanzenteile – vor allem der Wurzeln – schnell wieder freigesetzt. Ein weiterer Teil wird in kurzlebige Biomasse wie Blätter umgewandelt und im folgenden Jahr von den Lebewesen im Boden zersetzt. Ein großer dritter Teil des aufgenommenen CO_2 wird aber langfristig im Holz gebunden und entlastet so unser Klima.

Spaziergang durch die Baumkronen

Ein Urwald ist der Hainich nicht, Urwälder gibt es in Deutschland nicht mehr. Wie fast alle Wälder in Mitteleuropa ist der Hainich über Jahrhunderte für Holzeinschlag, Jagd und Schweinemast genutzt worden. Mindestens seit dem 16. Jahrhundert – so weit gehen die Quellen zurück – ist hier aber immer Wald gewesen (Abbildung 1).

In den letzten Jahrzehnten vor der Wende war der in Thüringen gelegene Hainich militärisches Sperrgebiet, danach wurde er Nationalpark. Weil er sich deshalb seit mehr als fünfzig Jahren ungestört entwickeln konnte, ist er auf dem Weg zurück zum Urwald schon weit vorangeschritten und gilt als einer der wenigen alten Wälder in Deutschland. Der Hainich Nationalpark ist mit 5.300 Hektar der größte zusammenhängende Laubwald in Mitteleuropa.

1 Der Hainich ist einer der wenigen alten Wälder Deutschlands.

Unser Spaziergang beginnt an der Thiemsburg. Den dortigen Restaurationsbetrieb im Stile und Geschmack einer Autobahnraststätte kann man getrost links liegen lassen, das Ziel ist der Baumkronenpfad. Hier hat man das buchstäblich erhabene Gefühl, einen sonst kaum erreichbaren Lebensraum voller Vielfalt zu betreten.

Auf unserem Spaziergang durch die Baumkronen wollen wir der Rolle der Wälder im CO_2-Haushalt der Erde näher kommen. Denn die Zahlen, die im Zuge der Klimadebatte diskutiert werden, sind ja unglaublich verwirrend: Wer kann schon etwas mit Petagramm und Gigatonnen anfangen? Und die Einheiten sind noch komplizierter. Mal sind es t (also Tonnen) CO_2, mal g (also Gramm) C. Im Hainich rechnen wir mit Traubenzuckereinheiten. Das ist eine Einheit, die man sehen, anfassen und sogar aufessen kann – doch dazu später mehr.

Wichtig zu wissen: Die Wissenschaftler verfolgen das Element Kohlenstoff (C), das auf seiner Reise durch das Ökosystem in verschiedenen chemischen Bindungen vorkommen kann. CO_2, das Gas, das den Treibhauseffekt verursacht, enthält nur zu 27,3 Prozent Kohlenstoff, der Rest ist Sauerstoff. Traubenzucker enthält 40 Prozent Kohlenstoff, Holz etwa 47 Prozent. Deshalb rechnet man die anderen chemischen Elemente oft heraus und bezieht die Flüsse nur auf den Kohlenstoff selbst. Um einen Fluss genau beschreiben zu können, muss man drei Fragen beantworten können: *Wie viel* fließt in *welcher* Zeit durch *welche Fläche*?

Zunächst aber werden die Baumkronen erklommen (für Rollstuhlfahrer steht ein Aufzug zur Verfügung). Der etwa 500 Meter lange Rundgang startet in zehn Meter Höhe und schlängelt sich stetig steigend durch die Baumkronen bis zum Aussichtsturm, dann in 24 Meter Höhe (Abbildung 2). Der

2 Der 500 Meter lange Baumkronenpfad.

Weg führt durch die Kronen von Buche, Esche, Eiche, Ahorn, Linde – sogar die seltene Elsbeere ist von oben zu bewundern. Dabei sind die Wälder Mitteleuropas aus naturgeschichtlichen Gründen eher artenarm. Im Vergleich ist die Artenvielfalt im tropischen Regenwald um ein Vielfaches höher. Dort finden sich bis zu 400 Baumarten in einem Wald.

Klimaschutz durch Artenvielfalt?

Ein Traubenzuckerdragee lutschend kann man sich hier auf dem Baumkronenpfad die Frage stellen: Spielt Artenvielfalt im Klimaschutz eigentlich eine Rolle? Die Antwort ist Ja! Denn jede Baumart hat ihre eigene Strategie mit der Launenhaftigkeit des Wetters umzugehen und die Aufnahme von CO_2 zu optimieren. Der Erhalt von artenreichen Wäldern ist im Klimaschutz von großer Bedeutung.

Zum Beispiel die Buche: In verregneten Sommern wächst sie sehr viel besser als in sonnigen und trockenen. Trockene Sommer sind für die Buche Stress. Sie kann aus dem Boden nicht mehr so viel Wasser aufnehmen, wie die Blätter durch Transpiration verlieren. Deshalb muss sie gegensteuern und ihre Blätter verschließen. Wie alle höheren Pflanzenarten ist sie dazu in der Lage, weil sie winzig kleine Löcher an der Unterseite der Blätter hat – die *Stomata*. Mit ihnen kann sie aktiv die Wasserabgabe regulieren. Sie kann so an heißen Tagen mit trockener Luft die Transpiration stark einschränken. Diese *Stomata* kann man, wenn man ein Buchenblatt abpflückt und ansieht, allenfalls mit der Lupe sehen. Es gibt aber Pflanzen, bei denen sie so groß sind, dass man sie auch mit bloßem Auge erkennen kann – zum Beispiel beim Supermarkt-Basilikum.

Aber auch für die Aufnahme von CO_2 sind die *Stomata* wichtig, denn sie sind auch der Weg, durch den es für die Photosynthese aufgenommen wird. Je stärker sich die Blätter also gegen Austrocknung schützen, umso weniger CO_2 können sie aufnehmen. Die Buche ist konservativ, das heißt: Sie räumt dem Schutz vor zu hoher Wasserabgabe größere Wichtigkeit ein als der Aufnahme von möglichst viel CO_2.

Die Esche ist risikofreudiger. Sie wurzelt tiefer und ihre Blätter können Wasserverlust besser vertragen. Wenn die Buche schon »zumacht«, kann die Esche das reichliche Sonnenlicht noch gut für die Photosynthese nutzen. Für den Wald insgesamt bedeutet das, dass durch die Vielfalt der Strategien die Aufnahme von CO_2 optimiert ist. Der Erhalt von artenreichen Wäldern ist im Klimaschutz also von großer Bedeutung.

Wälder als CO_2-Senke

Auf unserem Weg über den Baumkronenpfad entdecken wir einen Bildschirm, den das Max-Planck-Institut für Biogeochemie in Jena aufgestellt hat. Traubenzuckerdragees, die in eine Schale fallen, sieht man dort. Sie geben uns Antwort auf die Frage: Wie viel CO_2 nimmt ein Wald wie der Hainich im Jahr auf?

Um diese Frage zu beantworten, benutzen wir die kleine Dose Traubenzucker (Abbildung 3), die wir am gegenüberliegenden Automaten gezogen haben. Denn Traubenzucker ist das erste Produkt der Aufnahme von CO_2 mit der Photosynthese. Aus Traubenzucker stellt die Pflanze alle weiteren Stoffe her, die sie braucht – Blätter, Stengel, Blüten – oder eben Holz, Harz, Saft und so weiter. Ein Traubenzuckerdragee wiegt etwa 0,8 Gramm. Für diese Menge brauchen 50 Blätter der Buche einen sonnigen Sommertag. Fünfzig Blätter – das klingt viel. Aber der Wald im Hainich bildet über einem Quadratmeter Bodenfläche fast 2.000 Blätter. Das sind fünf Quadratmeter Blattfläche. Ihre Photosynthese bildet an einem Tag 30 Gramm Traubenzucker. Ein Drittel davon wird im Laufe desselben Tages schon wieder veratmet. Denn einen Teil des Traubenzuckers braucht der Baum, um seinen Stoffwechsel aufrechtzuerhalten. Dabei entsteht dann wieder CO_2. Aber ein Teil wird gespeichert: Netto bleiben 20 Gramm, also ein Döschen Traubenzucker pro Quadratmeter Wald.

3 Pflanzen nehmen CO_2 auf und verwandeln dieses über die Photosynthese in Traubenzucker. Um die Menge eines Traubenzuckerdragees herzustellen, benötigen fünfzig Buchenblätter einen sonnigen Sommertag.

Da die Photosynthese nur in der belaubten Zeit stattfindet, die Atmung aber im ganzen Jahr, summiert sich die Jahresnettoaufnahme auf etwa 40 Döschen Traubenzucker pro Quadratmeter. Dieser Traubenzucker wird in Holz umgewandelt und langfristig im Wald gespeichert. Der ganze Hainich mit seinen 5.300 Hektar Fläche nimmt netto im Jahr die sagenhafte Menge von 2,1 Milliarden Traubenzuckerdöschen auf. Es würden fast 2.500 schwere Lkw mit Anhängern gebraucht, um diese Menge abzutransportieren.

Der Hainich bietet damit eine enorme Ökosystem-Dienstleistung: Er nimmt einen Teil des CO_2 auf, das wir durch die Verbrennung von fossilen Brennstoffen – von Öl, Kohle und Gas – freisetzen. Aber wie viel der Emissionen, die durch Verbrennung von fossilen Brennstoffen entstehen, kann der Wald eigentlich aufnehmen?

Die Antwort ist ernüchternd: Die riesige Menge von 2,1 Milliarden Traubenzuckerdöschen verschwindet im Tank von gerade mal 25.000 Autos. Allein in den umliegenden Städten Mühlhausen, Bad Langensalza und Eisenach sind mehr Autos zugelassen. Rechnet man die Emissionen aus Stromerzeugung, industriellen Prozessen wie Zementherstellung, Heizung et cetera hinzu wird schnell klar: Die wenigen Wälder, die wir noch haben, sind hoffnungslos überfordert. Um alle Emissionen aus Deutschland mit Wäldern auszugleichen, müsste man das ganze Land aufforsten und eine Fläche von der Größe Frankreichs noch dazu. Hinzu kommt, dass der Wald nicht unendlich lange CO_2 aus der Luft filtern kann. Irgendwann altert der Wald so stark, dass die CO_2-Aufnahme mit der Photosynthese die Abgabe durch verschiedene Atmungsprozesse nur noch ausgleichen kann. Eine Nettoaufnahme findet dann nicht mehr statt.

Böden als Kohlenstoffspeicher

Wir sind auf einem der Wanderwege jetzt tiefer in den »Urwald Hainich« eingedrungen und gehen ein paar Schritte abseits des Weges. Unter unseren Füßen raschelt das Laub. Das waren die grünen Blätter des letzten Jahres. Wird eigentlich auch im Boden Kohlenstoff gespeichert?

Ein Bodenprofil würde uns zeigen, dass der Boden im Hainich reich an kohlenstoffhaltigen Substanzen ist. Bodenkundler nennen das die organische Bodensubstanz oder den Humus. Das im Herbst gefallene Laub wird von Milliarden von Bodentieren, Bakterien und Pilzen teilweise zu CO_2 zersetzt und teilweise zu komplizierten organischen Molekülen umgebaut, die langfristig im Boden gespeichert werden. Über die Jahrhunderte wird so eine große Menge Kohlenstoff im Boden gespeichert (Abbildung 4).

Der Humus hat eine wichtige Funktion im Boden. Er hilft dem Boden zum Beispiel, das Wasser besser festzuhalten, und reguliert so auch den Wasserhaushalt der Landschaft. Auch die Bodenfruchtbarkeit wird durch den Humus besser.

4 Eine große Menge Kohlenstoff wird im Humus des Waldbodens gebunden.

Werden Wälder gerodet, so geht ein großer Teil des Humus verloren. Er wird mit dem Wind weggetragen oder vom Regen weggespült. Gleichzeitig wird der Boden aufgerissen. Solche Störungen regen im Boden die Zersetzung durch Pilze und Bakterien an. Der Humus wird in CO_2 umgewandelt und belastet die Atmosphäre. Die Entwaldung ist zurzeit vor allem in tropischen Ländern ein Problem. Es werden Jahrzehnte bis Jahrhunderte vergehen, ehe der dort verlorene Bodenkohlenstoff wieder regeneriert wird – wenn er überhaupt regeneriert wird.

Bei unserer Wanderung hoch oben zwischen den Baumkronen und unten im raschelnden Laub des Waldes haben wir gelernt, wie bedeutend die Rolle ist, die Wälder im Klimaschutz spielen. Unsere immensen CO_2-Emissionen können sie aber bei Weitem nicht kompensieren. Um große Klimaveränderungen mit allen ihren negativen Folgen zu verhindern, müssen wir alle bei der Verbrennung fossiler Brennstoffe sparen. Jeder von uns ist gefragt.

Werner Leo Kutsch

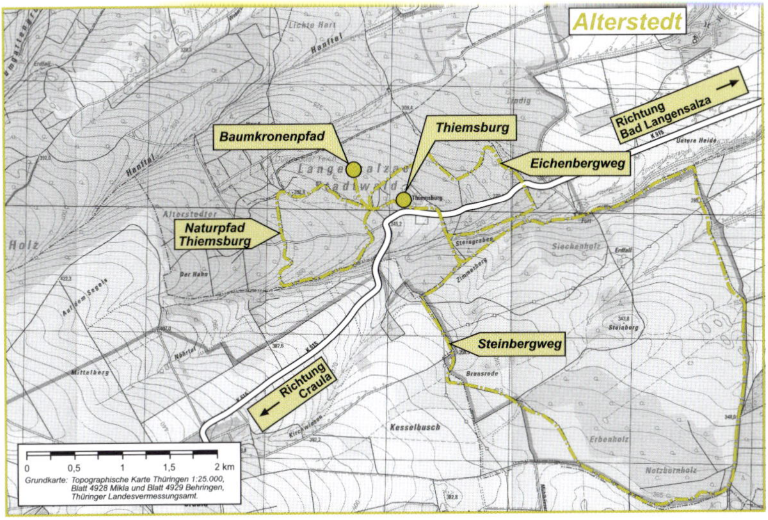

5 Übersichtskarte Umfeld der Thiemsburg im Nationalpark Hainich.

Alpiner Klimawandel – Ein Spaziergang in den Bergen Garmisch-Partenkirchens

Anfahrt
Auf der A 95 ab München Richtung Garmisch-Partenkirchen. Beschilderung »Wankbahn« im Ort folgen.

Anforderungen
Dauer: vier bis fünf Stunden, nur für geübte Wanderer mit entsprechender Ausrüstung, Wege sind teilweise schmal und steil.

Informationen
Wankbahn: www.zugspitze.de (Link »Wank«)
Garmisch-Partenkirchen: www.garmisch-partenkirchen.de
Tourist-Information
Richard-Strauss-Platz 2
82467 Garmisch-Partenkirchen
Telefon: 0 88 21 / 18 07 00
E-Mail: tourist-info@gapa.de

Nirgendwo – wenn man von bestimmten Küstenregionen absieht – ist der Klimawandel so deutlich und unmittelbar zu beobachten wie in den Alpen. Hier hat er direkte wirtschaftliche Auswirkungen: Wenn Gegenden, die zuvor schneesicher waren, nunmehr künstlich beschneit werden müssen, so schwindet nach und nach eine für die Region unverzichtbare Einnahmequelle. Und das Beschneien ist teuer: Um einen Hektar (= 100 mal 100 Meter) mit einer Schneedecke von 30 Zentimetern auszustatten, benötigt man 3.700 Kubikmeter Wasser, 25.000 Kilowattstunden Energie und kommt, wenn man das Equipment einrechnet, auf Kosten von um die 110.000 Euro.

Doch nicht nur für die Pistenbetreiber, auch für die Forstwirtschaft in den hoch gelegenen Regionen der Alpen hat der Klimawandel schon jetzt spürbare Auswirkungen, da bestimmte Baumsorten mit dem wärmeren Klima nicht mehr gut zurechtkommen.

Garmisch-Partenkirchen: Erdgeschichte und Ortgeschichte

Der Markt Garmisch-Partenkirchen (26.000 Einwohner), auf 708 Meter Höhe gelegen, liegt am Fuße des Zugspitzmassivs mit der Zugspitze (2.962 Meter) als höchstem Berg Deutschlands (Abbildung 1). Seine letzten noch erhalte-

1 Das Zugspitzmassiv mit der Zugspitze (rechts) und der Alpspitze (links). Die Schneereste bilden den »Höllentalferner«.

nen Gletscherreste liegen in einem Kessel zwischen Ammergauer Alpen (Kramer), Estergebirge (Wank) im Norden und Wettersteingebirge im Süden.

Entstanden ist dieses Gebiet, als mächtige Meeresablagerungen der Trias-, Jura- und Kreidezeit zum Ende der Kreidezeit und im Tertiär gepresst, gefaltet und übereinander geschoben wurden. So kann man den hellen Kalk, aus dem die Gipfel, Grate und schroffen Felswände des Wettersteinmassivs bestehen, und den dunklen Hauptdolomit sehen, der überwiegend Kramer und Wank aufgebaut hat. Die Täler wurden während der Eiszeiten vor allem durch den Loisach- und Ammergletscher geformt.

Durch die vielen verschiedenen Höhenlagen rund um Garmisch-Partenkirchen und die damit unterschiedlichen klimatischen Bedingungen, kann die Region einem breiten Spektrum an Pflanzen und Tieren Heimat bieten. In den Waldregionen kann man neben vielfältigen Orchideenarten auf den Almen auch Enzian, Alpenanemonen sowie Zirbelkiefern, Lärchen und Bergahorne finden.

Die Besiedlungsgeschichte geht bis in die vorchristliche Zeit zurück, als die Gletscher nach der Eiszeit abschmolzen und erste Siedlungen in den Tälern möglich waren. Durch die Entstehung von Handelsbeziehungen zwischen Italien und den nördlichen Ländern entstand Partanum (das spätere Partenkirchen) als Wegesiedlung um die Zeitenwende an der Strecke Richtung Italien über die Alpen. Nach dem Niedergang des römischen Reiches begann die Einwanderung der Bajuwaren, und Garmisch wurde 802 erstmals als »Germareskavve« urkundlich erwähnt.

Im Hochmittelalter erlebte die Region einen wirtschaftlichen Aufschwung, weil durch die Handelsbeziehungen von Augsburger Kaufleuten nach Italien der Ort als Station vor beziehungsweise nach der Alpenüberquerung an Bedeutung gewann. Eine Haupteinnahmequelle war die Flößerei auf der Loisach. Durch den Dreißigjährigen Krieg und die Napoleonischen Kriege wurden jedoch die Handelsbeziehungen unterbrochen und das Gebiet verarmte.

2 Blick über Garmisch-Partenkrichen.

Erst als 1889 die Eisenbahnverbindung von München her (1912 nach Innsbruck) entstand, gab es einen neuen Aufschwung, der vor allem durch den Fremdenverkehr (Bau der Zugspitzbahn 1927/1928) möglich war. 1935 wurden die beiden Gemeinden Garmisch und Partenkirchen auf Druck der Reichsregierung vereinigt und präsentierten sich 1936 als Austragungsort der 4. Olympischen Winterspiele.

Heute ist Garmisch-Partenkirchen der meistbesuchte Fremdenverkehrsort in den deutschen Alpen (Abbildung 2) und bietet neben einer außergewöhnlichen Landschaft und Natur auch ein breites kulturelles und sportliches Angebot. Besonderheiten sind das Neujahrsspringen im Rahmen der Vierschanzentournee, das traditionelle Kandahar-Skirennen oder die bayerische Meisterschaft im Hornschlittenfahren. Im Jahr 2011 wird außerdem zum zweiten Mal die Alpine Skiweltmeisterschaft in Garmisch-Partenkirchen durchgeführt.

Wanderung zum Thema »Klima«

Will man sich in Garmisch-Partenkirchen auf die Suche nach Auswirkungen des Klimawandels machen, bietet sich eine Wanderung am Wank (1.780 Meter), dem Aussichts- und Sonnenberg an. Von hier aus eröffnet sich ein herrlicher Blick auf die verschiedenen Gebirge rund um Garmisch-Partenkirchen, wie Esterberg, Ammer, Karwendel und Wettersteingebirge mit der Zugspitze, aber auch hinunter nach Garmisch-Partenkirchen und über das Loisachtal. Dieser Blick und eine Wanderung rund um den Wank zeigen viele sichtbare Auswirkungen des Klimawandels auf die Region. Davon betroffen sind der Skitourismus, der Wald, die Vogelwelt und die Landwirtschaft.

Die Wanderung beginnt an der Wank-Talstation im Ortsteil Partenkirchen. Von hier können Sie bis auf die Mittelstation fahren. Die Wanderung wird rund um den Wank über den Hüttelsteig zum Almgasthof »Esterberg« verlaufen, von dort zur Gaststätte »Gschwandtnerbauer« und wieder hinab nach Partenkirchen. Alternativ lohnt es sich auch, auf den Wank hinaufzufahren, um von dort einen eigenen gewählten Wanderweg zu finden. Für ganz Mutige findet sich hier auch ein Drachenflugstartplatz. Zur Nutzung dieser Plattform und zur Übernachtung im Wank-Haus auf 1.780 Meter Höhe finden Sie nähere Informationen unter: www.becker-stoll.de.

Bei der Mittelstation angekommen, können Sie zunächst einen Rundumblick machen – und schon die ersten Auswirkungen des stattfindenden Klimawandels beobachten: Bei gutem Wetter können Sie direkt bis zur Zugspitze und den unterhalb liegenden Gletscher »Höllentalferner« sehen (Abbildung 1), der Zugspitzgletscher geht nach Süden.

Auch diese Gletscher unterliegen dem weltweiten Trend der massiven Gletscherschmelze, sodass der Zugspitzgletscher, wie auch andere Gletscher in Österreich und der Schweiz, über den Sommer mit Kunststoffplanen in einer Größe von circa 9.000 Quadratmetern abgedeckt wird – 2007 wegen des warmen Winters sogar noch früher als sonst. Durch die Planen sollen das einfallende Sonnenlicht reflektiert und der Schmelzvorgang des Gletschereises verzögert werden. Trotz dieser Maßnahmen wird geschätzt, dass der Gletscher nur noch circa 15 Jahre für den Wintersport nutzbar sein wird.

Weiter sehen Sie geradeaus den Hausberg (1.340 Meter) und das Kreuzeck (1.652 Meter) mit den Skipisten, die durch den Wald führen. Seit 1900 wird das Gebiet für den Skisport genutzt. 1926 wurde als erste Seilschwebebahn Bayerns die Kreuzeckbahn gebaut, 1938 der damals längste Schlepplift Europas auf den Hausberg. Die anspruchsvollste Strecke ist die »Kandahar«, auf welcher der Skifahrer auf 3.455 Meter Länge einen Höhenunterschied von 960 Metern zurücklegt. Der Streckenrekord dabei liegt unter zwei Minuten!

Mit hohem finanziellem Aufwand wird derzeit das Skigebiet aufgewertet. Die neue Seilbahn am Hausberg wurde bereits mit einem Aufwand von 8,6 Millionen Euro errichtet. Die Kandahar muss für die anstehende Ski-Weltmeisterschaft im Jahr 2011 für neun Millionen Euro ausgebaut werden, um den neuen Bestimmungen des internationalen Skiverbandes für die Austragung einer Weltmeisterschaft gerecht zu werden.

Der Klimawandel ist sicherlich der wichtigste Grund dafür, dass in diesem Gebiet die Abfahrten in Zukunft noch stärker künstlich beschneit werden müssen und sich damit die Kosten für eine Beschneiung stark erhöhen. Mit einer möglichen beschneibaren Fläche von etwa 55 Hektar der Dreh-, Horn- und Kandaharabfahrten entsteht dann die bei Weitem größte Anlage in Deutschland. Am Hausberg wird derzeit dafür ein Speichersee gebaut, der 62.000 Kubikmeter Wasser fasst.

3 Der »Hüttelsteig« führt vom Wank zum Esterberg.

4 Alpensalamander (»Bergmanndl«).

Von diesem Standort aus können Sie auch die neue Skischanze für das Neujahrsspringen sehen. Die alte Schanze mit einer Gesamthöhe von 119 Metern (Turmhöhe 38 Meter) wurde am 14. April 2007 gesprengt und machte der neuen Schanze Platz, die mit dem Neujahrsspringen 2008 eingeweiht wurde. Ob die beschriebenen Investitionen in den Wintersport bei weiteren schneearmen und kurzen Wintern, die es bei immer wärmeren Temperaturen geben wird, rentabel sind, bleibt fraglich.

Von der Mittelstation und dem Aussichtspunkt aus wenden Sie sich bitte nach rechts und starten die Wanderung. Halten Sie sich an die Beschilderung »Hüttelsteig« (Abbildung 3) zum Esterberg, die nach wenigen Metern rechts vom Weg abzweigt.

Auf dieser Wegstrecke laufen Sie zunächst an der Westseite des Wanks entlang. Der schmale Weg des Hüttelsteigs führt durch den Wald und über manche Stufen in die Höhe und wieder ein Stück hinab. Passen Sie gut auf, wohin Sie treten, da es nicht nur links steil den Berg hinabgeht, sondern weil es sich oft die vielen hier heimischen Alpensalamander (»Bergmanndl«) auf den Wegen gemütlich machen (Abbildung 4).

Hochwasser in Garmisch-Partenkirchen

Eines der Probleme Garmisch-Partenkirchens ist, dass drei Flüsse in der Mitte der Stadt zusammenfließen: die Loisach, die Partnach und der Kankerbach (Abbildung 5). Bei starken regionalen Regenfällen innerhalb kurzer Zeit sind diese

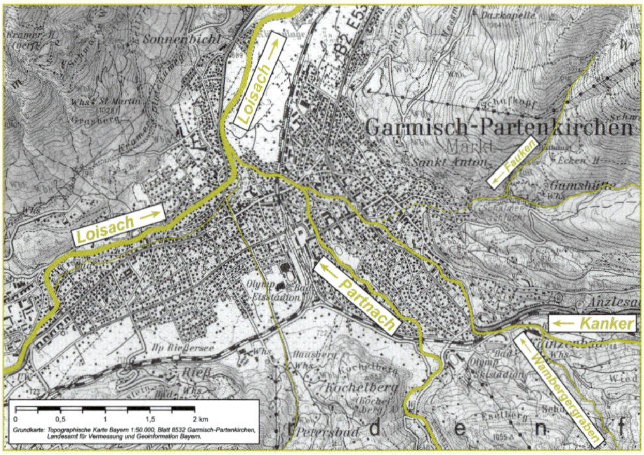

5 Drei Flüsse fließen in Garmisch-Partenkirchen zusammen. Dadurch erhöht sich die Hochwassergefahr.

drei Flüsse mit ihren jeweiligen Zuläufen für den Ort ein großes Problem. Die Flussbette und Gräben, welche durch die Stadt führen, laufen schnell voll und überfluten die Umgebung. 2005 standen so Teile des Ortes unter Wasser und der Fluss musste durch die Hauptstraße von Partenkirchen geleitet werden, um größere Schäden in den Wohngebieten zu verhindern. Die Folge davon war, dass nach Ablaufen des Wassers und trotz mehrfacher Reinigung der Straßen die Feinstaubbelastung durch den feinen Schlamm, der sich zwischen den Steinen abgelagert hatte, sehr hoch war.

Diese Probleme werden sich voraussichtlich aufgrund des Klimawandels noch weiter verschärfen. Die Niederschläge werden sich von einer ausgeglichenen Niederschlagsmenge über einen längeren Zeitraum zu kurzen und heftigen Schauern mit großen Wassermengen verändern.

Der Markt Garmisch-Partenkirchen arbeitet seit einigen Jahren an einem Projekt zum Hochwasserschutz. Dieses umfasst neben der Verstärkung der Dämme und dem Ausbau der Uferstrecken an der Partnach ein bereits errichtetes Hochwasserrückhaltebecken für die Kanker beim Klinikum, das circa 220.000 Kubikmeter Staufläche für das Wasser des Flusses bereithält. Die Gesamtbauzeit des Projektes umfasst rund zehn Jahre und ist mit derzeit circa 25 Millionen Euro veranschlagt.

Auf Ihrem Weg durch den Wald können Sie zwischen den Bäumen ins Loisachtal hinabblicken, das von Garmisch-Partenkirchen über Farchant Richtung Murnau führt, wobei vor allem der Fluss mit seinen bei den Hochwassern der vergangenen Jahre ausgeschwemmten Uferbereichen nicht zu übersehen ist.

Nach circa einer halben Stunde überquert der Weg einen Wasserlauf, welcher den Berg hinabführt (Abbildung 6). Bei den ausgewaschenen Seiten kann man sich nur in etwa vorstellen, wie viel Wasser bei starkem Regen den Berg hinabstürzt: Hier können sich Pflanzen nicht halten. Jedoch hat man auch an dieser Stelle die Möglichkeit, die typischen Schichtformationen des Plattenkalks und die Bankung des Hauptdolomits zu sehen, aus denen der Wank überwiegend besteht.

6 Flussbett am Hang.

In der Nähe des Ortes Farchant unten im Tal sieht man die Schäden des Hochwassers von 2005 ganz deutlich am Loisachufer: Das Flussbett des Kuhfluchtwasserfalls gräbt sich vom Berg zur Loisach hin. Direkt am Zufluss zur Loisach sieht man noch heute die gewaltigen Kräfte, welche die Wassermassen mit sich brachten: Hier sieht man eine große

Fläche junger Bäume, die gepflanzt wurden, nachdem ihre Vorgänger von den Fluten entwurzelt und weggerissen worden waren. Es wird prognostiziert, dass solche Hochwasserereignisse als Folge des Klimawandels in Zukunft vermehrt auftreten werden.

Der Wanderweg führt uns weiter zur 1.265 Meter hohen Esterbergalm, die in einem Hochtal zur Pause einlädt. Ringsumher können Sie die Vielfalt der Almenfauna bewundern, die sich im Frühling und Sommer durch mehrere Orchideenarten und seltene Bergpflanzen auszeichnet. Neben Tollkirschen und Teufelskralle finden Sie Akeleien und Enzian (Abbildung 7).

7 Bergflora auf der Esterbergalm.

Bei einer Rast können Sie hier von Norden aus zur Wankspitze hinaufblicken – und damit die Ausweichstrecke der Ski-Weltmeisterschaft 1976 sehen, die als Alternative bei zu wenig Schnee zwar vorbereitet, jedoch nie genutzt wurde. Heute ist dieses Gebiet ein Problembereich, da bei starkem Regenfall das Erdreich wegen fehlender Bepflanzung vor allem an den Wegen abgetragen wird. Es ist geplant, dieses Areal im Rahmen der Ausweichflächenbepflanzung für die Ski-Weltmeisterschaft 2011 aufzuforsten.

Auf dem Weg um die Ostseite des Wank wird eine weitere Auswirkung des Klimawandels sichtbar: das Fichtensterben. Das trockenere und zunehmend wärmere Klima, welchem die Fichte nicht gewachsen ist, fördert deren Schädlingsbefall und schließlich ihr Sterben. Während der Wanderung kann man so immer wieder befallene oder auch abgestorbene Bäume sehen. Die Fichte ist jedoch in dieser Region der sogenannte »Brotbaum«, da vor allem diese Sorte für die wirtschaftliche Holznutzung geschlagen wird. Eine Veränderung in diesem Wirtschaftszweig wird notwendig. Die Aufforstung geschieht mittlerweile vor allem durch Lärchen, Ahorn und Tannen.

Das Waldgebiet um den Wank hat neben holzwirtschaftlichem noch einen weiteren Nutzen: 50 bis 60 Hektar der Süd- und Osthänge sind Weideflächen für die Bauern. Somit ist es nicht ungewöhnlich, dass vor dem Wanderer plötzlich nach einer Kurve ein Schaf auf dem Weg steht oder das Läuten der Kuhglocken das Klettern am Berghang begleitet (Abbildung 8).

Auf dem Weg zurück ins Tal kommt man dann an der Windbruchstelle vorbei, die man schon von der Mittelstation aus als freie Fläche sehen konnte: Über weites Gebiet wurden hier alle Bäume während eines Sturmes abgebrochen oder sogar entwurzelt (Abbildung 9). Da solche Stürme jedoch durch den Klimawandel an Quantität und Stärke noch weiter zunehmen werden, könnte dieses Bild in Zukunft möglicherweise noch öfter sichtbar werden.

Bevor der Weg uns zurück nach Garmisch-Partenkirchen führt, ist ein Abstecher zur Berggaststätte »Zur schönen Aussicht« möglich. Direkt dahinter befindet sich die Vogelschutzwarte des Bayerischen Landesamtes für Umweltschutz (LfU) – und damit noch ein weiterer Bezug zum Klimawandel. Da hier seit 40 Jahren täglich Vögel, aber auch Pflanzen und Tiere aufgefangen und gezählt werden, sind im Vergleich von langen Zeiträumen Aussagen über die Auswirkungen des Klimawandels auf das Vogelreich in dieser Region möglich.

Grundsätzlich sind die Auswirkungen des Klimawandels auf die Vogelwelt schwierig zu erfassen, da Veränderungen immer verschiedene Gründe haben können. Besonders deshalb ist das Monitoring (das Verzeichnen und Verfolgen einzelner Trends über lange Zeiträume) so wichtig, um kurzfristige oder auch regional begrenzte Abweichungen aufzudecken. Es gibt aber bisher vier gesicherte Fakten: 1. Die Mittelstreckenzieher wie zum Beispiel die Mönchsgrasmücke kommen fünf Tage früher nach Garmisch-Partenkirchen, 2. die Mittelstreckenzieher fliegen fünf Tage später weg, 3. Vogelarten aus dem Mittelmeerraum werden in Garmisch-Partenkirchen heimisch, wie der Bienenfresser, die Felsenschwalbe und Zwergeulen, und 4. einige Vogelarten überwintern in der Region und ziehen gar nicht mehr.

8 Weidefläche am Wank.

9 Windbruch in den Hochlagen des Gebirges.

Außerdem hängt die Vogelwelt sehr eng mit der Welt der Insekten zusammen: Wo viele Insekten sind, haben Vögel bessere Bedingungen. So können sich Insekten durch den Klimawandel, das heißt wärmere Winter und langes Frühjahr, stärker ausbreiten. Ihre Larven schlüpfen teilweise früher und zahlreicher, was für die Vögel vor Ort ein großer Vorteil ist. Theoretisch sind

Zugvögel, die zu ihrer gewohnten Zeit in der Region ankommen, im Nachteil, da viele Insekten bereits gefressen oder schon in einem anderen Entwicklungsstadium sind.

Obwohl eine Vielzahl von Veränderungen weiter überwacht und gesichert werden müssen, ist es bereits heute Fakt, dass die Klimaveränderung das Artenspektrum der Vogelwelt in der gesamten süddeutschen Region verändern wird. Insgesamt jedoch scheint es für die Vögel eher positiv zu sein, dass es wärmer wird.

Garmisch-Partenkirchen reagiert auf die Veränderungen, welche sich durch den Klimawandel ergeben. Neben hohen Investitionen in Hochwasserschutz und Aufforstung freier Waldgebiete werden vor allem energie- und kostenintensive Maßnahmen zur Präparierung von Skipisten bei schneearmen Wintern durchgeführt. Die »Kosten des Klimawandels«, von denen viele Studien sprechen, sind also für Garmisch-Partenkirchen, wie für viele andere Alpenorte, heute schon eine schmerzliche Realität.

Claudia Schmidt

Weitere interessante Links
www.zugspitze.de/main.php__Internetadresse Bayerische Zugspitzbahn
www.wanderung-gap.de/__Wanderungen um Garmisch-Partenkirchen
www.zugspitze.de/livecams/index.php#__WebCams
www.alpenverein-ga-pa.de/__Alpenverein Garmisch-Partenkirchen
www.agenda21-garmisch-partenkirchen.de__Agenda 21 in Garmisch-Partenkirchen

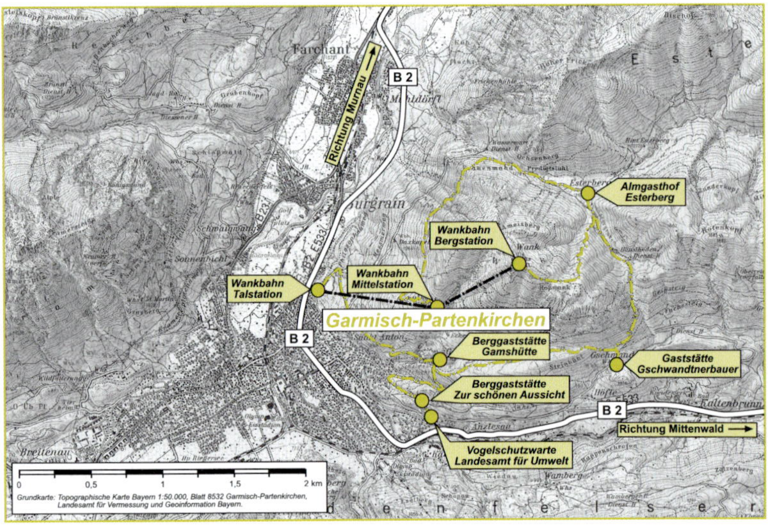

10 Übersichtskarte für das Exkursionsgebiet in den Bergen Garmisch-Partenkirchens.

CO_2-Hotspot Flughafen – Ein Spaziergang und eine Rundfahrt auf dem Frankfurter Flughafen

Anfahrt
Über die Autobahnen A3, A 67 und A 5 der Beschilderung »Flughafen« folgen.

Anforderungen
Leichte Tour, die individuell nach Interessen gestaltet werden kann. Man kann sich eine Stunde am Flughafen aufhalten oder auch einen ganzen Tag – je nach Neigung.

Informationen
www.airportcity-frankfurt.de
Flughafenrundfahrten:
Stündlich von 13.00–16.00 Uhr, an Wochenenden, Feiertagen und innerhalb der hessischen Schulferien zusätzlich bereits um 11.00–12.00 Uhr.
Information und Buchung:
Telefon 069/690-70 291

Ein Besuch des Frankfurter Flughafens ist nicht nur für Flugbegeisterte ein außergewöhnliches Erlebnis. Er fasziniert durch seine Größe, die ablaufenden Prozesse und das einmalige Flair vom Zusammentreffen der unterschiedlichsten Weltbürger und lockt bis zu 150.000 Fluggäste und Besucher täglich an.

Der Frankfurter Flughafen ist ein Sinnbild für die zunehmende globale Vernetzung und als einer der wichtigsten Verkehrsknotenpunkte Deutschlands für einen erheblichen CO_2-Ausstoß verantwortlich. Andererseits bietet der 1924 gegründete Flughafen mittlerweile 70.000 Beschäftigten Arbeit und er bietet auf wenigen Quadratkilometern alles, was man zum Leben braucht (vom Krankenhaus über Anwaltskanzlei und Casino bis hin zu Supermärkten und Hundestation) und spiegelt damit unseren westlichen Lebensstil mit allen seinen inneren Widersprüchen wider.

Tor zur Welt

Den Frankfurter Flughafen kann man mit unterschiedlichen Verkehrsmitteln erreichen. Neben der Ankunft über den eigenen Autobahnanschluss ist es aber wohl leichter, über den Fernbahnhof anzureisen. Dieser wurde in seiner jetzigen Form zwar erst 1999 in Betrieb genommen, wird nun aber auf neun Stockwerke und 660 Meter Länge erweitert und wird neben zwei neuen Hotels und einer Klinik auch ein Kino und 50 neue Einkaufsmöglichkeiten bieten. Von hier aus ist man in 15 Minuten in der Frankfurter Innenstadt und bei der Messe, sodass sogar viele Frankfurter hierher zum Einkaufen kommen. Wer trotzdem mit dem Auto kommt, dem stehen 14.500 Parkplätze zur Verfügung (das entspricht einer Fläche von über zwanzig Fußballfeldern), die auch von Flugreisenden während ihrer Abwesenheit gemietet werden können.

Auf dem Weg vom Fernbahnhof in das Terminal 1 (eröffnet 1972) findet sich das Airport Forum, in welchem man sich über Grundlagen des Fliegens, die Geschichte des Flughafens und weitere Ausbaupläne informieren kann. Hier kann man auch erfahren, was an einem Tag am Frankfurter Flughafen passiert:

- 140.000 Passagiere reisen an oder ab,
- 112.000 Gepäckstücke werden befördert,
- 120.000 Fahrzeuge kommen an und fahren ab,
- 4.800 Tonnen Fracht werden umgeschlagen,
- 1.300 Flugzeuge starten und landen,
- 365 Züge halten an den Flughafen-Bahnhöfen,
- 4 neue Arbeitsplätze entstehen.

Über das Jahr treffen hier also über 54.000.000 Passagiere (2007) ein oder fliegen ab, wovon 53 Prozent nur umsteigen. Besonders in Ferienzeiten werden Spitzenwerte erreicht, zum Beispiel am 28. September 2007 mit 181.515 Passagieren. Durch den Bau einer weiteren Landebahn und eines neuen Terminals sollen diese Zahlen bis 2018 auf circa 83.000.000 pro Jahr gesteigert werden – als Vergleich: Alle Einwohner Deutschlands würden über dieses kleine Areal geschleust.

Einen Eindruck davon, wie die Passagiere und ihr Gepäck koordiniert und verteilt werden, kann man sich mit einer Flughafenrundfahrt verschaffen. Sie gibt einen beeindruckenden Überblick über das Areal, die wichtigsten logistischen Punkte und Abläufe sowie interessante Zahlen und Fakten und erlaubt es dem Besucher, mittels Shuttlebus zwischen den unzähligen Passagier- und Frachtmaschinen hindurch zu fahren und das Starten und Landen der Flugzeuge aus nächster Nähe zu sehen.

Vor Beginn der Rundfahrt reicht die Zeit noch für einen Abstecher in die Abfertigungshalle, in der neben großen Werbebannern für Reisen und Konsum die riesige Anzeigetafel der ankommenden und abfliegenden Maschinen einen Eindruck von den 109 Ländern bzw. weltweit 307 Zielflughäfen gibt, die von Frankfurt aus angeflogen werden. Ein Tor zur Welt (Abbildung 1).

Streng getrennt nach First-, Business- und Economy-Class reihen sich hier die Abreisenden vor den Schaltern. Auf der einen Seite die Geschäftsleute in den dunklen Anzügen, die kleine schwarze Rollkoffer hinter sich herziehen, auf der anderen Seite einzelne Reisende mit und ohne Kinder oder auch Gruppen und Großfamilien, manchmal mit indischer oder afrikanischer Kleidung, beladen mit riesigen Taschen und Koffern in allen Farben und Formen. Hier liegt Spannung und Vorfreude auf den Flug in die Heimat oder in den Urlaub in der Luft, wobei bei der Business-Class eher gelangweiltes Blättern in Zeitungen oder Geschäftspapieren oder noch ein wichtiges Telefonat zu beobachten ist.

1 Check-in-Schalter.

Auch einige Meter weiter in der Ankunftshalle sind die Emotionen spürbar. Menschen recken vorfreudig ihre Hälse, um über die Trennwand einen Blick in den Sicherheitsbereich zu wagen, um den ersten Blick auf die Heimkehrenden werfen zu können. Was sie wohl zu erzählen haben und welche Mitbringsel haben sie dabei?

Konsum und Kerosin – eine Rundfahrt

Doch nun zurück zum Meeting-Point »Flughafen Erlebnisfahrten« auf der Brücke zwischen Terminal 1 und Airport Center, um an der Rundfahrt teilzunehmen. Diese beginnt mit einem Halt an der ersten Kontrollstelle des Sicherheitsbereichs. Hier müssen alle Besucher aus dem Bus, ihre Taschen abgeben und sich durch Abtasten und mithilfe von Metalldetektoren überprüfen lassen. Erst dann darf der Bus – nach Passieren drei weiterer Sicherheitsbereiche – auf das Rollfeld. Die Sicherheitsvorkehrungen wurden nach dem 11. September 2001 drastisch verstärkt und das Sicherheitspersonal auf 8.000 Personen aufgestockt. Damit gelten nicht nur für die Mitarbeiter, sondern auch für die Flugreisenden erhöhte Vorschriften, was die Mitnahme von Flüssigkeiten oder persönlichen Dingen im Handgepäck angeht. Die Folge: Täglich wandern zwischen 3,5 und 5 Tonnen von Passagieren zurückgelassene Flüssigkeiten in den Müll.

Auf dem Rollfeld herrscht reges Treiben und dichter Verkehr. Zwischen Feldern von zu verladenden Frachtcontainern fahren Busse mit Passagieren und unzählige Autos, welche jeweils eine Reihe von Anhängern, mit bunten Koffern oder eingeschweißten Waren hinter sich herziehen. Daneben Fahrzeuge des Sicherheitsbereichs und weitere Lieferwagen, welche die Flugzeuge mit Menschen oder Materialien versorgen. Dazwischen sieht man immer mal wieder einzelne Personen in neongelben Westen um die Flugzeuge herumlaufen, welche die Maschinen warten oder mit Fracht beladen.

Auf dem Boden sind überall gelbe Linien, die in unüberschaubarer Weise auseinander- und wieder zusammenführen. Plötzlich hält der Bus, weil ein Flugzeug das vor ihm liegende Rollfeld passiert. Der Blick richtet sich auf die 18 Reifen des Jumbos (ein Reifen kostet übrigens rund 16.000 Euro und hält etwa 200 Starts und Landungen).

Weiter geht es mit dem Blick nach rechts auf die vielen Flugzeuge, die mit dem Terminal 1 durch die schwebenden Gateways verbunden sind. Direkt neben der indischen Maschine, die sich auf den Flug nach Delhi vorbereitet, stehen Flugzeuge nach Rio oder China. Fern gelegene Reiseziele – nur durch einige Schritte voneinander entfernt.

Plötzlich donnert es auf der linken Seite des Busses: Ein riesiger Jumbo mit circa 396 Tonnen Gewicht ist gelandet. Dahinter hebt gerade ein anderer ab (Abbildung 2). 120.000 PS helfen diesem Jumbo, sein Gewicht auf 200 bis 250 Stundenkilometer zu beschleunigen, damit er abheben kann. Dabei setzt er bei Vollgas etwa 400 Kilogramm CO_2 frei – *pro Minute*!

Der Bus fährt weiter und schon sieht man auf der rechten Seite die zehn Silos, welche die 186.000.000 Liter Kerosin enthalten, mit denen die Flugzeuge betankt werden. Täglich werden zwischen 15 und 19 Millionen Liter verbraucht, indem sie durch das unterirdische, 40 Kilometer lange Rohrsystem gepumpt werden, um die Maschinen an ihren Stellplätzen zu betanken. Damit enthalten die Silos gerade einmal Kerosin für zehn bis zwölf

2 Start und Landung von Jumbos.

Tage, bevor sie neu betankt werden müssen. Wenn die Silos voll sind, enthalten sie 472.000 Tonnen Kerosin; das heißt, es werden am Tag ungefähr 40.000 Tonnen CO_2 durch den Verbrauch des Kerosins freigesetzt (Abbildung 3).

3 Treibstofftanks voller Kerosin.

Weiter geht die Fahrt zu den Frachtmaschinen in den Cargo-Bereich des Flughafens, wo eine Gesamtmenge von 2.095.293 Tonnen Fracht im Jahr 2007 umgeschlagen und befördert wurde. So kommen die Maschinen morgens mit Handyteilen aus Asien und fliegen am Nachmittag mit Autoteilen zurück. Auch ganze Autos werden hier verladen (Abbildung 4).

Hier wird das globale Einzugsgebiet unserer Lebensmittel und Konsumgüter deutlich: Nicht nur Elektronikartikel und technische Geräte sowie Kleidung finden ihren Weg aus Asien hierher, sondern auch viele Lebensmittel und Luxusgüter, die wir in den Auslagen unserer Geschäfte wiederfinden.

Unser Lebensstil ist ein globaler, was unsere Kleidung und Nahrung, unser Handy und unsere Reiseziele beispielhaft belegen. Dies wird sich in Zukunft wohl noch verstärken, blickt man auf die Märkte und deren Angebot und Nachfrage, und zeigt sich in der Zunahme des Flugverkehrs und den Ausbauplänen, die an vielen Flughäfen aktuell diskutiert werden.

Doch was heißt das für uns und in Bezug auf den CO_2-Ausstoß, der Auswirkungen auf globale Temperaturveränderungen hat? Kann der Einsatz des neuen Airbus 380, der uns als umweltfreundliches Transportmittel verkauft wird, weil er »nur« 3,3 Liter Kerosin pro Passagier auf 100 Kilometer verbraucht, anstelle von 3,9 Litern die ein Jumbo benötigt, wirklich ein Fortschritt sein? In welchem Verhältnis steht die Nutzung von Energiesparlampen als CO_2-Einsparung mit der Urlaubsreise nach Fernost? Warum spielt das Thema CO_2 am Flughafen überhaupt keine Rolle und ist die Ausgleichszahlung für Flugreisen an Atmosfair (www.atmosfair.de) und andere Anbieter eine Chance für das Klima oder nur ein »Ablasshandel«?

Claudia Schmidt

4 Verladen eines Autos.

Eine Welt aus CO_2, Staub und Eis – Virtuelle Exkursion auf dem Mars

Anfahrt
Folgen Sie 260 Tage lang der halbparabelförmigen Hohmann-Bahn über eine Strecke von 586,7 Millionen Kilometern.

Anforderungen und Voraussetzungen
Erfolgreich absolvierte Astronautenausbildung. Körperlich und mental äußerst belastungsfähig (ärztliches Attest erforderlich). Für Familienausflüge nur bedingt geeignet. Die Tour vor Ort kann individuell nach Interesse gestaltet werden.

»Auf lange Sicht wird gar kein Weg daran vorbei führen, dass der Homo sapiens die Erde verlässt und zum Beispiel auf dem Mars eine neue Heimat findet. Der erste Schritt dorthin … entspricht ungefähr dem Auszug der ersten Menschen aus Afrika vor 150.000 Jahren.«

Harrison Schmitt, Astronaut von Apollo 17

Der Mars ist der vierte Planet von der Sonne aus gesehen und somit direkter Nachbar der Erde. Seine Entfernung zu uns ist jedoch von der jeweiligen Stellung der beiden Planeten in ihren Umlaufbahnen um die Sonne abhängig und variiert zwischen 55,8 und 399,9 Millionen Kilometern (vgl. Zimmermann/Weigert 1999). Aber trotz seiner teilweise sehr nahen Nachbarschaft stellt der Mars nur ein relativ »lichtschwaches« Objekt am Firmament dar, da er nur etwa halb so groß wie die Erde ist. Dass man ihn trotzdem schon frühzeitig als Wandelstern erkannte, liegt vor allem an seiner intensiven orangeroten Farbe. Und diese Farbe ist eine Folge seiner außergewöhnlichen Oberflächenbeschaffenheit, denn der Marsboden ist überwiegend mit Eisenoxid, also rötlich braunem Rost, überzogen. Das Rot ist schon mit bloßem Auge zu erkennen und war wohl der Hauptgrund dafür, dass die antiken Griechen den Planeten nach ihrem Kriegsgott *Ares* benannten. Die Römer gaben ihm später in Anlehnung an ihren Kriegsgott den Namen *Mars* (vgl. Benson 2004).

Der Mars kann schon mit einfachen Amateurteleskopen von heimischen Gefilden aus sehr gut beobachtet werden. Bereits bei einer 200- bis 300-fachen Vergrößerung sind deutlich die weißen Polkappen zu sehen und auf der Oberfläche des Mars lassen sich dunkle und helle Bereiche unterscheiden (Abbildung 1).

1 Unser Nachbarplanet Mars, so wie man ihn durch ein Amateurteleskop sehen kann (aufgenommen mit einem 11" Schmidt-Cassegrain-Teleskop).

Unser Nachbarplanet ähnelt der Erde in vielerlei Hinsicht. So weist der Rote Planet eine ähnliche Neigung der Rotationsachse und damit ausgeprägte Jahreszeiten auf. Auch der Marstag dauert nur unwesentlich länger als ein Erdtag. Also auf den ersten Blick ähnliche Bedingungen wie auf der Erde. Trotzdem haben sich die Träume, dass der Mars mit menschenähnlichen Lebewesen bevölkert sein könnte, nicht erfüllt (vgl. von Puttkamer 1997; Reichert 2004). Denn seine sehr dünne Atmosphäre weist nur *äußerst* geringe Mengen an Sauerstoff auf – dafür aber sehr viel CO_2. Der Mars ist eine Welt aus CO_2, Staub und Eis. Aber welche Rolle spielt die überaus hohe CO_2-Konzentration in der Marsatmosphäre für das dortige Klima? Besitzt der Mars ebenfalls eine Art Kohlenstoffkreislauf, in dem das CO_2 ein wichtiges Transformationselement darstellt? Spannende Fragen, deren Antworten auf unserem Nachbarplaneten auf uns warten und die allemal die weite Reise wert sind!

Plänen der NASA zufolge sollen allerdings erst um das Jahr 2030 die ersten Menschen den Mars betreten und die Antworten auf all diese Fragen finden. Aber so lange wollen wir natürlich nicht warten und begeben uns derweil auf eine virtuelle Reise zum Mars. Doch bevor wir aufbrechen, haben wir noch umfangreiche Reisevorbereitungen zu treffen, die aufgrund ihres Aufwands und der immensen Kosten durchaus einen längeren Aufenthalt und damit einen umfangreichen Exkursionsbericht rechtfertigen. Denn wer nimmt schon einen über 20 Milliarden Euro teuren Hin- und Rückflug über eine Milliarde Kilometer auf sich, um dann nur einen Tag auf dem Mars mit *Sightseeing* zu verbringen?

Die Reise zum Mars wird inklusive Hinflug, Aufenthalt und anschließendem Rückflug voraussichtlich drei Jahre in Anspruch nehmen. In dieser Zeit müssen wir uns mit erheblichen Anstrengungen und bisher ungeahnten Strapazen für Geist und Körper auseinandersetzen, denn während des Fluges verändert sich der Körper des Menschen in der Schwerelosigkeit gravierend: Das Gehirn, dem die Information über Oben und Unten fehlt, erzeugt visuelle Illusionen. Körperflüssigkeit aus den unteren Gliedmaßen sammelt sich vor allem in der Brust und im Kopf, demzufolge schwillt das Gesicht deutlich an! Aber auch das Herz und andere Organe weiten sich. Die ungewohnte Umverteilung signalisiert dem Körper ein Zuviel an Flüssigkeit, sodass er beginnt, verstärkt auszuscheiden, wodurch wiederum vermehrt Mineralien, Elektrolyte und Plasma verloren gehen. Die Produktion der roten Blutkörperchen nimmt ab. Die Bandscheiben in der Wirbelsäule dehnen sich aus: Ein Mann mit einer Körpergröße von 1,80 Metern misst schon bald 1,86 Meter und wird von intensiven Rückenschmerzen geplagt (vgl. Miles 1988; Walter 1997; Long 2001). Doch die Vorfreude, den Mars und seine faszinierende Landschaft als erster Mensch betreten zu können, lässt uns derartige Unannehmlichkeiten relativ leicht ertragen.

Der lange Weg zum Mars

Die Reise zum Mars wird nicht auf direktem und kürzestem Weg erfolgen, sondern auf der sogenannten *Hohmann-Bahn*, einer speziellen elliptischen Anflugroute über eine Strecke von 586,7 Millionen Kilometern. Trotz dieser gewaltigen Strecke ist dies der sparsamste und energieeffizienteste Flug, allerdings beträgt die Reisedauer rund 260 Tage. Ein schwerwiegender Nachteil dieser energiesparsamsten aber auch »preiswertesten« Reiseroute, die immerhin noch mit etwa 20 Milliarden Euro zu Buche schlägt, ist die Unmöglichkeit einer baldigen Rückkehr. Zumindest wenn die Heimreise zwecks Energieeinsparung ebenfalls auf einer *Hohmann-Bahn* durchgeführt werden soll. Denn wenn unser Raumschiff auf dem Mars angekommen ist, stehen die beiden Planeten für einen halbelliptischen Rückflug denkbar ungünstig. Je nach Konstellation müssen weitere 460 Tage vergehen, bis die Stellung der Planeten wieder für einen Rückflug geeignet ist (vgl. Musser/Alpert 2004). Unser Rundtrip zum Mars inklusive Exkursion zu den bekanntesten Sehenswürdigkeiten wird also 980 Tage oder anders gesprochen 2,7 Jahre in Anspruch nehmen. So lange hat ungefähr die Weltumsegelung des berühmten Ferdinand Magellan (1519–1522) gedauert, deren Vollendung der Portugiese selbst bekanntlich nicht mehr miterlebte.

Als Grundlage für unsere Exkursion auf dem Mars soll uns eine Übersichtskarte dienen, wie Sie die NASA in den letzten Jahren mithilfe ihrer Marssonden erstellt hat (Abbildung 2).

Dort sind die für uns wichtigsten und markantesten Gebiete detailgetreu wiedergegeben und ermöglichen uns eine bestmögliche Orientierung vor Ort. Viele der dort abgebildeten Regionen und Geländeformationen erhielten ihre Namen bereits im 19. Jahrhundert vom berühmten Mailänder Astronomen Giovanni V. Schiaparelli (1835–1910) und stammen vorwiegend aus der Kosmographie des Altertums und ihren Mythen, wie etwa den Fahrten des Odysseus (vgl. von Puttkamer 1997; Blunck 1977; Schiaparelli 1877).

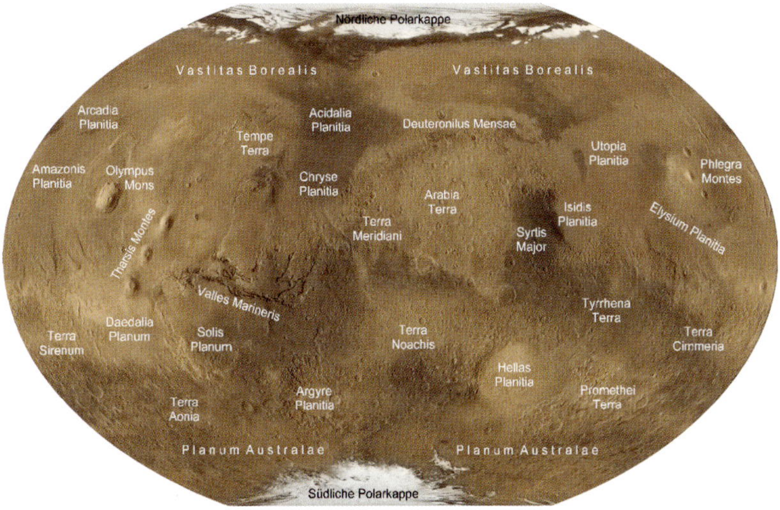

2 Marskarte mit den markantesten und wichtigsten Großregionen.

Nachdem nun alle Startvorbereitungen gewissenhaft durchgeführt wurden und wir uns mit geeignetem Kartenmaterial ausgestattet haben, steht unserem Flug zum Mars nichts mehr im Wege.

Die Atmosphäre des Mars

Nach rund 260 Tagen erreicht unser Raumschiff wie geplant und ohne große Zwischenfälle den Roten Planeten. Als Landestelle haben wir uns das Gebiet *Chryse Planitia* ausgewählt. Eine weite und flache Ebene in der Nähe des Äquators, bedeckt von rötlichem Sand und dunklen basaltischen Steinen und Felsen. Die klimatischen Bedingungen sind in diesen Breitengraden noch am erträglichsten. Nahe der Marsoberfläche herrscht zwar im Mittel eine Temperatur von etwa minus 40 Grad Celsius, aber in Äquatornähe steigen die Mittagstemperaturen örtlich sogar bis auf angenehme plus 15 Grad (vgl. Zimmermann/Weigert 1999).

Zudem befinden wir uns in guter Nachbarschaft, denn in unmittelbarer Nähe liegen die Landestellen der amerikanischen Marssonden *Viking 1*, die bereits 1976 dem Mars einen Besuch abstattete, sowie *Pathfinder* und *Opportunity*, die im Jahre 1996 und 2003 viele faszinierende Bilder vom Mars zur Erde funkten.

Für die bevorstehenden 460 Tage, die wir bis zum nächsten geeigneten Zeitfenster für eine Rückkehr zur Erde auf dem Mars verbringen werden, haben wir uns ein umfangreiches Programm vorgenommen: Unsere Exkursion wird uns über die *Valles Marineris*, einem gigantischen Grabensystem zum bekannten Vulkangebiet der *Tharsis Region* mit den *Tharsis Montes* führen, in der wir den größten aller Vulkane *Olympus Mons* besuchen werden. Anschließend werden wir die bitter kalte Nordregion mit ihrer Eiskappe ansteuern (Abbildung 2). Schließlich geht es zurück zu unserer Landestelle, um uns wieder auf die Heimreise vorzubereiten. Alles in allem ist dies eine Strecke von über 26.000 Kilometern, auf der wir den Mars einmal komplett umrunden werden! Um diese gewaltige Strecke auch in der begrenzten Zeit bewältigen zu können, steht uns ein solar- und batteriebetriebener Rover zur Verfügung, der für die hiesigen Geländebedingungen hervorragend ausgestattet ist. Zudem können wir mit Stolz behaupten, dass wir mit unserem klimaneutralen Fahrzeuguntersatz die CO_2-Bilanz des Roten Planeten in keinster Weise verändern werden!

Nach einer kurzen Phase der Akklimatisierung zwängen wir uns in einen robusten, aber doch bequemen, weil maßgeschneiderten Raumanzug und verlassen unser Raumschiff. Die ersten Schritte auf dem Mars sind ganz anders als auf der Erde. Die vergleichsweise geringe Schwerkraft bedingt, dass ein Schritt nur etwa halb so viel Energie kostet wie auf unserem Heimatplaneten. Trotzdem können wir uns nur mit etwa 60 Prozent der Schrittgeschwindigkeit fortbewegen (vgl. Musser/Alpert 2004). Die verringerte Schwerkraft und die vielen sperrigen Geräte an unserem Raumanzug fordern eben doch ihren Tribut.

Nachdem wir die ersten Schritte gemeistert haben, halten wir einen kurzen Moment inne und lassen unseren Blick über die faszinierende Umgebung schweifen: Weite, ausgedehnte geröll- und wüstenartige Landschaften, die sich bis zum Horizont erstrecken (Abbildung 3).

Der Himmel erstrahlt in zarten karamellfarbenen Tönen, während er in der Nähe des Horizonts durch die Streuung des Sonnenlichts am feinen Staub in der Atmosphäre eher rötlich erscheint. Allerdings wird sich die Farbe des Himmels während des Tages und je nach Blickrichtung kontinuierlich ändern. Vor allem während der Mittagszeit und speziell bei Windstille werden wir im Zenit ungewohnt bläuliche Farben zu sehen bekommen (vgl. Musser/Alpert 2004), da dann nur geringe Mengen an Staub in der Luft sind, die die Sonnenstrahlen ablenken können. Zudem muss das Licht im Vergleich zum Sonnenstand nahe des Horizonts nur eine geringe Distanz durch die Atmosphäre zurücklegen, sodass der blaue Lichtanteil kaum verändert wird. Aufgrund der dünnen Atmosphäre sind diese Blautöne jedoch sehr viel dunkler als auf der Erde und erscheinen in etwa so, wie wir den irdischen blauen Himmel bei Sonnenuntergang von einem Passagierflugzeug aus betrachten würden, das in einer Höhe von 10.000 bis 12.000 Metern über dem Erdboden fliegt.

In der dünnen Marsatmosphäre beobachten wir weit über uns sogar vereinzelt Wolken, die sich zum Teil als helle Flecken oder nur aufgrund ihrer spärlichen Schattenwirkung bemerkbar machen. Im Wesentlichen handelt es sich um zarte Dunstschleier oder Nebelschwaden, die aus Wassereiskristallen und Kohlendioxideis bestehen. Denn in höheren Abschnitten der Atmosphäre sinken selbst in Äquatornähe die Temperaturen bis auf minus 120 Grad Celsius und lassen sogar das Kohlendioxid in der Luft gefrieren.

3 Panoramaaufnahme von der Marsoberfläche, aufgenommen von der amerikanischen Sonde *Pathfinder*. Im Hintergrund sind die etwa 50 Meter hohen »Twin Peaks« zu sehen.

Die Marsatmosphäre ist verglichen mit der Atmosphäre der Erde sehr dünn. An der Oberfläche beträgt der Druck nur etwa fünf bis zehn Hektopascal, also rund 0,6 Prozent des Atmosphärendrucks an der Erdoberfläche. Dies entspricht etwa dem Druck der Erdatmosphäre in einer Höhe von 35 bis 40 Kilometern. Kohlendioxid ist mit 95 Prozent der Hauptbestandteil der unteren Marsatmosphäre, gefolgt von Stickstoff mit 2,7 Prozent und Argon mit 1,6 Prozent. Außerdem wurden geringe Mengen Sauerstoff und Wasserdampf gefunden, dessen Anteil sehr variabel ist und zwischen 0,01 und 0,1 Prozent schwankt (vgl. Zimmermann/Weigert 1999; Read/Lewis 2004).

Die heutige Zusammensetzung der Marsatmosphäre ist die Folge der Entgasung ehemals heißer magmatischer Schmelzen aus der früheren Entwicklungsphase des Planeten. Diese intensive Phase der Vulkanaktivitäten auf dem Mars begann wahrscheinlich vor etwa 3,5 Milliarden Jahren und dauerte einige 100 Millionen bis 1,5 Milliarden Jahre an. Anschließend gab es immer wieder vereinzelt vulkanische Tätigkeiten, die allerdings eher lokal anzutreffen waren. Im Gegensatz zur Erdatmosphäre wurde die Atmosphäre des Mars später nicht mehr wesentlich verändert (vgl. Zimmermann/Weigert 1999). Die Vulkane spielten auf dem Mars eine ähnliche Rolle wie auf der Erde: Auch auf unserem Heimatplaneten war der Vulkanismus die treibende Kraft, die die Atmosphäre stetig mit Treibhausgasen und vor allem CO_2 angereichert hat. Während die Vulkane der Erde jährlich noch bis zu 30 Millionen Tonnen CO_2 in die Atmosphäre entlassen, sind die Vulkane des Mars mittlerweile gänzlich erloschen, zumindest nach heutigem Wissensstand.

Trotz des hohen Anteils an Kohlendioxid und damit eines effektiven Treibhausgases in der Marsatmosphäre, stellt sich jedoch nur ein sehr geringer Treibhauseffekt ein. Ursache hierfür sind vor allem die dünne Atmosphäre und der Abstand des Mars zur Sonne. Dieser ist etwa 1,4-mal größer als der irdische, sodass der Rote Planet von unserem Zentralgestirn rund 40 Prozent weniger Wärmeenergie als die Erde empfängt. Hätte der Mars allerdings bei gleicher CO_2-Menge eine ebenso dichte und mit Stickstoff und Sauerstoff angereicherte Atmosphäre wie die Erde, so würde dies vermutlich trotz des größeren Abstands zur Sonne zu einem enormen Treibhauseffekt führen. Denn verglichen mit der Erdatmosphäre, deren CO_2-Anteil derzeit bei etwa 0,038 Prozent oder 380 ppm (parts per million) liegt, betrüge der Anteil auf dem Mars dann umgerechnet 5,7 Prozent oder 5.700 ppm. Das heißt: In einem Kubikmeter Marsluft befänden sich etwa 15-mal mehr CO_2-Moleküle als in einem Kubikmeter Luft von der Erde. Somit ist die Dichte der Atmosphäre von enormer Bedeutung für die Ausprägung eines planetenweiten Treibhauseffektes und die Speicherung von Wärmeenergie. Aufgrund des äußerst geringen Treibhauseffektes besitzt der Mars somit von vornherein eine erheblich kältere Oberfläche. Dementsprechend sind auch die Temperaturen auf dem Mars im Wesentlichen von der tageszeitlichen Ein- und Ausstrahlung der Sonne und damit extremen Schwankungen gekennzeichnet.

Die tiefsten Temperaturen herrschen mit etwa minus 140 Grad Celsius an den vereisten Polregionen. Sie können allerdings während des Marssommers auf bis zu minus 15 Grad ansteigen. In Äquatornähe betragen die Mittagstemperaturen fast angenehme plus 15 Grad, bei Einbruch der Nacht fallen sie jedoch rapide auf bis zu minus 80 Grad (vgl. Zimmermann/Weigert 1999). Bei diesen extremen Temperaturen gefriert sogar das CO_2 aus der Atmosphäre. Im Winter, zu Beginn des Frühlings und im Spätherbst bildet sich somit im Verlauf der Nacht häufig eine spärliche Frostschicht, die als Raureif zu beobachten ist und im Laufe des Tages mit steigenden Temperaturen wieder verschwindet.

Unter den gegenwärtigen Temperatur- und Druckverhältnissen ist zudem flüssiges Wasser instabil, das heißt, Niederschläge wie auf der Erde gibt es auf dem Mars nicht. Dennoch kann Wassereis in einer gewissen Tiefe des Marsbodens nahezu das ganze Jahr über existieren, wie mittlerweile durch Sonden nachgewiesen wurde (vgl. Albee 2004).

Die *Valles Marineris* und das Vulkangebiet *Tharsis*

Nach mehrtägiger Fahrt Richtung Südwesten erreichen wir die ersten Ausläufer der *Valles Marineris*. Die *Valles Marineris* sind riesige canyonähnliche Gebilde, die sich in Ost-West-Richtung über 2.500 Kilometer und in Nord-Süd-Richtung über 150 bis 700 Kilometer erstrecken. Die Tiefe dieser Canyons erreicht teilweise bis zu sieben Kilometer (vgl. Gaede 2007) (Abbildung 4).

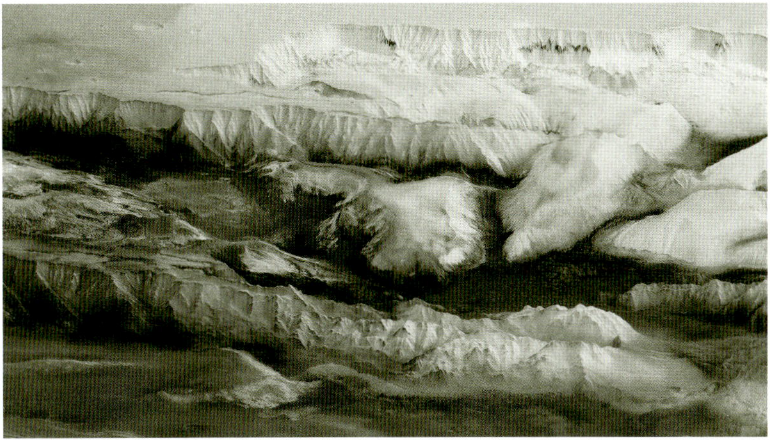

4 Zentralabschnitt der *Valles Marineris*, die in ihren Dimensionen den *Grand Canyon* weit übertreffen.

Damit sind die *Valles Marineris* wesentlich größer als der vergleichsweise winzige »*Grand*« *Canyon*. Das Grabensystem liegt relativ genau im Bereich des Äquators und kann als geologische Trennlinie des Planeten gesehen werden. Denn im Ganzen betrachtet erscheint der Mars sehr asymmetrisch aufgebaut: Seine südliche Halbkugel ist im Gegensatz zur nördlichen sehr dicht gekratert und gleicht in vielem den Hochlandgebieten des Mondes. Die beträchtliche Menge an Meteoritenkratern stammt vor allem aus der Frühzeit des Planeten und lässt auf ein relativ hohes Alter der dortigen Kruste schließen.

Nach einer 2.500 Kilometer langen Fahrt durch die zum Teil sehr verwinkelten *Valles Marineris* führen uns deren Endausläufer nun in eine flache Hochebene, die sich grundlegend von vielen anderen Gebieten des Mars unterscheidet. Vor allem im Gegensatz zu den Einschlagformationen der Südhemisphäre ist dieses Gebiet, wie die nördliche Marshemisphäre insgesamt, in erster Linie durch weite Basaltebenen geprägt, die durch einen gewaltigen Vulkanismus vor Urzeiten entstanden sind. Dementsprechend ist dieses Gebiet größtenteils glatt und relativ kraterfrei, was unser Vorankommen mit dem Rover im Gegensatz zu den schwer zu überwindenden Tälern der *Valles Marineris* wesentlich erleichtert. Nach einiger Zeit tauchen auch schon drei der vier größten Vulkane des Mars am Horizont auf, die von Nordost nach Südwest entlang einer Geraden von 1.600 Kilometern aufgereit sind: *Ascraeus Mons*, *Pavonis Mons* und *Arsia Mons*. Jeder dieser Vulkane ragt über 15 Kilometer in die Höhe und übertrifft damit alle irdischen Vulkane bei Weitem. Sie gehören zu den eindrucksvollsten Gebilden der Nordhalbkugel und ihre Entdeckung war eine der aufsehenerregendsten Sensationen in der Erforschung des Roten Planeten.

Nachdem wir die drei *Tharsis Montes* hinter uns gelassen haben, kommt einige Tage später im Nordwesten schließlich der größte Vulkan auf dem Mars, ja sogar des gesamten Sonnensystems ins Blickfeld: *Olympus Mons*.

Der Berg der Berge – *Olympus Mons*

Auf unserem Weg in Richtung des Vulkans müssen wir zunächst eine weite und meist flache Ebene aus gefrorenem und staubigem Boden überqueren. Wie die Marsoberfläche generell, so ist auch diese Vulkanebene mit einer dicken Staub- und Sandschicht bedeckt, in der unser Rover zum Teil tiefe Spuren hinterlässt. Wir fahren über rötlich braune Sanddünen und durch ausgetrocknete Rinnsale, die auf ursprüngliche Flusssysteme hindeuten. Flüssiges Wasser gibt es in diesem Gebiet allerdings lange nicht mehr.

Wir erreichen in den frühen Morgenstunden die ersten Ausläufer des gewaltigen Schildvulkans. Sein Durchmesser beträgt rund 600 Kilometer und sein Gipfel ragt über 27 Kilometer über die Marsoberfläche empor (Abbildung 5).

Allein seine Krateröffnung ist ein über 80 Kilometer weites und teilweise drei Kilometer tiefes Caldera-Becken, einst ein gewaltiger kochender, turbulenter See aus flüssigem Basalt, aus dem sich die Lava in riesigen Strömen sprudelnd über die Flanken in die Tiefe ergoss. Verglichen mit *Olympus Mons* besitzt der größte Schildvulkan der Erde, der *Mauna Loa* auf *Hawaii*, nur ein Fünftel der Fläche und weniger als ein Zwanzigstel des Volumens. Auch der *Mount Everest* ist verglichen mit dem Vulkangiganten ein regelrechter Winzling. Trotz seiner Größe gehört der Vulkan zu den relativ jungen Gebilden auf dem Mars. Aufgrund seiner Größe wurde der *Olympus Mons* (lat. »Berg Olymp«) nach dem Sitz der antiken griechischen Götter benannt.

5 3D-Abbildung von *Olympus Mons*, der mit rund 27 Kilometern Höhe der größte Vulkan des Sonnensystems ist.

Nach einiger Zeit finden wir eine geeignete Passage, die uns die zum Teil drei bis sechs Kilometer hohen Bergflanken überwinden lässt. Anschließend geht es mit unserem motorisierten Geländewagen einen sanften Böschungswinkel von maximal sechs Grad bergauf. Während der eintägigen Auffahrt entdecken wir immer wieder Aufhellungen am Boden, die durch Nebel und Reifbedeckung aus gefrorenem Kohlendioxid während der Nacht entstanden sind und im Laufe des Vormittags durch die Erwärmung allmählich wieder verschwinden.

Als wir schließlich den Gipfel erreichen, erwartet uns aus etwa 27 Kilometer Höhe ein atemberaubender Ausblick, denn aufgrund der dünnen Atmosphäre und des geringen Staubanteils in dieser Höhe reicht unser Blick bis zum Horizont. Tief zu unseren Füßen erstreckt sich die rotbraune Trockenlandschaft dieser wundersamen Welt soweit das Auge reicht. Vom Fuße des Vulkanschildes erstrecken sich zudem gewaltige Flutebenen aus erstarrten Lavaströmen, welche die Umgebung vollständig überflutet und zugedeckt haben. Im Südosten entdecken wir nochmals die anderen drei großen Tharsisvulkane, dem Aussehen nach allesamt kleinere Ausgaben des *Olympus Mons*. Die Gipfel sind zudem von einigen Kohlendioxidwolken umgeben. In der Tharsisregion unter uns wehen mittlerweile riesige Staubwolken über den Marsboden in Richtung Südost. Dort hat sich während unserer Gipfelfahrt ein beträchtlicher Staubsturm entwickelt.

Nach einiger Zeit machen wir uns aber wieder an die Abfahrt, denn vor uns liegt mit etwa 3.800 Kilometern die bislang längste Strecke, die uns über die nördliche Tiefebene bis in die vereiste Nordpolregion des Mars führen wird.

Ein ehemaliges Meer auf dem Mars?

Auf unserem Weg in das nördliche Tiefland durchfahren wir unter anderem Täler, deren Aussehen ehemaligen Flusssystemen gleicht. Plötzlich entdecken wir entlang der Ränder Strukturen, die nur durch flüssiges Wasser entstanden sein können. Als wären die Hänge von »frischen« Rinnen übersäht, die aussehen, als seien sie durch ablaufendes Wasser entstanden. Diese Erscheinungen legen nahe, dass es trotz des geringen atmosphärischen Drucks unter bestimmten Umständen doch flüssiges Wasser auf dem Mars geben könnte. Es wird vermutet, dass diese Rinnen mit Klimazyklen in Verbindung stehen. Beispielsweise können sich die Hänge in Kälteperioden mit einer dünnen Schicht aus Wassereis und Staub überziehen. Sonnenlicht durchdringt diese isolierende Schicht teilweise und erwärmt sie, sodass an ihrer Unterseite Wassereis schmilzt und als Rinnsal den Hang hinabfließt, bevor es endgültig versickert oder in der dünnen Atmosphäre verdampft (vgl. Albee 2004).

Über eines der »Flusstäler« erreichen wir schließlich die nördliche Tiefebene. Auf dem Weg zum Nordpol durchqueren wir nun ein landschaftlich zwar sehr ödes und eintöniges, aber geologisch sehr interessantes Gebiet. Denn eine Hypothese der Marsforscher besagt, dass die Marsatmosphäre früher sehr viel dichter war und der Planet demzufolge eisfreie Seen und sogar Meere gehabt haben könnte. Da das nördliche Tiefland bemerkenswert flach ist, liegt die Vermutung nahe, dass es während einer längeren Epoche der Marsgeschichte der Boden eines großen Meeres war. Der Boden scheint zudem aus mehreren Schichten Sedimentgestein zu bestehen (vgl. Albee 2004). Sollte es in der Frühzeit des Mars tatsächlich einen Ozean gegeben haben, so hatte dieser mit Sicherheit einen großen Einfluss auf das damalige Klima und auf die Zusammensetzung der Marsatmosphäre. Denn mit der großflächigen Verdunstung von Wasser hätte sich die Atmosphäre kontinuierlich mit Wasserdampf angereichert, einem noch vor Kohlendioxid effektiveren Treibhausgas. Zudem könnten die damaligen Meere wie auf der Erde ein wichtiger Einflussfaktor auf die CO_2-Bilanz des Planeten gewesen sein, indem das Kohlendioxid der Atmosphäre je nach Temperatur des Meerwassers als Kohlensäure gelöst beziehungsweise wieder als CO_2 in die Atmosphäre entlassen wurde. Aber wenn der Mars einst eine dichtere Atmosphäre besaß und es auf seiner Oberfläche so warm war, dass sogar Wasser floss, wo sind dann das Wasser und die ursprüngliche Atmosphäre geblieben? Außer einiger Hypothesen und Vermutungen liegt die Frühzeit des Mars nach wie vor im Dunkeln!

Die Nordpolregion

Nach einigen Wochen der mühsamen Fahrt kommen schließlich die ersten Ausläufer der nördlichen Polkappe in Sicht. Die weißen Polkappen gehören zu den von der Erde aus am deutlichsten erkennbaren Details der Marsoberfläche und bestehen vor allem aus einer permanenten Wasserschnee- oder Wassereisdecke (Abbildung 6).

Allerdings gibt es hinsichtlich der Größe einen erheblichen Unterschied zwischen Nord- und Südpolkappe. Während die nördliche Polkappe während des nördlichen Marssommers einen Durchmesser von rund 1.000 Kilometern und eine Dicke von etwa drei bis vier Kilometern besitzt, zeichnet sich die südliche Polkappe während des Südsommers lediglich durch einen Durchmesser von etwa 350 Kilometern und einer Dicke von ein bis zwei Kilometern aus. Damit entspricht die Größe der Nordkappe in etwa der Hälfte des Grönlandeispanzers auf der Erde (vgl. Read/Lewis 2004). Sie ist demnach der größte Wasserspeicher auf unserem Nachbarplaneten.

Diesen beiden Eispanzern kommt eine Schlüsselrolle im atmosphärischen Kreislauf zu, denn während des Marswinters der jeweiligen Hemisphäre sinken dort die Temperaturen dauerhaft so weit ab, dass auch Kohlen-

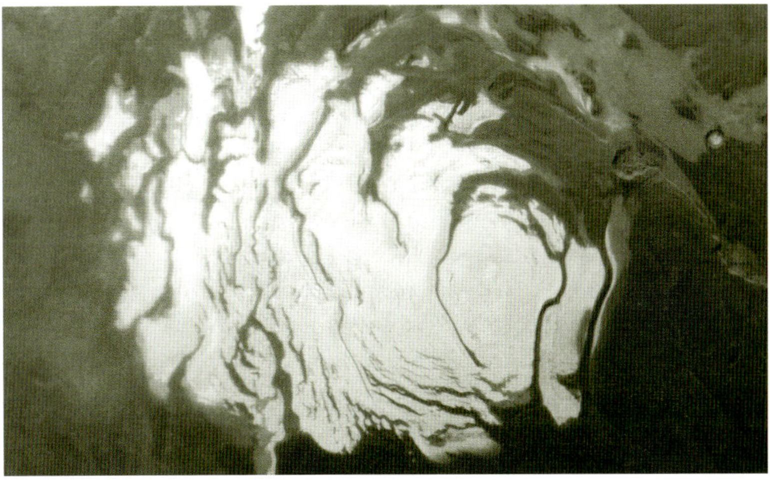

6 Die südliche Polkappe des Mars im Sommer 2000.
Die oberste Schicht besteht aus Kohlendioxideis.

dioxid kondensiert und als fester Niederschlag auf den Eiskappen niedergeht. Im Laufe eines Winters werden die dicken Eispanzer mit einer bis zu acht Meter dicken Schicht aus Kohlendioxideis überzogen. Zudem vergrößern sich die Polkappen durch die zusätzliche Menge an Trockeneis so weit, dass sie zum Teil bis in die Gegend des 60. Breitengrades vorstoßen. Bei der Ausfällung von CO_2 während der Winterzeiten wird der Atmosphäre eine derart große Gasmenge entzogen, dass der Atmosphärendruck insgesamt deutlich sinkt. Dieser Effekt ist vor allem bei kalten Wintern auf der Südhemisphäre am deutlichsten zu spüren, da die Südkappe trotz ihrer geringeren Ausdehnung wesentlich stärkeren jahreszeitlichen Schwankungen unterliegt als die Nordkappe. Während das Kohlendioxid im Wechsel der Jahreszeiten periodisch kondensiert und wieder sublimiert, das heißt vom festen direkt in den gasförmigen Aggregatszustand überwechselt, bleibt das Wasser das ganze Jahr über fast vollständig als Eis gebunden (vgl. Read/Lewis 2004). Die periodische Verteilung des Kohlendioxids zwischen Atmosphäre und Polkappen kann somit als jahreszeitlich bedingter Kohlenstoffkreislauf auf dem Mars bezeichnet werden, wenngleich er bei Weitem nicht so komplex aufgebaut ist wie auf der Erde und sich durch das komplette Fehlen einer biologischen Komponente auszeichnet.

Rückreise und Landung auf der heimatlichen Erde

Nach einer über 26.000 Kilometer langen und fast ein Jahr andauernden Exkursion kehren wir schließlich zu unserer Landestelle im Gebiet *Chryse Planitia* zurück, um die Heimreise zur Erde anzutreten. Unser Raumfahrzeug ist kaum mehr wiederzuerkennen. Die lackierte Oberfläche wurde durch Wind und Sand fast vollständig abgeschmirgelt. Trotz allem befinden sich alle technischen Geräte in gutem und funktionsfähigem Zustand. Und dies ist auch äußerst wichtig, denn für den Rückflug stehen uns nochmals 260 Tage und 586,3 Millionen Kilometer bevor. Mit allen Strapazen für Mensch und Maschine, die wir bereits auf der Hinreise ertragen mussten.

Die Abreise fällt uns aufgrund der geringen Schwerkraft zunächst relativ leicht. Statt der 11,2 Kilometer pro Sekunde auf der Erde sind hier lediglich 5,03 Kilometer pro Sekunde aufzubringen, um dem Schwerefeld des Roten Planeten auf einer Parabelbahn zu entkommen. Nach dem Start lässt uns ein kurzer Blick zurück auf den Mars nochmals klar werden, welch gigantische Strecke wir auf der Oberfläche des Roten Planeten hinter uns gebracht haben.

Der Rückflug verläuft ohne große Zwischenfälle und nach der turbulenten Landung stehen wir schließlich auf wackeligen Beinen wieder auf der Erde. Blass im Gesicht und aufgrund der ungewohnt hohen Schwerkraft unfähig, aufrecht zu stehen, ohne ohnmächtig zu werden. Aber das ist auch kein Wunder angesichts der Strapazen, die wir hinter uns gebracht haben: Seit unserem Start von der Erde im Jahr 2009 sind mittlerweile drei Jahre vergangen und wir haben insgesamt 1,173 Milliarden Kilometer zurückgelegt. Aber es hat sich gelohnt, denn uns ist vor allem bewusst geworden, dass unser kosmischer Nachbar in mancherlei Hinsicht vieles mit der Erde gemeinsam hat. Aber trotz dieser Gemeinsamkeiten bleibt der Rote Planet doch eine Welt für sich.

Auch Leben haben wir dort keines gefunden. Und es stellt sich die Frage, wie die Erde wohl heute aussehen würde, wenn es auch hier über Milliarden von Jahren kein pflanzliches Leben gegeben hätte, das durch die Erfindung der Photosynthese, also der Umwandlung von Kohlendioxid und Wasser mithilfe von Sonnenlicht zu Sauerstoff und Zucker, den CO_2-Gehalt auf der Erde von ursprünglich etwa 30 Prozent vor 3,5 Milliarden Jahren auf den heutigen Wert von 0,038 Prozent verringert hätte. Würde die Erde dann wie der Mars überwiegend aus einer steinigen und staubigen Wüstenlandschaft bestehen, mit einem Treibhausklima, das durch den extremen CO_2-Gehalt in der Atmosphäre »hitzige« Temperaturverhältnisse wie auf der Venus schaffen würde? Neben vielen Antworten haben wir also auch viele Fragen von unserer Reise mitgebracht. Die Beantwortung dieser Fragen überlassen wir aber gerne auch unseren Nachfolgern …

Simon Meissner

Literatur

Albee, Arden L. (2004): Die unirdischen Landschaften des Mars. In: Spektrum der Wissenschaft – Dossier: Der Mars. Ausgabe 3/2004, S. 58–67.

Benson, Michael (2004): Jenseits des Blauen Planeten. München: Knesebeck Verlag.

Blunck, Jürgen (1977): Mars and Its Satellites. A Detailed Commentary on the Nomenclature. Hicksville, New York.

Gaede, Peter-Matthias (Hrsg.): GEO-Themenlexikon. Band 4 – Astronomie. Mannheim 2007.

Long, Michael E. (2001): Überleben im Weltall. In: National Geographic. Ausgabe 1/2001.

Miles, Frank; Booth, Nicolas (Hrsg.) (1988): Aufbruch zum Mars. Die Erkundung des roten Planeten. Stuttgart: Kosmos Verlag.

Musser, George.; Alpert, Mark (2004): Die Reise zum Mars – Visionen und Konzepte. In: Spektrum der Wissenschaft - Dossier: Der Mars. Ausgabe 3/2004, S. 44–51.

Read, Peter L.; Lewis, Stephen R. (2004): The Martian Climate Revisited. Atmosphere and Environment of a Desert Planet. Berlin, Heidelberg: Springer Verlag.

Reichert, Uwe (2004): Karten, Krater und Kanäle. In: Spektrum der Wissenschaft – Dossier: Der Mars. Ausgabe 3/2004, S. 16-20.

Schiaparelli, Giovanni Virginio (1878): Osservazioni astronomiche e fisiche sull'asse di rotatione e sulla topografia del pianeta Marte: fatte nella Reale Specola di Brera in Milano coll'equatoriale di Merz durante l'opposzione del 1877. In: Atti Della R. Accademia Dei Lincei Anno CCLXXV (Hrsg.): Memorie Della Classe Di Scienze Fisiche, Matematiche e Naturali. Roma 1878, S. 308–439.

von Puttkamer, Jesco (1997): Jahrtausendprojekt Mars. Chance und Schicksal der Menschheit. Uberarbeitete und aktualisierte Auflage. München: Langen-Muller.

Walter, Ulrich (1997): In 90 Minuten um die Erde. Würzburg: Stürtz Verlag.

Zimmermann, Helmut; Weigert, Alfred (1999): Lexikon der Astronomie. 8. Auflage. Heidelberg, Berlin: Spektrum Verlag.

ANHANG

Die Ausstellung »CO_2 – Ein Stoff und seine Geschichte«

Zum Thema dieses Buches hat das Wissenschaftszentrum Umwelt (WZU) der Universität Augsburg eine Wanderausstellung entwickelt, die derzeit durch Deutschland tourt und in Naturmuseen und Umweltbildungseinrichtungen gezeigt wird. Die Ausstellung erzählt in zwölf Kapiteln die Geschichte des CO_2 – als dreidimensionales, interaktives Erlebnis. Die Reise beginnt bei den ältesten Zeugen der Urzeit und führt mitten in unsere Gegenwart. Da die Zukunft unserer gemeinsamen Geschichte auch von unserem gegenwärtigen Handeln abhängt, rundet ein 13. Kapitel, in dem wir Zukunftsszenarien und Handlungsoptionen darstellen, den Bericht ab.

Ein Onlineangebot ergänzt unsere Ausstellung; hier finden sich auch – ähnlich wie in diesem Buch – Beschreibungen von Spaziergängen zu CO_2-Lernorten. Das pädagogische Konzept wurde empirisch evaluiert; die Ausstellung ist besonders für Jugendliche geeignet. Sie ist modular aufgebaut, damit sie an verschiedene Raumsituationen angepasst werden kann. Die Ausstellungstexte sind kurz, verständlich und unterhaltsam; eine englische Übersetzung ist durchgängig beigefügt.

Die Ausstellung wurde vom WZU in Kooperation mit dem Büro *Leise Integrated Design* in Frankfurt am Main und mit maßgeblicher Unterstützung durch das Naturmuseum der Stadt Augsburg entwickelt. Gefördert wurde sie von der Deutschen Bundesstiftung Umwelt.

Weitere Informationen, auch zum Tourneeplan, finden Sie auf der Webseite www.co2-story.de; dort findet sich auch ein Link zu einer Lernplattform mit Hintergrundinformationen.

Ergänzend wurde gemeinsam mit Gerhard Cerny vom Augsburger Planetarium (www.s-planetarium.de) eine Planetariumsshow zum Thema Klimawandel entwickelt, die das Thema aus kosmischer Sicht betrachtet.

Wir möchten an dieser Stelle nochmals einigen Menschen und Institutionen danken, die uns bei der Planung und Realisierung der Ausstellung in besonderer Weise unterstützt haben.

Zuallererst danken wir dem Naturmuseum Augsburg und insbesondere dessen Leiter, Dr. Michael Rummel, für die inspirierende Zusammenarbeit und vielfältige Hilfe.

Wir danken der Firma Linde Gas für die großzügige Unterstützung, die das pädagogische Programm maßgeblich fördert. Ebenso danken wir Leica Microsystems und Sunvention für freundliche Unterstützung.

Für wissenschaftliche Beratung danken wir Prof. Dr. Ron Blakey, Florian Botzenhart, Dr. Martinus Fesq-Martin, Dr. Roland Götz, Dr. Hans-Joachim Gregor, Klaus Hager, Dr. Jan Hanss, Dr. Eckhart Hartmann, Joachim Herrmann, Prof. Dr. Jucundus Jacobeit, Dr. Norbert Köstering, Prof. Dr. Martin Langer, Prof. Dr. Jörg Matschullat, Prof. Dr. Dr. h.c. Volker Mosbrugger, Dr. Martin Nose, Prof. Dr. Jörg Pross, Dr. Michael Rummel, Prof. Dr. Wolfgang Seiler, Prof. Dr. Hartmut Seyfried.

Für technische Unterstützung danken wir Heinke Mertinat-Ianusevitsch, Marianne Huber, Judith Braukämper, Janine Hendriks.

Für viele Hinweise und die englische Übersetzung der Texte danken wir Colin Matchett; für viele Fotos danken wir Peter Schmidt.

Schließlich danken wir den großzügigen Leihgebern der Exponate: Naturmuseum Augsburg; Senckenberg-Museum Frankfurt am Main; Altertums-Gauverein Tegernsee e.V.; Universitätsbibliothek Augsburg; Linde AG; Dr. Hans-Joachim Gregor; Reinhard Gaipl; Bayerisches Landesamt für Umwelt, Geologische Sammlung; Klaus Zöttl; Botanischer Garten, München.

Für Unterstützung bei der Ausarbeitung der CO_2-Spaziergänge danken wir Dr. Michael Rummel, Dr. Peter Suppan, Prof. Dr. Klaus Schäfer, Siegfried Appler, Dr. Reinhard Valenta, Leonhard Vetter.

Ein besonderer Dank geht an: Peter-Wilhelm Koziel, Dr. Christoph Kiener, Matthias Gerstner, Anton Luible, Dr. Wolfgang Odendahl und Dr. Thilo Rießner.

Das Projektteam am WZU, das die Ausstellung realisierte, setzte sich zusammen aus: Dr. Simon Meissner, Claudia Schmidt, Prof. Dr. Armin Reller, Dr. Jens Soentgen und Knut Völzke.

Jens Soentgen und Knut Völzke

Angaben zu den Autorinnen und Autoren

Dr. Heidi Escher-Vetter, geb. 1949, studierte Meteorologie an der Ludwig-Maximilians Universität in München und arbeitet seit 1974 theoretisch und experimentell auf dem Gebiet der Glaziologie. Ihre Tätigkeit beinhaltet vor allem die wissenschaftliche Analyse glaziologischer, meteorologischer und hydrologischer Daten aus dem Einzugsgebiet des Vernagtferners im Ötztal in Tirol, dem Hauptarbeitsgebiet der Kommission für Glaziologie der Bayerischen Akademie der Wissenschaften, deren Mitarbeiterin sie ist.

Dr. Gabriele Gramelsberger, geb. 1964, promovierte 2001 in Wissenschaftsphilosophie zum Thema »Semiotik und Simulation« an der Freien Universität in Berlin und forscht seitdem zum Wandel der Wissenschaft durch den Computer. Von 2002 bis 2007 war sie mit dem Forschungsthema »Computersimulationen in den Wissenschaften« Mitglied der Förderinitiative »Science Policy Studies« des Bundesministeriums für Bildung und Forschung. Im Rahmen dieser Initiative führte sie ein Forschungsprojekt zur Klimasimulation durch, das 2008 durch ein anschließendes Stipendium am Max-Planck-Institut für Meteorologie in Hamburg fortgeführt wurde.

Frank Grünberg, geb. 1966, studierte Physik und Journalistik und lebt in Wuppertal. Als Autor hat er sich auf Geschichten im Spannungsfeld von Wirtschaft, Wissenschaft und Technik spezialisiert.

Joachim Herrmann, geb. 1977, studierte nach einer Ausbildung zum Papiermacher Physik an der Universität Augsburg. Sein derzeitiges Arbeitsfeld sind »Energie- und Systemstudien« am Max-Plack-Institut für Plasmaphysik in Garching.

Prof. Dr. Jucundus Jacobeit, geb. 1952, promovierte 1982 im Fach Physische Geografie an der Universität Würzburg und habilitierte sich 1989 an der Universität Augsburg. Er lehrte 1991 bis 2004 als Professor am Institut für Geografie der Universität Würzburg und ist seit 2004 Inhaber des Lehrstuhls für Physische Geografie und Quantitative Methoden an der Universität Augsburg mit fachwissenschaftlichem Schwerpunkt im Bereich Klimaforschung. Seit 2008 ist er Associate Editor der Zeitschrift Advanced Science Letters.

Dr. Werner Leo Kutsch, geb. 1960, studierte in Bonn und Kiel Biologie. Nach seinem Studium promovierte er über den Kohlenstoffhaushalt von Böden und führte seitdem zahlreiche Untersuchungen zu CO_2-Bilanzen von Ökosystemen in Europa und Afrika durch. Er koordiniert zurzeit die Untersuchungen des Max-Planck-Instituts für Biogeochemie im Hainich Nationalpark.

Dr. Primo Levi (1919–1987) war ein italienischer Chemiker und Schriftsteller jüdischer Abstammung. Er schloss sich in den 1940er-Jahren einer italienischen Partisanengruppe an, wurde von faschistischen Milizen 1943 gefangengenommen und im Februar 1944 als Jude nach Auschwitz deportiert. Er überlebte das Konzentrationslager und zeichnete seine Erinnerungen in dem 1947 erschienenen Buch »Se questo è un uomo« (Ist das ein Mensch?) auf. Weltweit gelesen wurde neben diesem sein Buch »Il sistema periodico« (1975), das von Edith Plackmeyer ins Deutsche übersetzt wurde und unter dem Titel »Das Periodische System« bei Carl Hanser erschien. In diesem Buch verbindet Levi in kunstvoller Weise chemische Meditationen mit persönlichen Erinnerungen. Der von uns abgedruckte Text über den Kohlenstoff ist darin das abschließende von 21 Kapiteln.

Dr. Simon Meissner, geb. 1975, studierte Geografie an der Universität Augsburg und promovierte anschließend über ein Thema zur nachhaltigen Wassernutzung in den Alpen. Seit 2002 ist er Mitarbeiter am Wissenschaftszentrum Umwelt mit den Arbeitsschwerpunkten Wirtschafts- und Ressourcengeografie sowie interdisziplinäre Umweltforschung.

Dr. Petra Pansegrau, geb. 1963, studierte Linguistik, Literaturwissenschaft und Medienpädagogik und promovierte über Metaphern des Klimadiskurses. Sie arbeitet im Institut für Wissenschafts- und Technikforschung (IWT) der Universität Bielefeld und beschäftigt sich zurzeit primär mit den Themenfeldern »Public Understanding of Science«, (Re-)Präsentationen der Wissenschaft in den Medien, Metaphern im Wissenschaftsjournalismus sowie der Darstellung von Wissenschaftlern in der Popkultur.

Prof. Dr. Armin Reller, geb. 1952, war von 1992 bis 1998 ordentlicher Professor am Institut für Anorganische und Angewandte Chemie der Universität Hamburg. Seit 1999 ist er Inhaber des Lehrstuhls für Festkörperchemie und Materialwissenschaften, seit 2009 des Lehrstuhls für Ressourcenstrategie der Universität Augsburg. Zugleich ist er Vorstandssprecher des Wissenschaftszentrums Umwelt der Universität Augsburg, war von 2006 bis 2008 Hauptherausgeber der Zeitschrift GAIA und ist Herausgeber der Zeitschrift Progress in Solid State Chemistry.

Dr. Claudia Schmidt, geb. 1978, studierte Erziehungswissenschaft und Germanistik in Freiburg im Breisgau und promovierte über Klimaausstellungen. Für die CO_2-Ausstellung des Wissenschaftszentrums Umwelt der Universität Augsburg erarbeitete sie das Onlineangebot und mehrere CO_2-Spaziergänge.

Prof. Dr. Hartmut Seyfried, geb. 1947, studierte Geologie in Stuttgart, wo er auch promoviert wurde; die Habilitation wurde ihm an der Technischen Universität Berlin erteilt. Fünf Jahre arbeitete er als Dozent an der Universidad de Costa Rica in Mittelamerika, danach zwei Jahre als Professor für Sedimentologie an der Universität Mainz. Er ist seit 1989 Direktor des Instituts für Geologie und Paläontologie der Universität Stuttgart. 1998 wurde er mit dem Landeslehrpreis des Landes Baden-Württemberg ausgezeichnet.

Prof. Dr. Rolf Peter Sieferle, geb. 1949, studierte Geschichte, Politikwissenschaft und Soziologie an den Universitäten Heidelberg und Konstanz und war von 1988 bis 1993 Heisenberg-Stipendiat der Deutschen Forschungsgemeinschaft. Er nahm Gastprofessuren in Zürich (ETH) und Wien wahr. Von 1995 bis 2005 war er Leiter des historischen Förderungsschwerpunkts der Breuninger Stiftung und ist seit 2000 Professor für Allgemeine Geschichte an der Universität St. Gallen. Seine Arbeitsschwerpunkte sind Struktur- und Ideengeschichte der Industrialisierung, Umweltgeschichte und Universalgeschichte.

Dr. Jens Soentgen, geb. 1967, studierte Chemie und Philosophie und promovierte anschließend in Philosophie mit einer Arbeit über den Stoffbegriff (Das Unscheinbare, Berlin 1997). Lehraufträge führten ihn an verschiedene Universitäten in Deutschland und nach Brasilien. Gemeinsam mit Armin Reller gibt er die Reihe »Stoffgeschichten« heraus. Seit 2002 ist er wissenschaftlicher Leiter des Wissenschaftszentrums Umwelt der Universität Augsburg.

Knut Völzke, geb. 1968, studierte Produktgestaltung an der Kunsthochschule des Landes Hessen (HfG Offenbach). Gemeinsam mit Jens Soentgen und weiteren Kollegen entwickelte er die Ausstellungen »Staub – Spiegel der Umwelt« und »CO_2 – Ein Stoff und seine Geschichte« für das Wissenschaftszentrum Umwelt der Universität Augsburg. Mit seinem Büro »Leise Design« in Frankfurt arbeitet er im Bereich des Integrated Interior Design, gestaltet und plant Einrichtungen und Ausstellungen und vertreibt unter seinem Label Leise® eine eigene Möbelkollektion.

Prof. Dr. Peter Zerle, geb. 1972, promovierte in Augsburg im Bereich Umweltökonomie und war von 2000 bis 2008 Mitarbeiter im Sachverständigenrat für Umweltfragen in Berlin. Im Herbst 2008 nahm er die Professur für Ökonomie mit Schwerpunkt Nachwachsende Rohstoffe am Wissenschaftszentrum Straubing an.

Bildquellen

Seite	
S. 19	Dragan Stankovic, Fotolia.com.
S. 29–36	Signets: Ulrike Beck, München.
S. 38	Arnim Reller, Augsburg.
S. 40/41	United Nations Environment Programme (UNEP): One Planet – Many People: Atlas of Our Changing Environment. Nairobi 2005.
S. 48	H. Vorndran, Digitalstock.
S. 53	F. Aumüller, Digitalstock.
S. 56/57	M. Krüttgen, Digitalstock.
S. 62	Florin Capilnean, Fotolia.com.
S. 66/67	Tim Eshuis, Breda/NL.
S. 74, 76	Linde AG, München.
S. 79	titia, photocase.
S. 102, 104	Archiv Rolf Peter Sieferle, St. Gallen/CH.
S. 108–111	Archiv Rolf Peter Sieferle, St. Gallen/CH.
S. 116	Michel Halbwachs, Saint Jean d'Arvey/F.
S. 120 (o.)	Gemälde von Jacob Philipp Hackert; Foto: Richard Wilson.
S. 120 (u.)	Rakloth, Fotolia.
S. 125, 128	Foto Deutsches Museum, München.
S. 132	aus: Antoine Laurent de Lavoisier et al.: Méthode de Nomenclature chimique (1789).
S. 139, 142	SPIEGEL-Verlag, Hamburg.
S. 151	anoshkin, Fotolia.com.
S. 155 (o.)	Unbekannt.
S. 155 (u.)	Markus Weber, München.
S. 158, 161	Markus Weber, München.
S. 181	Foto Deutsches Museum, München.
S. 185	Livermore National Laboratory, Livermore/USA.
S. 200	Dag Myrestrand, StatoilHydro.
S. 203	Marko Cerovac, Fotolia.com.
S. 208, 211	Peter Schmidt, Konstanz.

Seite	
S. 212, 214	Peter Schmidt, Konstanz.
S. 225, 227	Claudia Schmidt, Augsburg.
S. 226	Werner Leo Kutsch, Jena.
S. 228/229	DLR/ESA/FU Berlin, G. Neukum. NASA.
S. 230	Gemeinde Hasel.
S. 231	Ines Swoboda, oekom verlag, München.
S. 234, 236	Claudia Schmidt, Augsburg.
S. 241, 242	Claudia Schmidt, Augsburg.
S. 246, 247	Claudia Schmidt, Augsburg.
S. 250–252	Claudia Schmidt, Augsburg.
S. 255–257	Claudia Schmidt, Augsburg.
S. 263–267	Werner Leo Kutsch, Jena.
S. 269–275	Claudia Schmidt, Augsburg.
S. 279–281	Claudia Schmidt, Augsburg.
S. 283	Simon Meissner, Augsburg.
S. 285	National Geographic Society, MOLA Science Team, MSS, JPL, NASA.
S. 287	NASA.
S. 289	DLR/ESA/FU Berlin, G. Neukum.
S. 290	NASA/MOLA/MSSS.
S. 293	NASA/JPL/MSSS.

Karten

S. 223, 237, 240, 243, 248, 252 f., 255, 261, 267, 272, 276: Simon Meissner, Augsburg.